浙江省普通高校新形态教材项目
水利工程类现代学徒制系列教材

工程水文与水力计算

主编　张舒羽　赵颖辉
主审　楼　骏

·北京·

内 容 提 要

本书是贯彻落实国家职业教育改革方针，按照水利工程与管理类专业现代学徒制人才培养教学要求，依据水利工程设计、施工及管理的最新技术规范、规程，校企联合编写而成。

本书共分静水压强与静水压力计算、液体运动的基本原理、恒定有压管流水力计算、明渠水流水力计算、堰流和闸孔出流、衔接与消能的水力计算、河川径流形成过程、水文统计、径流分析计算、设计洪水复核计算10个项目。

本书可作为水利工程、水利水电建筑工程、水利水电工程智能管理、水生态修复技术等专业的水文水资源和实用水力计算的课程教材使用，也可作为水利工程设计、施工及管理岗位在职人员的技术培训教材和工作参考用书。

图书在版编目（CIP）数据

工程水文与水力计算 / 张舒羽，赵颖辉主编. -- 北京 : 中国水利水电出版社, 2021.10
浙江省普通高校新形态教材项目　水利工程类现代学徒制系列教材
ISBN 978-7-5226-0171-7

Ⅰ. ①工… Ⅱ. ①张… ②赵… Ⅲ. ①工程水文学－高等职业教育－教材②水利计算－高等职业教育－教材 Ⅳ. ①TV12②TV214

中国版本图书馆CIP数据核字(2021)第211140号

书　　名	浙江省普通高校新形态教材项目 水利工程类现代学徒制系列教材 **工程水文与水力计算** GONGCHENG SHUIWEN YU SHUILI JISUAN
作　　者	主编　张舒羽　赵颖辉 主审　楼　骏
出版发行	中国水利水电出版社 （北京市海淀区玉渊潭南路1号D座　100038） 网址：www. waterpub. com. cn E-mail：sales@waterpub. com. cn 电话：（010）68367658（营销中心）
经　　售	北京科水图书销售中心（零售） 电话：（010）88383994、63202643、68545874 全国各地新华书店和相关出版物销售网点
排　　版	中国水利水电出版社微机排版中心
印　　刷	清淞永业（天津）印刷有限公司
规　　格	184mm×260mm　16开本　15印张　365千字
版　　次	2021年10月第1版　2021年10月第1次印刷
印　　数	0001—2000册
定　　价	**49.50**元

前言

本书是贯彻落实《国务院关于加快发展现代职业教育的决定》《国家职业教育改革实施方案》《职业教育提质培优行动计划（2020—2023年）》《中国教育现代化2035》《教育部关于开展现代学徒制试点工作的意见》（教职成〔2014〕9号）等文件精神，按照水利工程与管理类专业现代学徒制人才培养教学要求，校企合作编写而成。

本书注重应用能力和实践能力的培养，内容对接水利工程建设与管理职业标准，分为静水压强与静水压力计算、液体运动的基本原理、恒定有压管流水力计算、明渠水流水力计算、堰流和闸孔出流、衔接与消能的水力计算、河川径流形成过程、水文统计、径流分析计算、设计洪水复核计算10个项目，按照项目工作过程设置40个任务，便于项目化教学。适应“互联网+”时代教育教学要求，采用新形态立体化编写方式，以图形、视频、思维导图、PPT文稿等富媒体呈现教学资源，拓展教材内容。注重课程思政与专业学习融合。在每个任务后安排“应会”和“应知”，在每个项目后安排有“项目训练”，便于教学巩固和过程性考核。

本书由浙江同济科技职业学院张舒羽、赵颖辉担任主编，浙江省水利河口研究院的杨元平、浙江同济科技职业学院的马继侠、郭慧芳担任副主编。项目1由浙江同济科技职业学院虞佳颖编写，项目2、项目3、项目4由张舒羽编写，项目5由苏志军编写，项目6由杨元平编写，项目7、项目8由赵颖辉编写，项目9由马继侠编写，项目10由郭慧芳编写。张舒羽负责全书统稿。浙江疏浚工程有限公司的叶桂友、浙江省水利河口研究院的周维参与部分内容的编写、校对工作，并提供相关资源。

本书由浙江同济科技职业学院楼骏担任主审。在编写过程中参阅了大量文献、引用了相关规范、技术标准，在此向有关单位和作者表示深深谢意。同时，对中国水利水电出版社相关人员的支持和帮助，表示衷心感谢。

由于编者水平有限，书中难免有疏漏和不足之处，敬请读者批评指正，提出宝贵意见和建议。

编者

2021年8月

"行水云课"数字教材使用说明

"行水云课"水利职业教育服务平台是中国水利水电出版社立足水电、整合行业优质资源全力打造的"内容"+"平台"的一体化数字教学产品。平台包含高等教育、职业教育、职工教育、专题培训、行水讲堂五大版块，旨在提供一套与传统教学紧密衔接、可扩展、智能化的学习教育解决方案。

本套教材是整合传统纸质教材内容和富媒体数字资源的新型教材，将大量图片、音频、视频、3D动画等教学素材与纸质教材内容相结合，用以辅助教学。读者登录"行水云课"平台，进入教材页面后输入激活码激活（激活码见教材封底处），即可获得该数字教材的使用权限。读者可通过扫描纸质教材二维码查看与纸质内容相对应的知识点多媒体资源，也可通过移动终端App、"行水云课"微信公众号或"行水云课"网页版查看完整数字教材。

内页二维码具体标识如下：

· Ⓥ为微课视频

· Ⓣ为项目导学

· Ⓟ为思维导图

多媒体知识点索引

序号	码号	资　源　名　称	类型	页码
1	1.1	导学项目	Ⓣ	1
2	1.2	静水压强	▶	5
3	1.3	平面壁静水总压力计算	▶	12
4	1.4	曲面壁静水总压力计算	▶	17
5	1.5	液体的基本特征和主要物理性质思维导图	Ⓟ	19
6	1.6	静水压力计算思维导图	Ⓟ	20
7	2.1	项目导学	Ⓣ	24
8	2.2	水流运动基本概念	▶	24
9	2.3	连续方程	▶	31
10	2.4	能量方程	▶	33
11	2.5	水头损失	▶	37
12	2.6	动量方程	▶	44
13	2.7	水流运动基本原理思维导图	Ⓟ	49
14	2.8	水流运动三大方程思维导图	Ⓟ	50
15	3.1	项目导学	Ⓣ	53
16	3.2	有压管流的定义和分类	▶	53
17	3.3	短管水力计算基本公式	▶	54
18	3.4	虹吸管的水力计算	▶	56
19	3.5	倒虹吸管的水力计算	▶	58
20	3.6	水泵的水力计算	▶	62
21	3.7	恒定有压管流水力计算思维导图	Ⓟ	65
22	4.1	项目导学	Ⓣ	68
23	4.2	明渠水流特点和几何特性	▶	68
24	4.3	明渠均匀流水力特点和计算公式	▶	71
25	4.4	渠道水力计算的几个问题	▶	72
26	4.5	明渠均匀流水力计算（一）	▶	76
27	4.6	明渠均匀流水力计算（二）	▶	78

续表

序号	码号	资 源 名 称	类型	页码
28	4.7	单变量求解正常水深	▶	78
29	4.8	明渠水流流态判别	▶	83
30	4.9	水跃的计算	▶	88
31	4.10	明渠非均匀流水面线定性分析	▶	94
32	4.11	明渠非均匀流水面曲线定量计算	▶	99
33	4.12	明渠水流水力计算思维导图	Ⓟ	101
34	5.1	项目导学	Ⓣ	109
35	5.2	堰流闸孔出流概念及判别	▶	109
36	5.3	堰流、闸孔出流的分类	▶	110
37	5.4	实用堰流水力计算	▶	115
38	5.5	有坎宽顶堰流水力计算	▶	119
39	5.6	无坎宽顶堰流水力计算	▶	121
40	5.7	闸孔出流水力计算	▶	123
41	5.8	堰流和闸孔出流水力计算思维导图	Ⓟ	127
42	6.1	项目导学	Ⓣ	131
43	6.2	泄水建筑物下游水流衔接形式的判别	▶	131
44	6.3	挖深式消能池设计	▶	133
45	6.4	挑流消能的水力计算	▶	141
46	6.5	衔接与消能的水力计算思维导图	Ⓟ	145
47	7.1	项目导学	Ⓣ	149
48	7.2	水文循环	▶	149
49	7.3	河流及其特征	▶	151
50	7.4	流域及其特征	▶	153
51	7.5	降水、蒸发与下渗	▶	154
52	7.6	计算流域平均降雨量	▶	158
53	7.7	径流的形成	▶	161
54	7.8	水量平衡	▶	165
55	7.9	河川径流形成过程思维导图	Ⓟ	167
56	8.1	项目导学	Ⓣ	171
57	8.2	水文统计的基本任务	▶	171
58	8.3	随机变量及其统计参数	▶	172

续表

序号	码号	资　源　名　称	类型	页码
59	8.4	概率、频率与重现期	▶	177
60	8.5	频率曲线计算	▶	177
61	8.6	相关分析	▶	182
62	8.7	水文统计思维导图	Ⓟ	186
63	9.1	项目导学	Ⓟ	188
64	9.2	年径流的概念、特性及计算内容	▶	188
65	9.3	缺乏资料时年径流计算	▶	191
66	9.4	径流分析计算思维导图	Ⓟ	197
67	10.1	项目导学	Ⓣ	202
68	10.2	设计洪水概述	▶	202
69	10.3	由流量资料推求设计洪水（一）	▶	204
70	10.4	由流量资料推求设计洪水（二）	▶	206
71	10.5	设计暴雨计算	▶	211
72	10.6	小流域的设计洪水估算	▶	214
73	10.7	设计洪水复核计算思维导图	Ⓟ	218

目录

前言

“行水云课”数字教材使用说明

多媒体知识点索引

上篇　水力计算篇

项目1　静水压强与静水压力计算 ……………………………… 1

任务1.1　液体的基本特征和主要物理性质 …………………… 1

任务1.2　静水压强的计算 ……………………………………… 5

任务1.3　平面壁静水总压力计算 ……………………………… 12

任务1.4　曲面壁静水总压力计算 ……………………………… 17

【小结】 …………………………………………………………… 19

【应知】 …………………………………………………………… 20

【应会】 …………………………………………………………… 21

项目2　液体运动的基本原理 …………………………………… 24

任务2.1　液体运动的基本概念 ………………………………… 24

任务2.2　一元恒定流的连续方程 ……………………………… 31

任务2.3　一元恒定流的能量方程 ……………………………… 33

任务2.4　水头损失的计算 ……………………………………… 37

任务2.5　一元恒定流的动量方程 ……………………………… 44

【小结】 …………………………………………………………… 49

【应知】 …………………………………………………………… 50

【应会】 …………………………………………………………… 51

项目3　恒定有压管流水力计算 ………………………………… 53

任务3.1　管流分析 ……………………………………………… 53

任务3.2　简单短管的水力计算 ………………………………… 54

任务3.3　虹吸管和倒虹吸管的水力计算 ……………………… 56

任务3.4　水泵的水力计算 ……………………………………… 62

【小结】 …………………………………………………………… 65

【应知】 …………………………………………………………… 65

【应会】 …………………………………………………………… 66

项目 4　明渠水流水力计算 …… 68
任务 4.1　明渠水流的特点和几何特征 …… 68
任务 4.2　明渠恒定均匀流的水力计算公式 …… 71
任务 4.3　明渠均匀流的水力计算 …… 76
任务 4.4　明渠水流流态及判别 …… 83
任务 4.5　水跃和水跌 …… 88
任务 4.6　棱柱体明渠恒定非均匀渐变流水面线定性分析 …… 94
任务 4.7　棱柱体明渠恒定非均匀渐变流水面线定量计算 …… 99
【小结】 …… 101
【应知】 …… 105
【应会】 …… 106
项目 5　堰流和闸孔出流 …… 109
任务 5.1　堰流、闸孔出流水流分析 …… 109
任务 5.2　堰流的类型和基本公式 …… 110
任务 5.3　堰流的水力计算 …… 113
任务 5.4　闸孔出流的水力计算 …… 123
【小结】 …… 127
【应知】 …… 128
【应会】 …… 129
项目 6　衔接与消能的水力计算 …… 131
任务 6.1　泄水建筑物下泄水流与消能方式 …… 131
任务 6.2　底流型衔接消能的水力计算 …… 133
任务 6.3　挑流型衔接消能的水力计算 …… 141
【小结】 …… 145
【应知】 …… 146
【应会】 …… 147

下篇　工 程 水 文 篇

项目 7　河川径流形成过程 …… 149
任务 7.1　自然界的水文循环 …… 149
任务 7.2　河流及流域 …… 151
任务 7.3　降水、蒸发与下渗 …… 154
任务 7.4　径流、水量平衡 …… 161
【小结】 …… 166
【应知】 …… 168
【应会】 …… 170

项目 8　水文统计 ………………………………………………………………………… 171
任务 8.1　随机变量及概率分布 ………………………………………………………… 171
任务 8.2　经验频率曲线和理论频率曲线 …………………………………………… 177
任务 8.3　适线法 ……………………………………………………………………… 180
任务 8.4　相关分析 …………………………………………………………………… 182
【小结】 …………………………………………………………………………………… 186
【应知】 …………………………………………………………………………………… 186
【应会】 …………………………………………………………………………………… 187
项目 9　径流分析计算 ……………………………………………………………… 188
任务 9.1　有较长资料时设计年径流的频率分析计算 ……………………………… 188
任务 9.2　短缺资料时设计年径流的频率分析计算 ………………………………… 191
任务 9.3　设计年径流的时程分配 …………………………………………………… 196
【小结】 …………………………………………………………………………………… 197
【应知】 …………………………………………………………………………………… 198
【应会】 …………………………………………………………………………………… 200
项目 10　设计洪水复核计算 ………………………………………………………… 202
任务 10.1　由流量资料推求设计洪水 ……………………………………………… 202
任务 10.2　由暴雨资料推求设计洪水 ……………………………………………… 210
【小结】 …………………………………………………………………………………… 218
【应知】 …………………………………………………………………………………… 218
【应会】 …………………………………………………………………………………… 220
参考文献 ……………………………………………………………………………… 221
附录 …………………………………………………………………………………… 222

上篇　水 力 计 算 篇

项目1　静水压强与静水压力计算

1.1
导学项目 Ⓣ

【知识目标】

1. 了解液体的基本特征和主要物理性质；
2. 掌握静水压强特性、静水压强的计算方法；
3. 理解绝对压强、相对压强和真空度的相互关系；
4. 熟悉平面壁静水总压力的计算；
5. 熟悉曲面壁静水总压力的计算。

【能力目标】

1. 能计算水中任意一点的静水压强；
2. 能绘制静水压强分布图和压力体图；
3. 能根据工程实际情况计算平面壁静水总压力；
4. 能根据工程实际情况计算曲面壁静水总压力。

任务1.1　液体的基本特征和主要物理性质

任务目标

1. 了解液体的基本特征；
2. 了解液体的主要物理性质。

1.1.1　液体的基本特征

自然界的物质一般有三种形态，即固态、液态和气态。

由于固体分子间的距离很小，内聚力很大，所以能保持固定的形状和体积。液体分子间的距离较大，内聚力较小，它只能保持一定的体积，没有固定的形状。气体分子之间的距离很大，几乎不存在内聚力，分子自由运动，因此，气体没有固定的体积和形状。液体和气体都易于流动，统称为流体。

气体极易膨胀和压缩，而液体虽不能承受拉力，却可以承受很大的压力，并且压缩性很小，即液体具有不易压缩的特性。

从微观角度看，液体分子之间具有空隙，并且进行着复杂的微观运动，是不连续、不均匀的。但由于水利工程中一般研究液体的宏观机械运动，为此，引入连续介质模型。最早的连续介质模型是欧拉于1753年提出来的，即液体是由无数质点组成，质点毫无间隙地充满所占空间，其物理性质和运动要素都是连续分布的。引入连续介质模型，不仅可使研究工作简化，而且可以充分利用连续函数这一数学工具解决液体的流动问题。大量的实践结果证实，连续介质模型对绝大多数的液体是适用的，只有某些特殊问题除外，例如掺气水流、空穴现象等。

在水力计算中，一般还认为液体具有均匀等向的特征，即认为液体各个方向上的物理性质是一样的。

因此，液体的基本特征可归纳为：易于流动、不易压缩、均匀等向、连续介质。

1.1.2 液体的主要物理性质

水流运动状态的改变，一方面是受外力作用的结果；另一方面取决于液体自身的物理性质。因此，在研究液体的机械运动规律之前，应首先了解液体的物理特性。

液体的主要物理性质有：惯性、重力特性、黏滞性、压缩性、表面张力特性和汽化压强特性，它们都不同程度地影响着液体的运动，其中惯性、重力特性、黏滞性对水流起着主要作用。而压缩性、表面张力特性和汽化压强特性只在特殊情况下才考虑。

1. 惯性

惯性是物体保持原有运动状态的性质，凡改变物体的运动状态，就必须克服惯性的作用。质量是惯性大小的度量，用符号 M 表示。质量越大，其惯性也越大。

单位体积的质量称为密度，以符号 ρ 表示。如均质液体的体积为 V，则

$$\rho=\frac{M}{V} \tag{1.1}$$

在国际单位制中，密度的单位是 kg/m^3。

液体的密度随压强和温度的变化量很小，一般可视为常数，工程中采用的水的密度为 $1000kg/m^3$，水银的密度为 $13600kg/m^3$。

2. 重力特性

物体之间相互具有吸引力的性质，称为万有引力特性。地球对物体所产生的引力称为重力，用 G 表示。质量为 M 的液体所受的重力为

$$G=Mg \tag{1.2}$$

式中 G——液体的重力，N，kN；

g——重力加速度，一般取 $g=9.8m/s^2$。

单位体积的液体所具有的重量称为容重，也称为重度或重率，用 γ 表示。对于均质液体其容重可用下式表示：

$$\gamma=\frac{G}{V} \tag{1.3}$$

式中 γ——容重，N/m^3，kN/m^3。

由以上公式可推出密度与容重的关系为

$$\gamma=\rho g \tag{1.4}$$

一个标准大气压下，水在不同温度时的密度和容重见表1.1。

表 1.1　　水在不同温度时的密度和容重（标准大气压）

温度/℃	0	4	10	20	30	40	50	60	90	100
密度/(kg/m³)	999.87	1000.00	999.73	998.23	995.67	992.24	988.07	983.24	965.30	958.38
容重/(kN/m³)	9.805	9.800	9.804	9.789	9.764	9.730	9.689	9.642	9.466	9.399

同一种液体的容重随温度和压强的变化而变化，但变化很小，水力计算中常取一个标准大气压下4℃时水的容重 $\gamma=9800\text{N/m}^3$ 或 9.8kN/m^3。

【例 1.1】 求在一个标准大气压下，4℃时 0.002m^3 水的重量和质量。

解：已知体积 $V=0.002\text{m}^3$，水的容重 $\gamma=9.8\text{kN/m}^3$，可得 0.002m^3 水的重量为

$$G=\gamma V=9.8\times0.002=0.0196(\text{kN})$$

水的密度 $\rho=1000\text{kg/m}^3$，可得 0.002m^3 水的质量为

$$M=\rho V=1000\times0.002=2(\text{kg})$$

3. 黏滞性

当液体处于运动状态时，若液体质点之间存在相对运动，则质点间产生内摩擦力抵抗其相对运动，这种性质称为液体的黏滞性，此内摩擦力又称为黏滞力。由于黏滞性的存在，液体在运动过程中要克服内摩擦力做功而消耗能量，所以黏滞性是液体在流动过程中能量损失的根源。

内摩擦力的概念是牛顿最先提出并经后人验证的，习惯上称为牛顿内摩擦定律。其内容是：做层流运动的液体，相邻两液层间单位面积上所作用的内摩擦力与流速梯度成正比，同时与液体的性质有关（图1.1）。其数学表达式为

$$\tau=\mu\frac{\text{d}u}{\text{d}y} \tag{1.5}$$

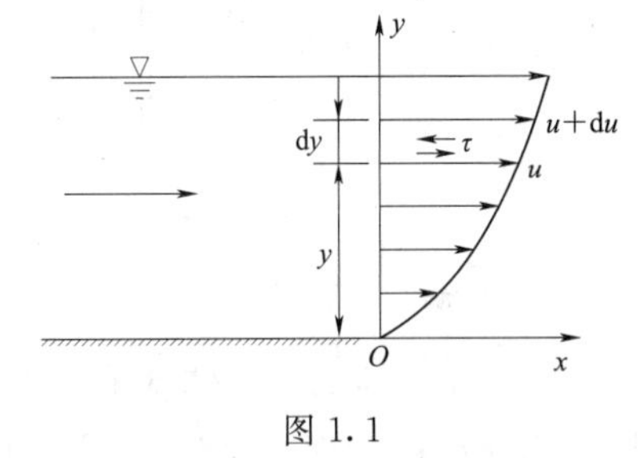

图 1.1

式中　τ——内摩擦切应力，N/m^2，Pa；

μ——动力黏滞系数，$\text{N}\cdot\text{s/m}^2$，$\text{Pa}\cdot\text{s}$；

$\frac{\text{d}u}{\text{d}y}$——流速梯度。

牛顿内摩擦定律只适用于一般流体，对某些特殊流体是不适用的。一般把符合牛顿内摩擦定律的流体称为牛顿流体，如水、空气、煤油、汽油、甲苯、乙醇等。

液体的动力黏滞系数 μ 反映了液体的黏滞性大小，也可以用液体的运动黏滞系数 ν 表示，两者之间有如下关系，即

$$\nu=\frac{\mu}{\rho} \tag{1.6}$$

式中　ν——液体的运动黏滞系数。

不同温度下水的运动黏滞系数 ν 见表1.2。

4. 压缩性

液体受压，体积减小，压力撤除后又能恢复原状，这种性质称为液体的压缩性。

表 1.2　　不同温度下水的运动黏滞系数

温度/℃	0	5	10	15	20	25	30
$\nu/(cm^2/s)$	0.01785	0.01519	0.01306	0.01139	0.0100	0.00893	0.00800
温度/℃	40	50	60	70	80	90	100
$\nu/(cm^2/s)$	0.00658	0.00553	0.00474	0.00413	0.00364	0.00326	0.00294

液体的压缩系数很小。经过试验，水在常温下，当压强改变一个大气压，水的体积相对压缩量约为 1/20000。因此，一般情况下，可认为水是不可压缩的。对于某些特殊的流动现象，如有压管流的水击、水击爆炸波的传播等，压缩性起着主要作用，此时须考虑液体的压缩性。

5. 表面张力

液体表面上的液体分子由于受两侧分子引力不平衡，而承受极其微小的拉力，这种拉力称为表面张力。表面张力使液体有尽量缩小其表面的趋势。

在水力学试验中，经常使用盛水或水银的细玻璃管作测压管，由于表面张力的作用，管中的液面与容器中的液面不在同一水平面上，形成毛细现象，如图 1.2 所示。

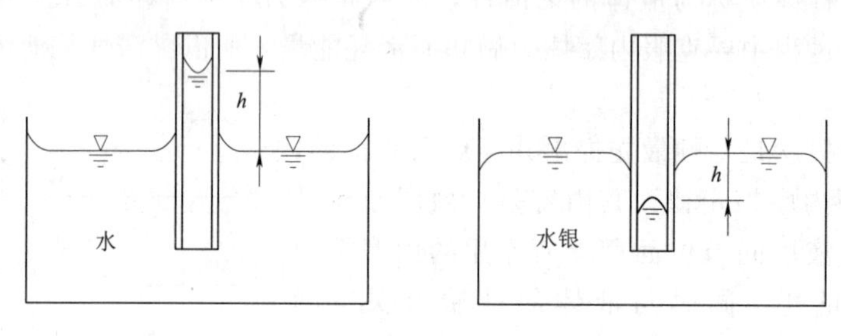

图 1.2

对于 20℃的水，玻璃管中的水面高出容器水面的高度 h 约为 $h=29.8/d$；对于水银，玻璃管中水银面低于容器水银面的高度 h 约为 $h=10.5/d$。式中 d 为玻璃管的内径，mm。

由此可见，管的内径越小，h 的数值越大，因此，通常要求水力学试验中测压管的直径不小于 1cm，以减少毛细现象对测量精度的影响。

表面张力仅在液体与其他介质（如气体或固体）分界面附近的液体表面产生，液体内部并不存在，所以它是一种局部受力现象。由于表面张力很小，一般来说它对液体的宏观运动不起作用，可以忽略不计，只有在某些特殊情况下，如水滴及气泡形成、水深很小的明渠水流等问题中才显示其影响。

6. 汽化压强

物质由液态变为气态的现象称为汽化。汽化有蒸发和沸腾两种方式。蒸发只在液体表面进行；沸腾发生在液体表面和内部。沸腾时，液体内部产生的小气泡上升到液面，破裂后逸入大气。液体总是在一定的温度和压强条件下沸腾，这个温度称为沸点，这个压强称为蒸汽压强或汽化压强，也称饱和蒸汽压强，以 p 表示。汽化压强减小，沸点降低。以水为例，在 1 个标准大气压条件下，水的沸点是 100℃；当压强降低到 0.024 个大气压时，20℃的水即可沸腾。

液体中某处压强达到或小于当时温度下液体的蒸汽压强时，该处液体便沸腾，液体内部形成许多气泡，这种因压强降低而发生沸腾的汽化现象称为气穴。在低压区产生的气泡随液体流到高压区，受到挤压而破灭。气泡一旦破灭，周围的液体迅速充填其空间，从而产生极高的压强。如果这一过程发生在固体壁面上，固体壁面由于不断地受到巨大压强的冲击，超过材料的强度而产生蜂窝状剥蚀，这种现象称为气蚀或空蚀。水力机械的转轮叶片、高速水流经过的建筑物表面等均可能发生空蚀现象。空蚀现象虽然只是局部水力现象，但危害性很大。比如，空化形成气泡，破坏水流的连续性，使过水断面减小，过水能力降低。如果空化发生在水力机械转轮内部的水流中，则会降低水力机械的效率。

1.1.3　理想液体

理想液体是指没有黏滞性、绝对不可压缩、不能膨胀、没有表面张力的连续介质。由于黏滞性对液体流动有很大的影响，且不易分析，为使问题简化，便于理论分析，人为地引入了理想液体的概念。其要点是液体没有黏滞性，运动过程中也不会有能量损失。

实际液体则是指具有黏滞性的液体。常见的液体均为实际液体。水力学中，常通过对理想液体进行分析得到一些规律，再考虑实际液体的黏滞性等加以修正。

任务1.2　静水压强的计算

任务目标

1. 了解静水压强的概念；
2. 掌握静水压强的特性；
3. 掌握静水压强的计算公式；
4. 理解绝对压强、相对压强和真空度的相互关系；
5. 了解静水压强的单位；
6. 了解静水压强的量测仪器；
7. 掌握静水压强分布图的绘制方法。

1.2.1　静水压力与静水压强

各种水利水电工程建筑物中与水直接接触的部分（如闸门、坝面等）都有水压力的作用。当水处于静止状态时的压力称为静水压力，处于流动时的压力称为动水压力。本任务研究静水压力，用 P 表示，单位用牛顿（N）或千牛顿（kN）。水工建筑物与水接触的面称为受压面。如图1.3所示为水库泄洪洞闸门，闸门 $CDEF$ 为受压面，其上作用有静水压力 P。

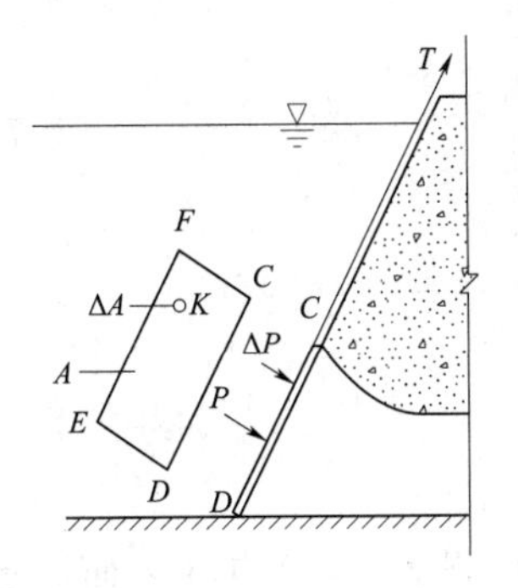

图1.3

在图1.3所示的平板闸门上，取微小面积 ΔA，令作用其上的静水压力为 ΔP，则 ΔA 上所受的平均静水压强为

$$\overline{p}=\frac{\Delta P}{\Delta A}$$

式中　$\overline{p}$——ΔA 面上的平均静水压强。

当 ΔA 无限缩小并趋于点 K 时，比值 $\frac{\Delta P}{\Delta A}$ 的极限值定义为点 K 的静水压强，用字母 p 表示，即

$$p=\lim_{\Delta A\to 0}\frac{\Delta P}{\Delta A}$$

在国际单位制中，静水压强的单位为牛顿每平方米（N/m^2）或千牛顿每平方米（kN/m^2），分别又称为帕斯卡（Pa）或千帕斯卡（kPa）。

1.2.2　静水压强的特性

静水压强具有如下两个基本特性。

1. 静水压强的方向垂直指向受压面

证明如下：如果静水压强不与受压面垂直。则相应的静水压力也不垂直受压面。因此，该压力就必然可以分解成一个垂直于受压面的分力和一个平行于受压面的分力。若平行于受压面的分力不等于0，水流就会发生平行于受压面的相对运动。但水体是静止的，不存在任何方向的相对运动，即平行于受压面的分力必等于0，故静水压力是垂直于受压面的。所以，相应的静水压强也一定是垂直于受压面的。同时，静止水体不能承受拉力，只能承受指向受压面的压力。也就是说，静水压强的方向是垂直指向受压面的。

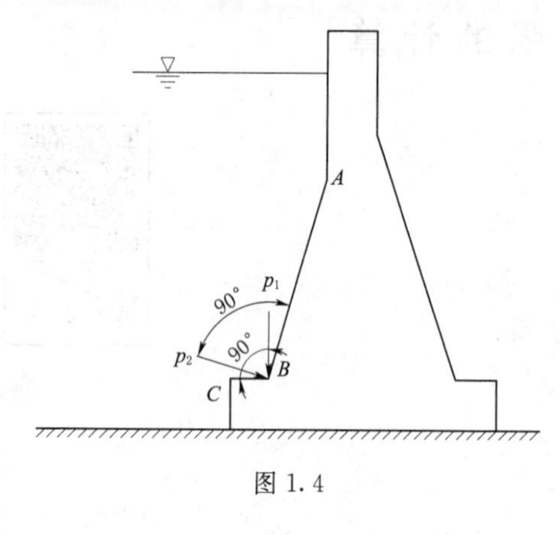

图 1.4

2. 同一点各个方向上的静水压强大小相等的，与受压面的方位无关

由液体的基本特性可知，水是均质的，又是各向同性的，即水在各部分和各个方向的物理性质是相同的，因而静水压强与受压面的方位无关。

研究水静止状态时的规律，对不同方位的受压面来说，其静水压强的作用方向不同，但在同一位置静水压强的大小是相等的。以图 1.4 中点 B 为例，对不同方向的受压面来说，其静水压强的作用方向不同（各自垂直于它的受压面），但静水压强的大小是相等的，即 $p_1=p_2$。

1.2.3　静水压强的两个基本公式

1. 静水压强基本公式（1）

$$p=p_0+\gamma h \text{ 或 } p=p_0+\rho g h \tag{1.7}$$

式中　p——某点在液面以下的深度为 h 处的静水压强；

p_0——静水表面的压强；

γ——液体的容重；

h——点在液面下的深度；

ρ——液体的密度。

式（1.7）表明：①在静水中，任一点的压强 p 等于表面压强 p_0 与该点在表面以下单位面积上高度为 h 的液柱重量之和。②静水压强沿水深呈线性分布。

2. 静水压强基本公式（2）

$$z+\frac{p}{\rho g}=C(\text{常数}) \tag{1.8}$$

式中　z——离基准面的距离，称为位置水头，又称为单位位能，表示单位重量液体具有的位能；

$\frac{p}{\rho g}$——静止液体任一点的压强水头，又称为单位压能，表示单位重量液体具有的压能；

$z+\frac{p}{\rho g}$——测压管水头，表示单位重量液体具有的势能；

C——常数，表示静止液体中各点对同一基准面所具有的测压管水头值，是单位重量液体具有的势能。

即静止液体中不同点的位能与压能之和保持常数，但点的位置不同，位能与压能可以相互转化。具体来说，位能增大、压能减小，其和保持不变。注意，当基准面不同时，其常数值C也不同。

如图1.5所示的容器中有1、2两点，根据式（1.8）可得到下面的公式：

$$z_1+\frac{p_1}{\rho g}=z_2+\frac{p_2}{\rho g}$$

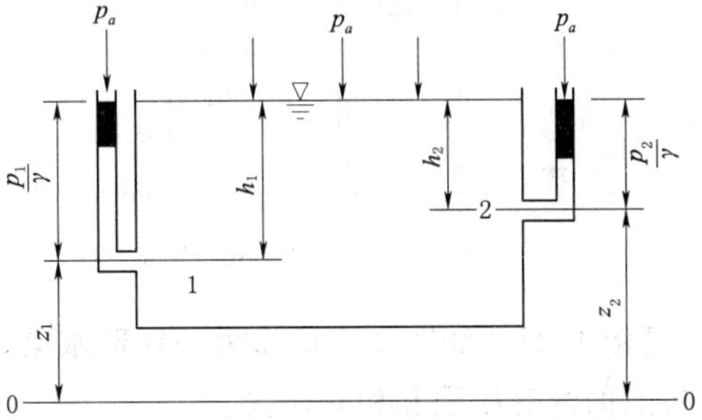

图1.5

将此规律应用到水库中，可得到水面、水底以及水中各点的单位势能均相等。大坝越高，库容越大，储存的能量越大，可利用的能量越大。

1.2.4　绝对压强、相对压强、真空度

1. 绝对压强 p'

以完全没有气体存在的绝对真空为零基准的压强称为绝对压强，以符号 p' 表示。当自由液面为大气压强 p_a，即 $p_0=p_a$ 时，由式（1.7）即得静水中任意一点的绝对压强为

$$p'=p_a+\rho gh=p_a+\gamma h \tag{1.9}$$

2. 相对压强 p

以当地大气压作为零基准的压强称为相对压强，以符号 p 表示。由 $p=p'-p_a$ 得

$$p=\rho gh=\gamma h \tag{1.10}$$

在水利水电工程中，水流表面和建筑物表面多为大气压强 p_a。一般情况下，由于大气均匀地作用在建筑物各个方向上而相互抵消了，对建筑物起作用的仅是相对压强，故如无特殊说明，后面讨论的压强一般指相对压强。

绝对压强总是正值，而相对压强可能是正值，也可能是负值，在液面处的相对压强为0。

3. 真空度 p_v

当水体中某点的绝对压强 p' 小于大气压强时，相对压强 p 出现负值，这时称为该点

有真空，其大小用真空度 p_v 表示，有

$$p_v = p_a - p' = |p| \tag{1.11}$$

真空度也可用液柱高度来表示，称为真空高度。真空高度 h_v 按下式计算：

$$h_v = \frac{p_v}{\gamma} \tag{1.12}$$

水利水电工程中负压不是普遍存在的，只有在特殊部位才可能产生真空。离心泵和虹吸管能把水从低处吸到一定的高度，就是利用了真空。

为了区分以上几种压强的相互关系，现将它们的关系绘于图 1.6。

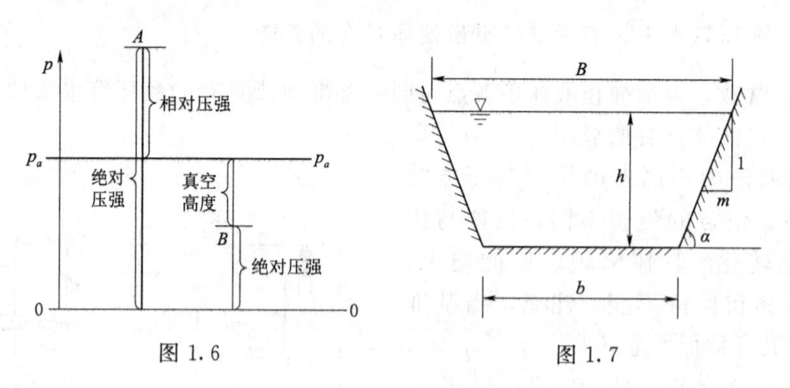

图 1.6　　图 1.7

【例 1.2】 如图 1.7 所示为一梯形水渠，已知边坡系数 $m=2$，水深 $h=2\text{m}$，试求渠底各点的绝对压强和相对压强。

解： 梯形水渠底为水平面，故渠底上各点的压强相等。

渠底各点的绝对压强：$p' = p_a + \gamma h = 98 + 9.8\times 2 = 117.6(\text{kPa})$

渠底各点的相对压强：　$p = \gamma h = 9.8\times 2 = 19.6(\text{kPa})$

【例 1.3】 已知水泵吸水管内某点绝对压强为 72kPa，若当地大气压为 98kPa，试问该点的相对压强和真空度分别是多少？

解：

相对压强：　$p = p' - p_a = 72 - 98 = -26(\text{kPa})$

真空度：　$p_v = |p| = |-26| = 26(\text{kPa})$

1.2.5　压强的单位

水利水电工程实践中，压强有三类单位。

1. *以应力单位表示*

压强用单位面积上受力的大小，即应力单位表示，这是压强的基本表示方法。单位为 N/m^2、kN/m^2 或 Pa、kPa。

2. *以工程大气压表示*

工程中，为计算简便起见，规定 1 工程大气压＝98kPa。如某点压强 $p=196\text{kPa}$，则可表示为 $p=196/98=2p_a$，即表示两个工程大气压。

3. *以水柱高度表示*

由于水的重度 γ 为一常量，水柱高度 h 的数值可反映压强的大小，这种用水柱高度表示压强大小的方法，在水利水电工程中也是常用的。

例如 98kPa 所对应的水柱高：　$h=\frac{p}{\gamma}=\frac{98}{9.8}=10$（m 水柱）

1.2.6　静水压强的量测

在工程及水力学试验中，往往需要量测液体中某点的压强或两点间的压强差。从测压原理上分，常见的压强量测工具有液柱式测压计、金属测压计和非电量电测系统。现分别介绍如下。

1. 液柱式测压计

液柱式测压计包括测压管、水银测压计及压差计。

（1）测压管。测压管是一种最简单的液柱式测压计，如图 1.8（a）所示，测某点的压强时，可在与该点相同高度的器壁上开一小孔，并安装一根上端开口的玻璃管（称为测压管）。这样只需读出玻璃管上的读数就可知图中点 A 的压强，即

$$p_A=\gamma h_A \tag{1.13}$$

测压管测量某点压强比较方便，对于较小的压强值，为提高量测精度，可以用放大标尺读数的办法。将玻璃管如图 1.8（b）所示倾斜放置，此时标尺读数为 L，而压强水头为铅直高度 h，所以

$$p=\gamma h=\gamma L\sin\alpha \tag{1.14}$$

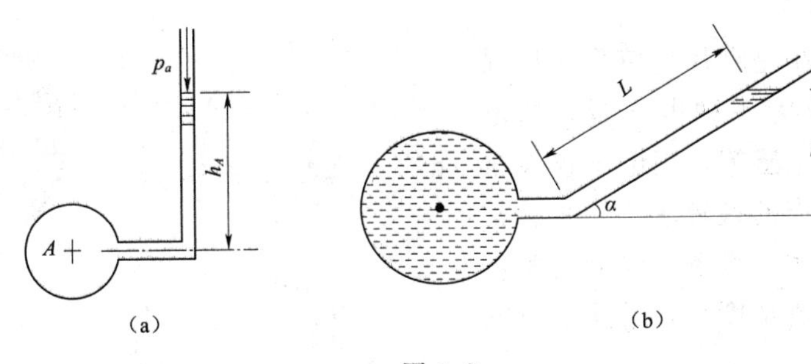

图 1.8

但测压管只能量测较小压强，不适合量测较大压强。

（2）水银测压计。当所量测的压强较大时，一般用 U 形水银测压计。水银测压计的构造也很简单，就是将装有水银的 U 形测压管安装在需要量测压强的器壁上，管子一端与大气相通，如图 1.9 所示。为求点 A 的压强 p_A，可利用 U 形管中的等压面 1—1。

左侧管中：　$p_1=p_A+\gamma h_1$

右侧管中：　$p_1=\gamma_p h_p$

式中　γ、γ_p——水和水银的容重。

将上两式联立，得 $p_A+\gamma h_1=\gamma_p h_p$，即

$$p_A=\gamma_p h_p-\gamma h_1 \tag{1.15}$$

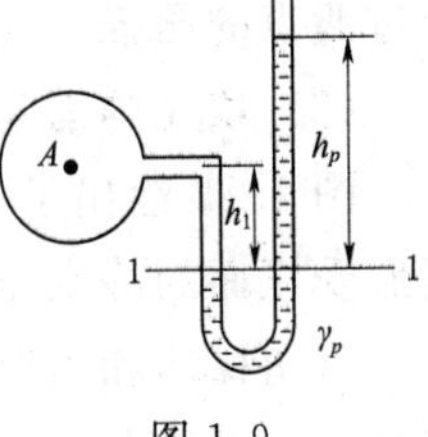

图 1.9

（3）压差计。用水银压差计可测出液体中两点的压强差或测压管水头差。水银压差计是 U 形玻璃管，如图 1.10 所示。弯管内装有水银，两支管分别接通测点 A、B。用水银柱差 Δh 表示这两点的测压管水头差。以水平面 0—0 为基准面，并取等压面 1—1，则

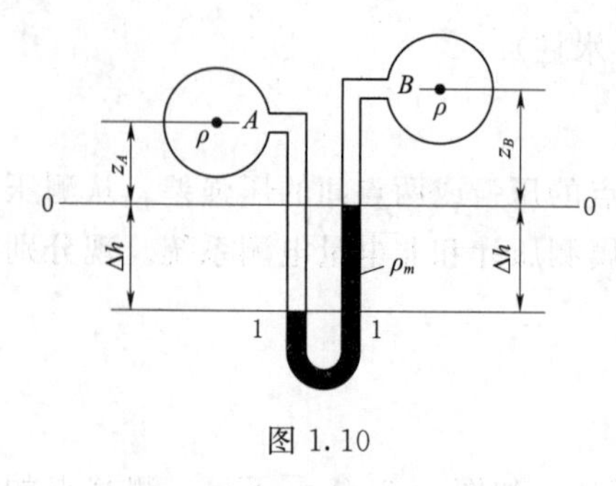

图 1.10

根据静力学基本方程得

左侧管中： $p_1=p_A+\gamma(z_A+\Delta h)$

右侧管中： $p_1=p_B+\gamma z_B+\gamma_p\Delta h$

由上两式可得

$$p_A-p_B=(\gamma_p-\gamma)\Delta h+\gamma(z_B-z_A) \quad (1.16)$$

则 A、B 两点的测压管水头差为

$$\left(z_A+\frac{p_A}{\gamma}\right)-\left(z_B+\frac{p_B}{\gamma}\right)=\frac{\gamma_p-\gamma}{\gamma}\Delta h \quad (1.17)$$

当 A、B 两点同高时，$z_A=z_B$，则

$$p_A-p_B=(\gamma_p-\gamma)\Delta h \quad (1.18)$$

2. 金属测压计

常见的金属测压计有压力表和真空表。常见的机械压力表（图 1.11）是利用弹性敏感元件随着压力变化而产生弹性变形，利用金属材料的变形大小测定压强。除机械压力表外，还有电接点压力表、带有远传机构的压力表等。压力表装卸方便，读数直观，应用比较普遍。但金属材料变形较大，需要定期率定方可使用。

3. 非电量电测系统

非电量电测系统是利用传感器将压强这一非电学量转化为各种电学量，如电压、电流、电容、电感等，用电学仪表量出这些量再经过相应的换算求出压强。整个测量系统需要较多的设备，仪器的率定也比较复杂，但量测精度高，常用于研究比较复杂的问题。

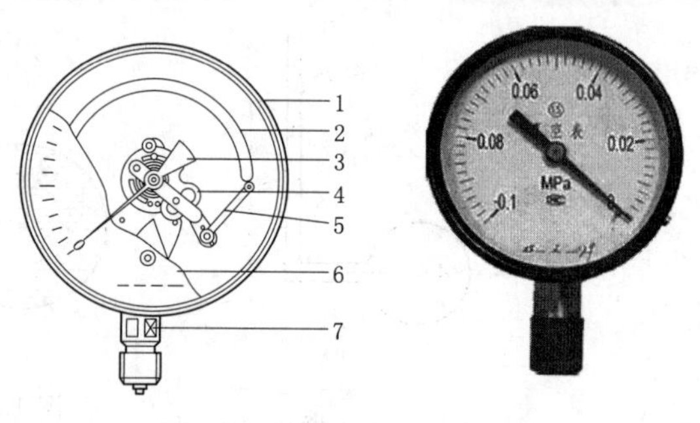

图 1.11

1—机座；2—弹簧管；3—指针；4—上夹板；5—连杆；6—表盘；7—接头

1.2.7 静水压强分布图绘制

根据静水压强的基本公式［式(1.10)］知道，相对压强 p 的大小与水深 h 呈线性关系，因此对于平面受压面，只要确定同一断面上不同点的压强大小和方向就可以将作用面上的压强沿水深的分布绘制成几何图形，即静水压强分布图。在水力学中，往往只需要计算相对压强，故只需绘制相对静水压强分布图，画法如下：

（1）先画受压面首尾两点静水压强大小及方向，大小 $p=\gamma h$，方向垂直指向受压面。

（2）如受压面是平面，将首尾两处压强直线连接；如受压面是曲面，根据情况再加几个过渡点的压强，并将各点压强呈弧形连接。

（3）填充画箭头，箭头指向受压面。

图 1.12 绘出了一些常见水工建筑物的静水压强分布图。从图中的压强分布图可知，矩形受压面的静水压强分布图，因其在液体中的位置不同，总共有三种图形：直角三角形、直角梯形和矩形。当受压面上边缘恰在水面，下边缘在水面以下时，不论受压面是垂直安放还是倾斜安放，其压强分布图均为三角形，如图 1.12（a）所示。当受压面上边

缘、下边缘都在水面以下，上边缘高于下边缘时，其压强分布图为梯形，如图 1.12（b）所示。当受压面上、下边缘都在水面下，且水平放置时，其压强分布图为矩形，如图 1.12（c）所示。复杂一些的图形只不过是这三种图形的组合而已。当受压面为弧形时，压强分布图也为弧形，如图 1.12（e）所示。

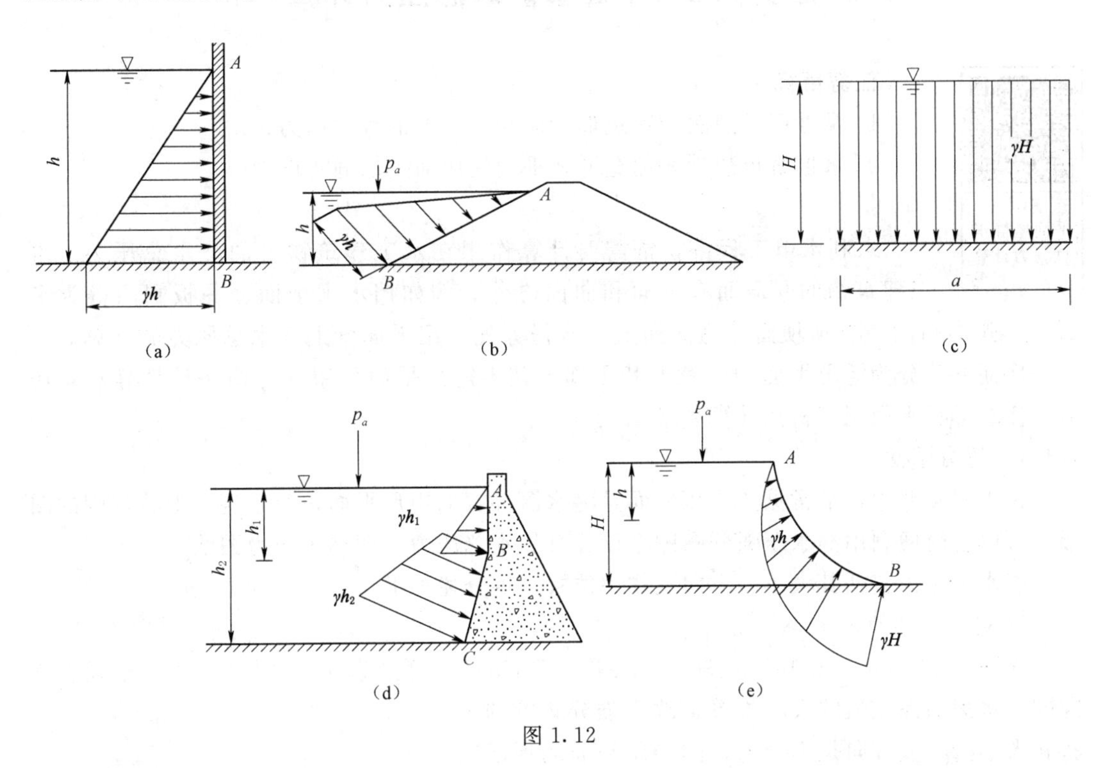

图 1.12

若受压面上下游都有水，则上下游面分别绘制静水压强分布图，然后进行抵消，如图 1.13 所示。

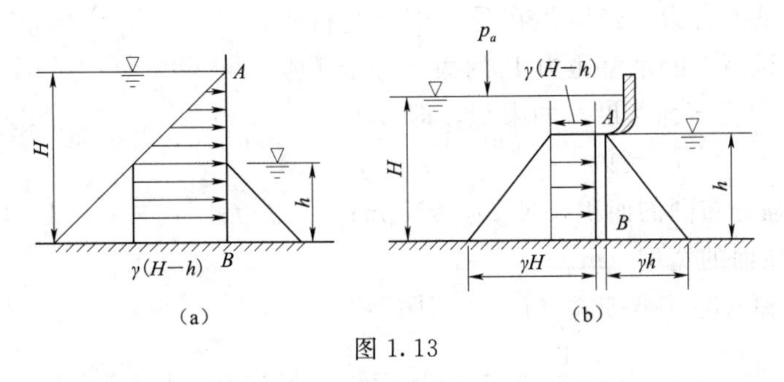

图 1.13

静水压强分布图绘制时需要注意：

（1）转折点。转折点一般连接两个面，如图 1.12（d）中的 B 点。画静水压强时分别绘出 AB 面和 BC 面的静水压强分布图。B 点位置两个方向的静水压强分别垂直于各自的受压面，其大小相等，即箭杆长度画一样长。

（2）压强越大，箭杆的长度越长。如 C 点水深大于 B 点，$p_C>p_B$，则 C 位置的箭杆长于B位置的箭杆。

（3）最后将压强的大小标注于图上。

任务1.3　平面壁静水总压力计算

任务目标

1. 掌握压力图法计算矩形平面受压面上的静水压力；
2. 掌握解析法计算任意形状平面受压面上的静水压力。

水利水电工程中，常需要计算作用在水工建筑物上的静水总压力。水工建筑物的受压面有平面和曲面之分。例如挡水坝坝面、平板闸门等为平面壁，弧形闸门、拱坝坝面等为曲面壁。本任务先介绍平面壁上静水总压力的计算。

平面壁又分为矩形平面和任意形状平面。其中矩形平面可用压力图法计算静水总压力，任意形状平面用解析法计算静水总压力。

1.3.1　压力图法

在工程实践中，最常见的受压平面是沿水深等宽的矩形平面，对于这种形状规则的图形，可以较简便利用静水压强分布图来计算其静水总压力，即称为压力图法。

静水总压力包括其大小、方向及作用位置，现分述如下。

1. 静水总压力的大小

如图1.14所示任意倾斜的矩形受压平面$E'EFF'$，宽度为b，长为L，由于沿宽度方向同一水深的点压强的大小相等，故压强分布图的形状和大小沿宽度方向是不变的。因受压平面的顶部在液面以下，压强分布图为梯形，如图1.14所示。从静水压强分布图可以看出，求静水总压力P实际上就是求平行分布力系的合力。经压强在受压面上进行积分，可得矩形受压面上静水总压力P的大小等于压强分布图的面积Ω与受压面宽度b的乘积，即

$$P=\Omega b \tag{1.19}$$

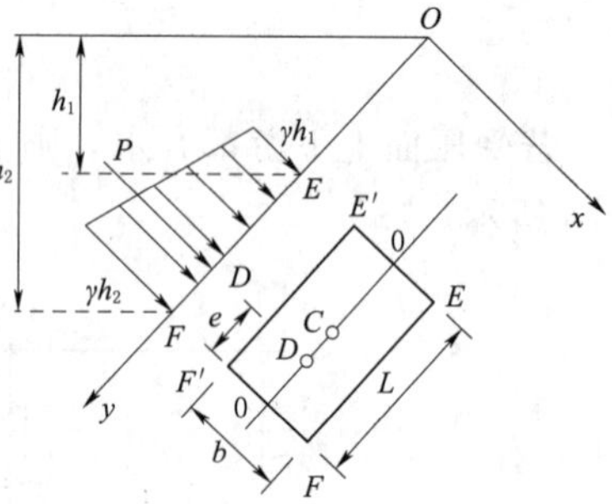

图1.14

式中　Ω——压强分布图的面积，N/m，kN/m；

b——受压面的宽度，m。

当压强分布图为梯形时，可按式（1.20）计算：

$$\Omega=\frac{1}{2}(p_1+p_2)L=\frac{1}{2}(\gamma h_1+\gamma h_2)L \tag{1.20}$$

式中　L——矩形受压面的长度，m；

h_1、h_2——受压面上下边缘的水深，m。

当压强分布图为三角形时，可按式（1.21）计算：

$$\Omega=\frac{1}{2}\gamma hL \tag{1.21}$$

2. 静水总压力的方向

根据静水压强的特性，所有点的静水压强都垂直于受压面，因此，静水总压力必然垂直于受压平面。

3. 静水总压力的作用位置

总压力 P 的作用点 D（又称压力中心）必位于受压面纵向对称轴 0—0 上，同时，静水总压力的作用线必通过压强分布图形心（注意要和受压面形心区别开），并垂直受压面。压力中心的位置用压力中心 D 至受压面底缘的距离 e 表示，如图 1.15 所示。

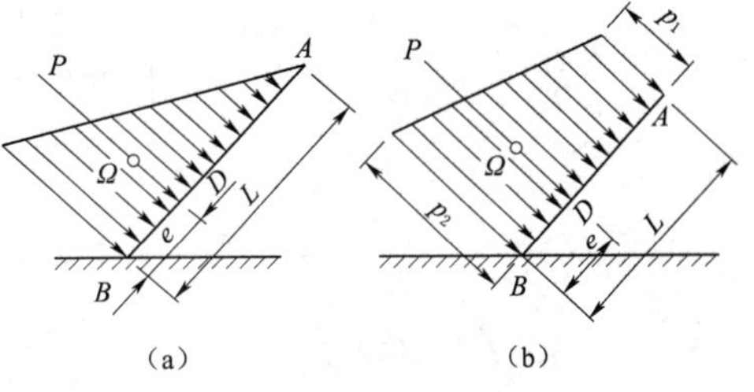

图 1.15

对于梯形压强分布图：
$$e=\frac{L}{3}\frac{2p_1+p_2}{p_1+p_2} \tag{1.22}$$

对于三角形压强分布图：
$$e=\frac{L}{3} \tag{1.23}$$

综上所述，矩形受压面静水总压力的计算步骤如下：

(1) 绘出静水压强分布图。

(2) 计算静水压强分布图的面积 Ω。

(3) 计算静水总压力的大小 $P=\Omega b$。

(4) 计算静水总压力的作用点位置。

(5) 在静水压强分布图中标上力的方向及作用点位置。

1.3.2　解析法

对于任意形状的平面，其静水总压力的大小、方向和压力中心的位置可用解析法推求。

1. 静水总压力的大小

作用在任意形状平面上的静水总压力为

$$P=p_CA=\gamma h_CA \tag{1.24}$$

式中　p_C——受压面形心点处的压强；

　　　h_C——受压面的形心在水面下的淹没深度。

式（1.24）表明，任意平面上所受的静水总压力等于形心点的压强乘以受压面的面积。

对于矩形平面，将式（1.24）应用到图 1.14，可得 $p_C=\frac{1}{2}(\gamma h_1+\gamma h_2)$，$A=bL$，则

$$P=p_CA=\frac{1}{2}(\gamma h_1+\gamma h_2)bL$$

与压力图法计算结果一致。因此，对于矩形平面，可采用压力图法或解析法，而对其他形状受压面需采用解析法。

2. 静水总压力的方向

静水总压力的方向垂直指向受压面。

3. 静水总压力的作用点

静水总压力的作用点 D，即压力中心的位置，如图 1.16 所示。具体位置一般可根据合力矩定理推求。

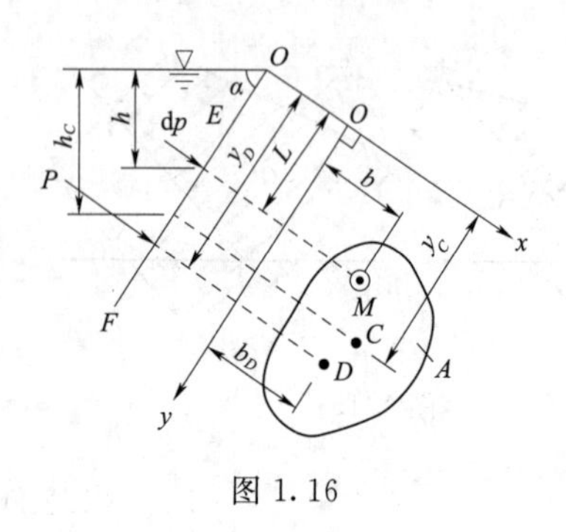

图 1.16

对于任意形状平面上静水总压力的作用点，由力学中的合力矩定理可以推得

$$y_D = y_C + \frac{I_C}{y_C A}$$

$$b_D = \frac{I_{bL}}{A L_C} \tag{1.25}$$

式中　y_D——总压力的作用点 D 到 Ox 轴的距离；

y_C——受压面的形心 C 到 Ox 轴的距离；

I_C——受压面面积 A 对通过其形心 C 且与 Ox 轴平行的轴的惯性矩，m^4。

因为 $\frac{I_C}{y_C A} > 0$，所以 $y_D > y_C$，即静水总压力作用点 D 的位置比受压面形心的位置低 $\frac{I_C}{y_C A}$。

对于一定形状尺寸的图形，I_C、A 都是定值。常见的受压面平面面积 A、形心点坐标 y_C、惯性矩 I_C 见表 1.3。

表 1.3　　　　常见平面图形的 A、y_C 及 I_C 的值

几何图形名称	面积 A	形心坐标 y_C	对通过形心点 Cx 轴的惯性矩 I_{Cx}
矩形	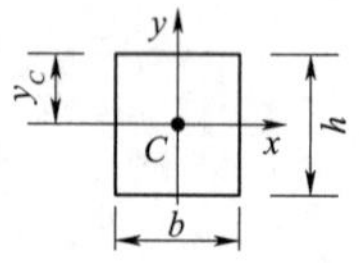 bh	$\frac{h}{2}$	$\frac{bh^3}{12}$
三角形	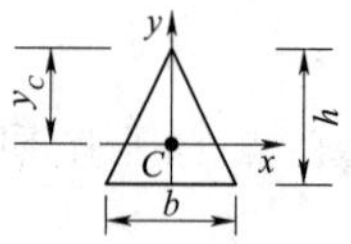 $\frac{bh}{2}$	$\frac{2h}{3}$	$\frac{bh^3}{36}$
梯形	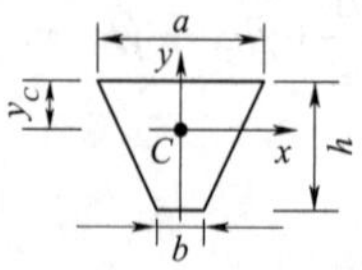 $\frac{h\ (a+b)}{2}$	$\frac{h}{3}\left(\frac{a+2b}{a+b}\right)$	$\frac{h^3}{36}\left(\frac{a^2+4ab+b^2}{a+b}\right)$
圆	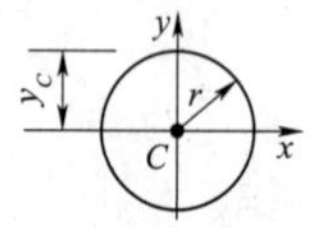 πr^2	r	$\frac{1}{4}\pi r^4$

续表

几何图形名称	面积 A	形心坐标 y_C	对通过形心点 Cx 轴的惯性矩 I_{Cx}
半圆	$\frac{1}{2}\pi r^2$	$\frac{4r}{3\pi}=0.4244r$	$\frac{9\pi^2-64}{72\pi}r^4=0.1098r^4$

【例 1.4】　如图 1.17 所示，某水闸为矩形平板闸门，闸门宽度 $b=4.5\text{m}$，闸前水深 $h=3.5\text{m}$，试求闸门上的静水压力。

解：方法一：压力图法。

绘出静水压强分布图如图 1.17（b）所示。

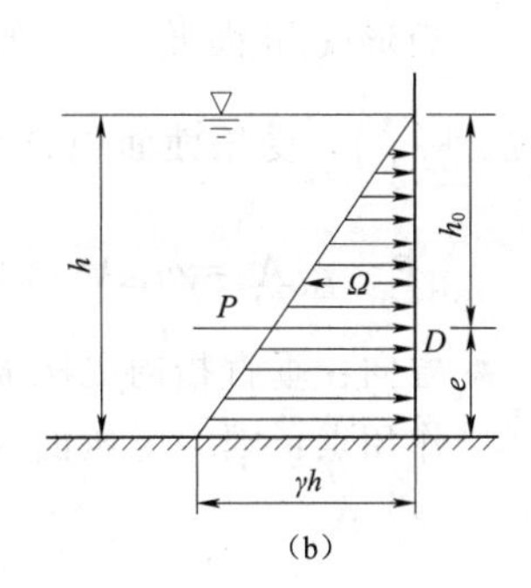

图 1.17

$$\Omega=\frac{1}{2}\gamma hL=\frac{1}{2}\times 9.8\times 3.5\times 3.5$$
$$=60.03(\text{kN/m})$$
$$P=\Omega b=60.03\times 4.5=270.11(\text{kN})$$

方向：垂直指向受压面。

距受压面底边的距离：　$e=\frac{L}{3}=\frac{3.5}{3}=1.17(\text{m})$

方法二：解析法。

矩形受压面形心点的位置在受压面中心点，即 $h/2$ 处，受压面面积 $A=bh$，则

$$P=p_CA=\gamma h_CA=\gamma\frac{h}{2}bh=9.8\times\frac{3.5}{2}\times 4.5\times 3.5=270.11(\text{kN})$$

方向：垂直指向受压面。

作用点：距液面的距离 $y_D=y_C+\frac{I_C}{y_CA}=\frac{h}{2}+\frac{\frac{1}{12}bh^3}{\frac{h}{2}bh}=\frac{2}{3}h=\frac{2}{3}\times 3.5=2.33(\text{m})$

距受压面底边的距离：$e=3.5-2.33=1.17(\text{m})$

【例 1.5】　如图 1.18 所示一矩形平板闸门 AB，已知门宽 $b=4\text{m}$，门长 L（即 AB 长）为 6m，闸门与水平面夹角 $\alpha=60°$，水深 $h_1=10\text{m}$，求闸门所受的静水压力。

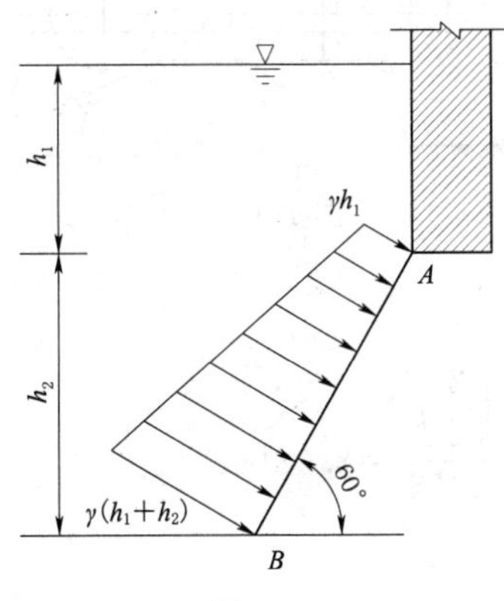

图 1.18

解：方法一：压力图法。

绘出静水压强分布图如图 1.18 所示。

$$p_A=\gamma h_1=9.8\times 10=98(\text{kPa})$$
$$h_2=L\sin\alpha=6\times\frac{\sqrt{3}}{2}=5.196(\text{m})$$
$$p_B=\gamma(h_1+h_2)=9.8\times(10+5.196)=149(\text{kPa})$$

$$\Omega=\frac{1}{2}(p_A+p_B)L=\frac{1}{2}(98+149)\times 6=741(\text{kN/m})$$

$$P=\Omega b=741\times 4=2964(\text{kN})$$

方向：垂直指向受压面。

作用点：距压强分布图底边的距离 $e=\frac{L}{3}\frac{2p_1+p_2}{p_1+p_2}=\frac{6}{3}\times\frac{2\times 98+149}{98+149}=2.79(\text{m})$

方法二：解析法。

矩形受压面形心点的位置在受压面中心，即在 AB 的中点处，形心点水深为 $\left(h_1+\frac{h_2}{2}\right)$，受压面面积 $A=bL$，则

$$P=p_CA=\gamma h_CA=\gamma(h_1+h_2/2)bL=9.8\times(10+6\sin 60°/2)\times 4\times 6=2963(\text{kN})$$

方向：垂直指向受压面。

作用点：因为受压面为对称图形，所以作用点一定位于纵向对称轴上。

$$y_D=y_C+\frac{I_C}{y_CA}=y_C+\frac{\frac{1}{12}bL^3}{y_CbL}=y_C+\frac{L^2}{12y_C}$$

其中 $$y_C=h_1/\sin 60°+\frac{L}{2}=10/\sin 60°+\frac{6}{2}=14.55(\text{m})$$

代入上式，可得

$$y_D=14.55+\frac{6^2}{12\times 14.55}=14.76(\text{m})$$

作用点离底边的距离 $e=h_1/\sin 60°+L-y_D=10/\sin 60°+6-14.76=2.79(\text{m})$

【例 1.6】 一垂直放置的圆形平板闸门如图 1.19 所示，已知闸门直径 $d=2\text{m}$，闸门圆心在水下的淹没深度为 8m，试计算作用于闸门上的静水总压力。

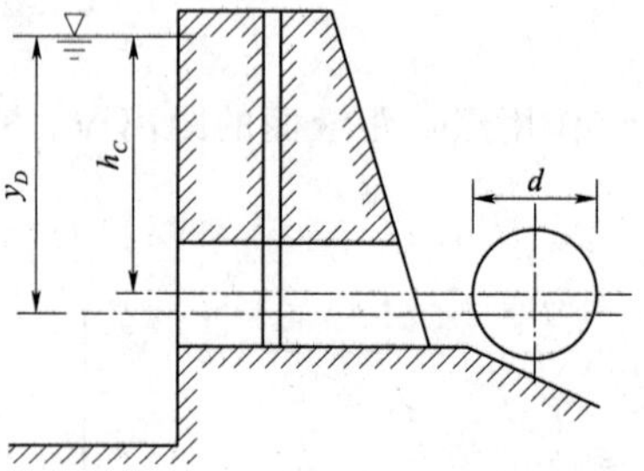

图 1.19

解：受压面为圆形，所以用解析法。

$$P=p_CA=\gamma h_C\cdot\pi R^2=9.8\times 8\times 3.14\times\left(\frac{2}{2}\right)^2$$

$$=246(\text{kN})$$

方向：垂直指向受压面。

作用点：距水面的距离为

$$y_D=y_C+\frac{I_C}{y_CA}=h_C+\frac{\frac{\pi R^4}{4}}{h_C\cdot\pi R^2}=h_C+\frac{R^2}{4h_C}=8+\frac{\left(\frac{2}{2}\right)^2}{4\times 8}=8.03(\text{m})$$

任务1.4　曲面壁静水总压力计算

任务目标

1. 掌握曲面壁静水总压力水平分力的计算；
2. 掌握曲面壁静水总压力铅垂分力的计算；
3. 根据水平分力和铅垂分力，进行力的合成。

水利水电工程中，受水压的作用面有时为曲面，如弧形闸门、拱坝坝面等。曲面壁上的静水总压力计算，可采用力学中“先分解、后合成”的方法进行求解。一般将静水总压力 P 分解为水平分力 P_x 和铅垂分力 P_z，最后将 P_x、P_z 合成 P。

以弧形闸门为例，如图1.20（a）所示，讨论柱状曲面 AB 上静水总压力的计算方法。

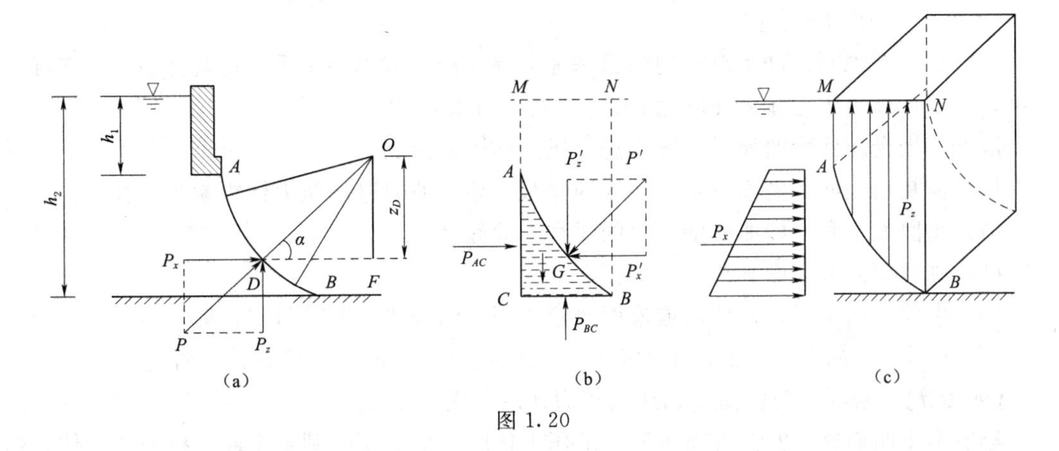

图1.20

取水体 ABC 为脱离体，如图1.20（b）所示。作用在这块水体上的力有：①脱离体的重力 G；②作用在 AC 面和 BC 面上的静水压力 P_{AC} 和 P_{BC}；③闸门对这块水体的边界作用力 P'，它与水体对闸门的作用力 P 是一对作用力与反作用力。这个边界作用力 P' 可分解为水平分力 P'_x 和铅垂分力 P'_z。

1.4.1　水平分力 P_x

脱离体在水平方向是静止的，故该方向合力为0，即

$$P_{AC}-P'_x=0$$

根据作用力与反作用力大小相等，方向相反的原理，闸门受到的水平分力为

$$P_x=P'_x=P_{AC}$$

上式表明：曲面壁静水总压力的水平分力 P_x 等于曲面壁上铅垂投影面上的静水总压力。其铅垂投影面为矩形平面，故可以按确定平面壁静水总压力的方法来求 P_x，压力图法和解析法均可，计算公式如下：

$$P_x=\Omega_x b \text{ 或 } P_x=p_C A_x \tag{1.26}$$

式中　Ω_x——铅垂投影面 AC 上的压强分布图面积；

　　　p_C——铅垂投影面 AC 形心点的压强；

　　　A_x——铅垂投影面 AC 的面积。

1.4.2　铅垂分力 P_z

脱离体在水平方向是静止的，故该方向合力为0，即

$$P'_z+G-P_{BC}=0$$

$$P_z=P'_z=P_{BC}-G$$

$$P_{BC}=\gamma h_2 A_{BC}=\gamma V_{MCBN}$$

其中

$$G=\gamma V_{ACB}$$

则

$$P_z=P_{BC}-G=\gamma V_{MCBN}-\gamma V_{ACB}=\gamma V_{MABN}=\gamma V_{压}=\gamma A_{剖}\ b \tag{1.27}$$

式中　P_{BC}——BC 平面上受到的静水总压力；

　　　G——脱离体 ABC 的重力；

　　　$V_{压}$——压力体，$V_{压}=V_{MABN}$；

　　　$\gamma V_{压}$——压力体水重。

式（1.27）说明：静水总压力的铅垂分力等于压力体内的水重。也就是说，在实际计算中，只要计算出压力体剖面图面积 $A_{剖}$，即可计算出 P_z。

因此，当受压面为曲面时，先要进行压力体图的绘制。

压力体是由底面、侧面及顶面构成的体积。单个曲面壁的压力体绘制步骤如下：

（1）画曲面本身，即曲面壁本身的弧线，即底面。

（2）画液面或液面的延长面，即顶面。

（3）由曲面四个周边向液面或液面的延长面作铅垂线将图形封闭，即侧面。

（4）确定 P_z 的方向，曲面上部受压，方向向下；曲面下部受压，方向向上。

【例1.7】　绘制下列曲面壁 AB 的压力体图（图1.21）。

绘制多个曲面壁（凹凸方向不同）的压力体时，应分别绘制单个曲面壁的压力体，然后再合成。需要注意的是，对于面积相等且方向相反的部分可以相互抵消，如图1.22所示。绘制上下游都有水时的压力体，也是分别绘制单个曲面壁的压力体，然后进行抵消，如图1.23所示。

【例1.8】　绘制下列 AB 曲面壁的压力体图（图1.22和图1.23）。

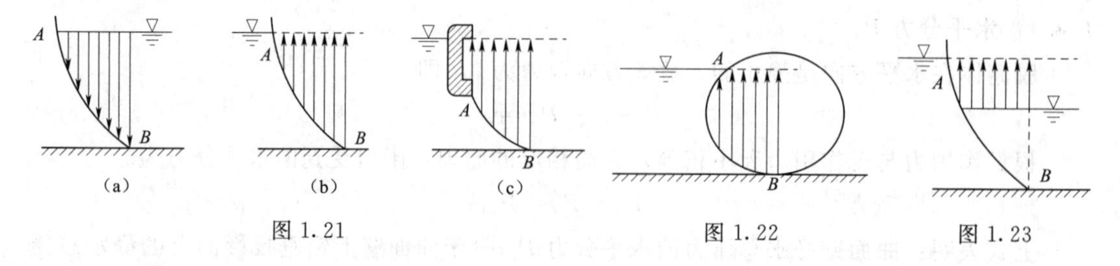

图1.21　　　图1.22　　　图1.23

1.4.3　静水总压力的合力

当求出水平分力 P_x 和铅垂分力 P_z 后，按力的合成原理得到总压力的大小、方向和作用点。

总压力的大小：
$$P=\sqrt{P_x^2+P_z^2} \tag{1.28}$$

总压力的方向：总压力的方向为曲面的内法线方向，通过曲面的曲率中心，它与水平方向的夹角为 α，如图 1.20（a）所示，则

$$\alpha=\arctan\frac{P_z}{P_x} \tag{1.29}$$

总压力作用点是总压力作用线与曲面的交点 D，D 在铅垂方向的位置以受压曲面曲率中心至该点的铅垂距离 z_D 表示，即

$$z_D=R\sin\alpha \tag{1.30}$$

【例 1.9】 一弧形闸门如图 1.24（a）所示，闸门宽度 $b=4\text{m}$，圆心角 $\theta=45°$，半径 $R=2\text{m}$，闸门旋转轴恰与水面齐平。求水对闸门的静水总压力。

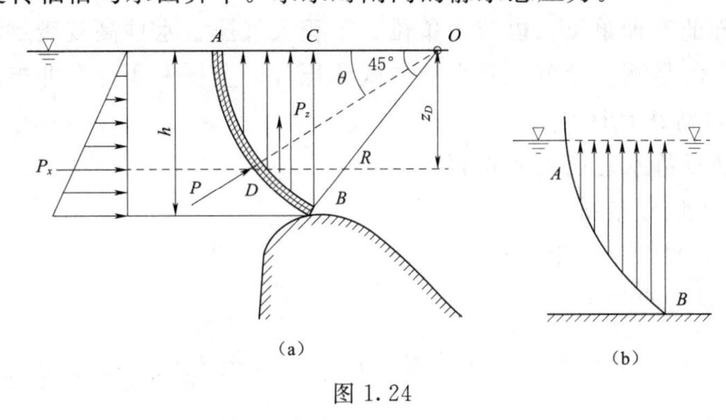

图 1.24

解：

闸门前水深：
$$h=R\sin\theta=2\times\sin45°=1.414(\text{m})$$

水平分力：$P_x=\Omega_x b=\dfrac{1}{2}\rho g h^2 b=\dfrac{1}{2}\times9.8\times1.414^2\times4=39.19(\text{kN})$

铅垂分力：先绘制压力体图如图 1.23（b）所示，$V_{压}=(S_{扇AOB}-S_{\Delta BOC})b$

$$P_z=\gamma V_{压}=\gamma\left(\frac{1}{8}\pi R^2-\frac{1}{2}h^2\right)b=9.8\times\left(\frac{1}{8}\pi\times2^2-\frac{1}{2}\times1.414^2\right)\times2=22.34(\text{kN})$$

合力：
$$P=\sqrt{P_x^2+P_z^2}=\sqrt{39.19^2+22.34^2}=45.11(\text{kN})$$

$$\alpha=\arctan\frac{P_z}{P_x}=\arctan\frac{22.34}{39.19}=\arctan0.57=29.68°$$

$$z_D=R\sin\alpha=2\times\sin29.68°=1(\text{m})$$

【小结】

1. 液体的基本特征和主要物理性质

（1）液体的基本特征：易于流动、不易压缩、均匀等向、连续介质。

（2）液体的主要物理性质：惯性、重力特性、黏滞性、压缩性、表面张力特性和汽化压强。其中惯性、重力特性、黏滞性对水流起着主要作用。而压缩性、表面张力特性和汽化压强在特殊情况下才考虑。

1.5 液体的基本特征和主要物理性质思维导图 Ⓟ

（3）常识：在一个标准大气压下，4℃时，水的密度 $\rho=1000\text{kg/m}^3$；水的容重 $\gamma=9.8\text{kN/m}^3$。

1.6
静水压力计算思维导图
Ⓟ

2. 静水压强基础知识

(1) 静水压强的两个特性：静水压强的方向垂直指向受压面；同一点各个方向上的静水压强大小相等，与受压面的方位无关。

(2) 静水压强的两个基本公式。

$$p=p_0+\gamma h$$

$$z+\frac{p}{\rho g}=C(\text{常数})$$

(3) 绝对压强 p'、相对压强 p、真空度 p_v 的定义和相互关系。

$$p=p'-p_a=\gamma h$$

$$p_v=p_a-p'=|p|$$

(4) 静水压强的三种单位。以应力单位、工程大气压、水柱高度表示。

(5) 静水压强的量测。量测工具有液柱式测压计、金属测压计和非电量电测系统。

3. 平面壁静水总压力计算

(1) 压力图法求静水总压力的步骤。

1) 绘出静水压强分布图。

2) 计算总压力大小 $P=\Omega b$。

3) 方向：垂直指向受压面。

4) 作用点：当压强分布图为三角形时，压力中心至三角形底缘距离 $e=\frac{L}{3}$；当压强分布图为梯形时，压力中心至梯形底缘的距离 $e=\frac{L}{3}\frac{2p_1+p_2}{p_1+p_2}$。

5) 适用范围：矩形平面的受压面。

(2) 解析法求静水总压力的步骤。

1) 计算静水总压力大小：$P=p_C A=\gamma h_C A$。

2) 方向：垂直指向受压面。

3) 作用点：$y_D=y_C+\frac{I_C}{y_C A}$。

4) 适用范围：任意形状平面的受压面。

4. 曲面壁静水总压力计算

(1) 绘出受压曲面的压力体剖面图。

(2) 计算水平分力 $P_x=\Omega_x b=\gamma h_C A_x$。

(3) 计算铅垂分力 $P_z=\gamma V_{压}$。

(4) 弧形闸门计算总压力 $P=\sqrt{P_x^2+P_z^2}$。

(5) 弧形闸门所受水压力方向：$\alpha=\arctan\frac{P_z}{P_x}$。

(6) 弧形闸门所受作用点 $z_D=R\sin\alpha$。

【应知】

一、填空题

1. 液体具有的基本特性是__________、__________、__________、连续介质。

2. 静水压强具有如下两个基本特性：静水内部任何一点各方向的压强__________，即静水压强的大小与受压面的方位______。静水压强的方向永远__________受压面。

3. 在静止、均质、连通的液体中，各点的单位势能__________同一个常数。其大小随基准面的不同而__________。

4. 以完全没有气体存在的绝对真空为零点计算的压强称为__________。

5. 实践中常会遇到压强__________大气压的情况，即相对压强__________大气压，出现__________，这时称为发生了真空现象。离心泵和虹吸管能把水从低处吸到一定的高度，就是利用__________道理。

二、选择题

1. 静水压强的大小与受压面的方位（　　），其方向（　　）受压面。

A. 有关　垂直并指向　B. 无关　平行　C. 无关　垂直并指向　D. 有关　平行

2. 水中深处的静水压强比浅处的静水压强（　　）。

A. 小　　B. 大　　C. 相同　　D. 都不对

3. 对于矩形受压平面，一侧受水压力，当受压平面的顶部与液面齐平时，压强分布图为（　　）。

A. 矩形　　B. 梯形　　C. 不规则图形　　D. 三角形

4. 利用解析法计算平面上的静水总压力，其公式中的压强是指（　　）。

A. 受压面形心点处压强　　B. 压强分布图中心点处压强

C. 受压面平均压强　　D. 压强分布图平均压强

5. 某地当地大气压强为100kPa，此时测得水中某点绝对压强为99kPa，其真空压强为（　　）。

A. 1kPa　　B. −1kPa　　C. 0　　D. 199kPa

【应会】

1. 求某水池中水深为2m、15m处的静水压强。

（参考答案：$p_1=19.6\text{kPa}$，$p_2=147\text{kPa}$）

2. 如图1.25所示，计算容器壁面上点1～5的静水压强p的大小（单位：kPa），并绘出各点静水压强的方向。

（参考答案：$p_1=14.7\text{kPa}$，$p_2=p_3=4.9\text{kPa}$，$p_4=19.6\text{kPa}$，$p_5=24.5\text{kPa}$）

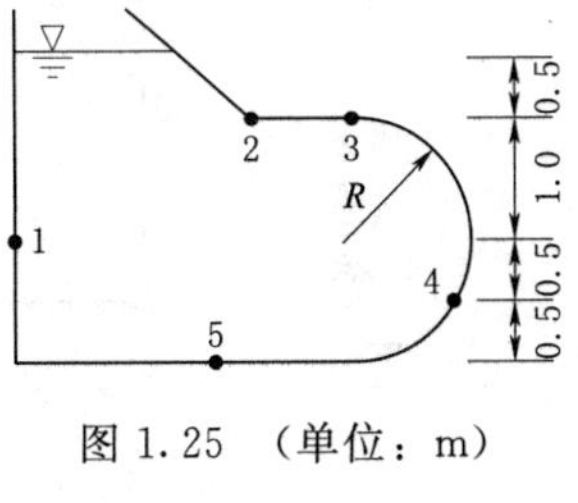

图1.25　（单位：m）

3. 绘制各受压面的压强分布图（图1.26）。

4. 某混凝土坝如图1.27所示，坝上游水深$h=24\text{m}$，试求1m宽坝面上所受静水总压力P的大小和压力中心的位置。

（参考答案：$P=2822.4\text{kN}$，$e=8\text{m}$）

5. 某引水底孔设置一板矩形闸门AB，如图1.28所示，下游无水，已知$h_1=1\text{m}$，$h_2=2\text{m}$，宽$b=1.5\text{m}$，求闸门所受静水总压力。

（参考答案：$P=58.8\text{kN}$，方向：向右垂直指向闸门，$e=0.83\text{m}$）

6. 某挡水矩形闸门，如图1.26（c）所示，门宽$b=2\text{m}$，一侧水深$h_1=4\text{m}$，另一侧水深$h_2=2\text{m}$，试求该闸门上所受到的静水总压力。

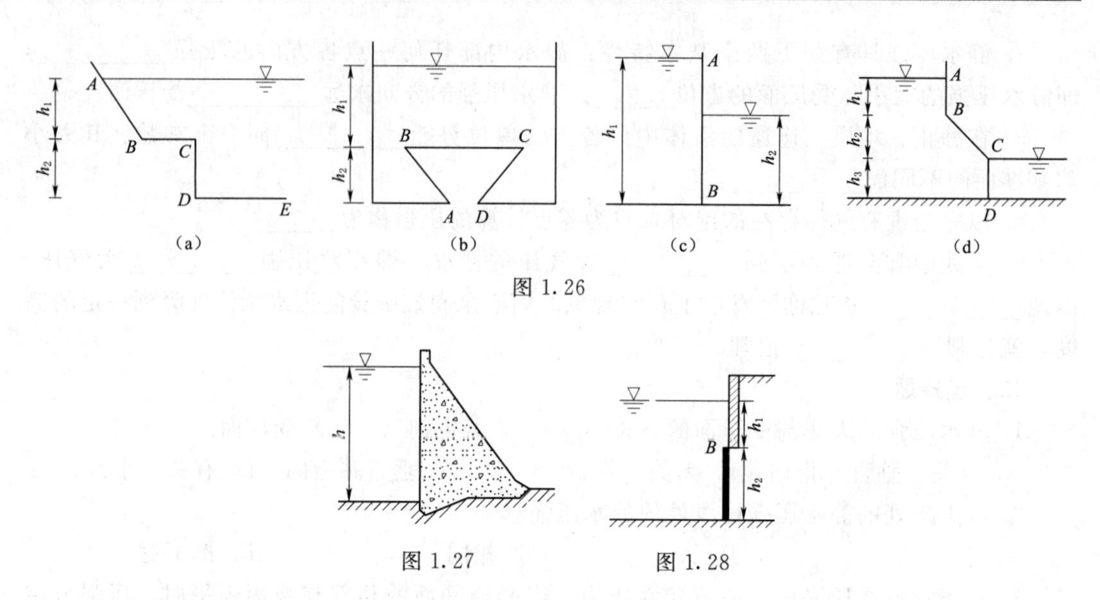

图 1.26

图 1.27　　图 1.28

（参考答案：$P=78.4$kN，方向：向右垂直指向闸门，$e=1.56$m）

7. 绘制下列图形的压力体图（图 1.29）。

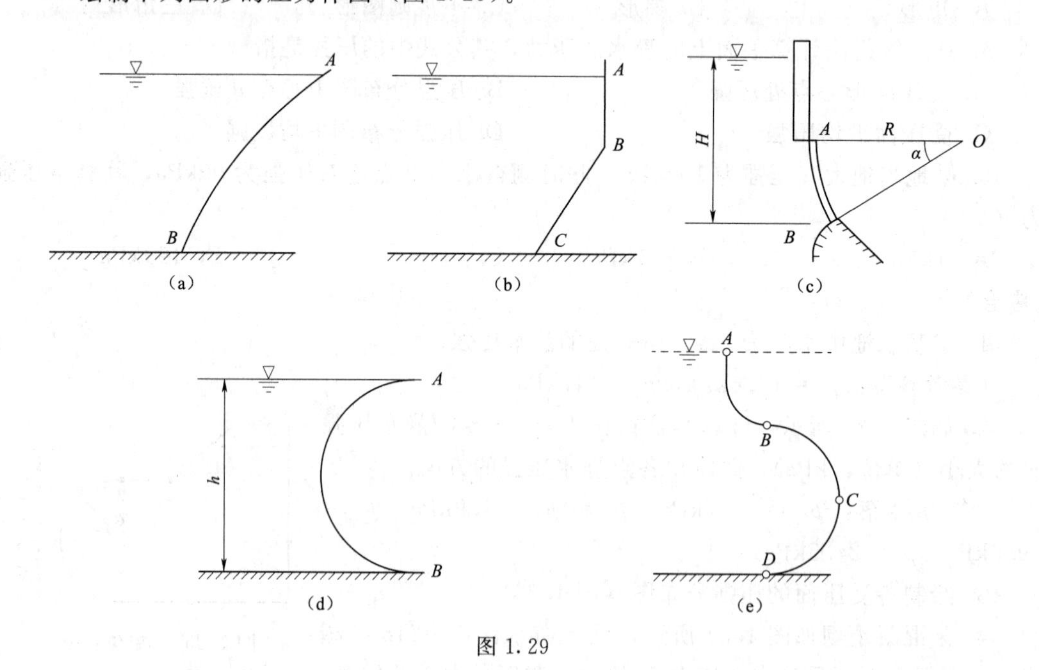

图 1.29

8. 如图 1.30 所示，有一弧形闸门 AB 为半径 $R=2$m 的圆柱面的 1/4，闸门宽 $b=4$m，水深 $h=2$m，求作用在曲面 AB 上的静水总压力。

（参考答案：$P_x=78.4$kN，$P_z=123.08$kN，$P=145.93$kN，作用线通过圆心，与水平方向的夹角 $\alpha=57.5°$）

9. 某圆柱曲面 AB 为 1/4 圆弧，如图 1.31 所示。A 点以上的水深 $H=1.2$m，宽度 $b=4$m，圆弧半径 $R=1$m，水面为大气压强。试确定曲面 AB 所承受的静水总压力。

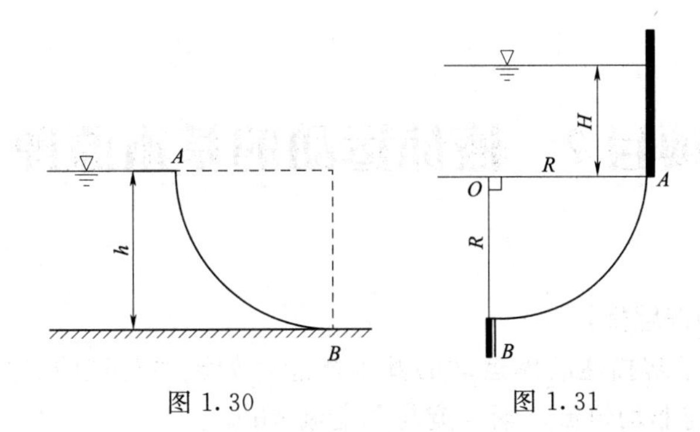

图1.30　　　　　　图1.31

（参考答案：$P=102.448\text{kN}$，作用线通过圆心，与水平方向的夹角 $\alpha=49.422°$）

10. 如图1.32所示混凝土重力坝，为了校核坝体稳定性，试分别计算在下游有水和下游无水两种情况下，作用于1m长坝体上水平方向与铅垂方向的静水总压力。

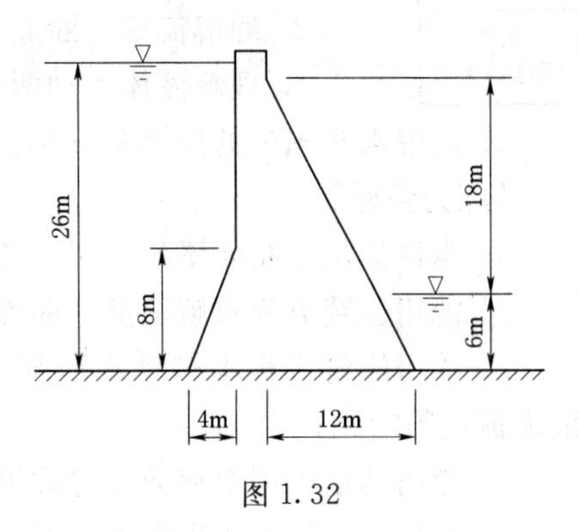

图1.32

［参考答案：当下游无水 $P_x=3312.4\text{kN}(\rightarrow)$，$P_z=862.4\text{kN}(\downarrow)$；当下游有水 $P_x=3136\text{kN}(\rightarrow)$，$P_z=950.6\text{kN}(\downarrow)$］

项目 2　液体运动的基本原理

2.1
项目导学

【知识目标】

1. 了解描述液体运动的基本概念，如流线与迹线、恒定流与非恒定流、均匀流与非均匀流、渐变流与急变流等；

2. 理解流量、断面平均流速的概念；

3. 理解液体运动两种流态的判别方法；

4. 理解水头损失的原因和分类。

【能力目标】

1. 掌握流量与断面平均流速的关系；

2. 能用连续方程求解流量、断面平均流速、断面面积等问题；

3. 能用能量方程求解动水压强、断面平均流速、断面之间的压强差、机械能损失、液流流向等问题；

4. 能用动量方程求解液流对边界的冲击力或边界对液流的反作用力；

5. 能进行沿程水头损失和局部水头损失的计算。

任务 2.1　液体运动的基本概念

2.2
水流运动基本概念

任务目标

1. 了解描述液体运动的两种方法；

2. 了解描述液体运动的基本概念，如流线与迹线、恒定流与非恒定流、均匀流与非均匀流、渐变流与急变流等；

3. 理解流量、过水断面面积和断面平均流速的概念并掌握其关系；

4. 能判别水流流态（紊流和层流）。

2.1.1　描述液体运动的两种方法

在自然界或许多工程实际问题中，水流多处于运动状态。因此，掌握液体运动的基本知识相当重要。表征水流运动的各种物理量称为运动要素，常见的运动要素有流速、压强、加速度等。水力学中研究水流运动通常采用两种方法，即迹线法和流线法。

1. 迹线法

迹线法又称拉格朗日（Lagrange）法，以液体中单个质点作为研究对象，通过对每个水流质点运动规律的研究来获得整个液体运动的规律。

运用迹线法研究液体运动实质上与研究一般固体力学方法相同，所以也称为质点系法。

2. 流线法

流线法又称欧拉（Euler）法，是以通过流场中固定空间点的水流质点为研究对象，研究液体流经各空间点时的流动特征。通过了解每个空间点上运动要素随时间的变化规律，掌握整个水流的运动规律，因此流线法也称为流场法。

迹线法与流线法的主要区别在于描述水流运动时着眼点不同。迹线法着眼于水流质点的运动状况，而流线法则着眼于水流运动时所占据的空间点的运动状况，不考虑该点是哪个水流质点通过。在实际工程中，一般需要了解在某位置上的液体运动情况，没有必要研究每个质点的运动轨迹，所以水力学中常采用流线法来描述液体运动。迹线法仅在研究波浪运动、射流轨迹等问题时，才考虑应用。

2.1.2　液体运动的基本概念

1. 迹线与流线

迹线是某一质点在某一时段内所经历的空间点的连线，即质点的运动轨迹线。江河中漂浮物从一处浮游到另一处时所经过的线路便是一条迹线。

流线是欧拉法中假想的用来描述流动场中某一瞬时水流质点流速方向的光滑曲线。位于流线上的各水流质点，其流速的方向都与水流质点在该曲线上的点的切线方向一致，如图2.1所示。

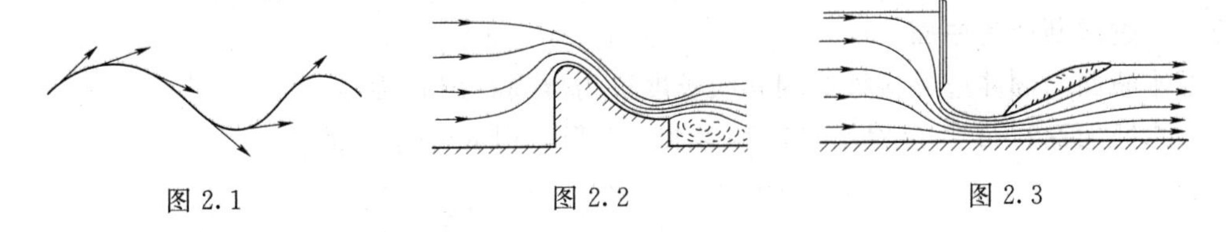

图2.1　　图2.2　　图2.3

图2.2和图2.3分别绘出了水流经过溢流坝和泄水闸时的流线。用流线所描绘的流动情形，可清楚地看出水流运动的总体规律。

流线具有以下性质：

(1) 流线上任一点的切线方向为该点的流速方向。流线不能是折线，也不能相交，只能是一条光滑的曲线。

(2) 恒定流时，流线的形状不随时间改变，流线与迹线重合；非恒定流时，流线的形状随时间改变，流线与迹线不重合。

(3) 流线的疏密程度反映了流速的大小。流线密的地方流速大，流线疏的地方流速小。

(4) 流线的形状受到固体边界形状、离边界远近等因素的影响。离边界越近，边界对流线形状的影响越明显，形状也越一致。在边界突变处，水流质点不能完全按照边界形状流动，脱离边界，形成漩涡。

2. 流管、元流与总流

如图2.4所示，在水流中任意取一微分面积dA，通过该面积周界上的每一点均可引出一条流线，这无数条流线组成的封闭管状曲面称为流管。

充满以流管为边界的一束液流称为元流（也称为微小流束）。根据流线的性质可知：

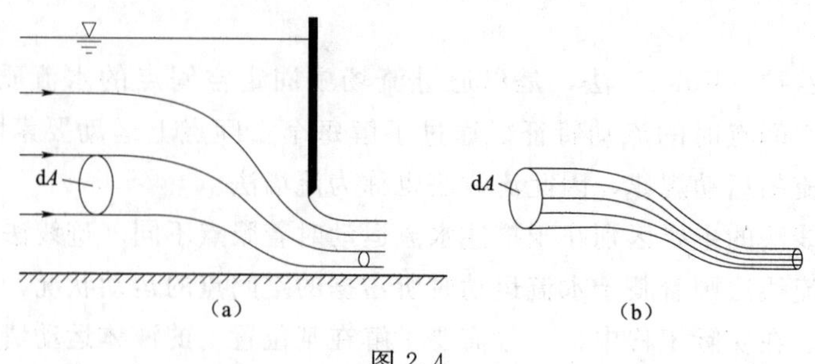

图 2.4

任何时刻，液体都不可能穿过元流的侧表面流进或流出；在恒定流中，元流的形状和位置不会随时间而改变。由于元流横断面很小，因此在元流横断面上各点的运动要素可以看作是相等的，即各点流速、压强等相同。

任何一个实际水流都具有一定规模的边界，这种有一定大小尺寸的实际水流称为总流。总流可以看作由无数多个元流所组成的液流总体。如管道、渠道和天然河道里的实际水流，都是总流。

3. 过水断面的几何要素

垂直于水流流线的横断面称为过水断面。过水断面的几何要素包括：过水断面面积 A、湿周 χ、水力半径 R、水面宽度 B。当流线相互平行时，过水断面为平面；当流线不平行时，过水断面为曲面。

过水断面与固体边界接触的周界线长度称为湿周，用 χ 表示。

过水断面面积 A 与湿周 χ 之比称为水力半径，用 R 表示，即

$$R=\frac{A}{\chi} \tag{2.1}$$

式中　A——过水断面的面积，m^2；

R——水力半径，m；

χ——湿周，m。

水力学中，把 A、R、χ 称为过水断面的水力要素。水力半径 R 是过水断面的一个重要的水力要素，是过流能力的重要体现。湿周 χ 反映了横断面形状对过流能力的影响，湿周越大，水流阻力及水头损失也越大。两个面积相等的过水断面，湿周大的过流能力小，湿周小的过流能力大。

常见的矩形、梯形和圆形过水断面（图 2.5）的几何要素计算公式如下：

(1) 矩形。

$$A=bh \tag{2.2}$$

$$\chi=2h+b \tag{2.3}$$

$$R=\frac{A}{\chi}=\frac{bh}{2h+b} \tag{2.4}$$

$$B=b \tag{2.5}$$

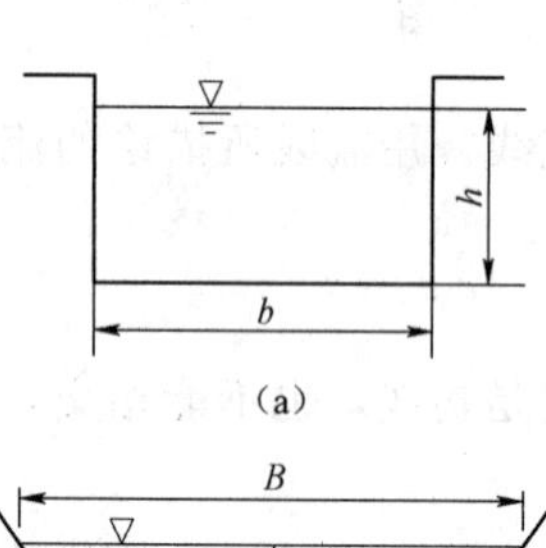

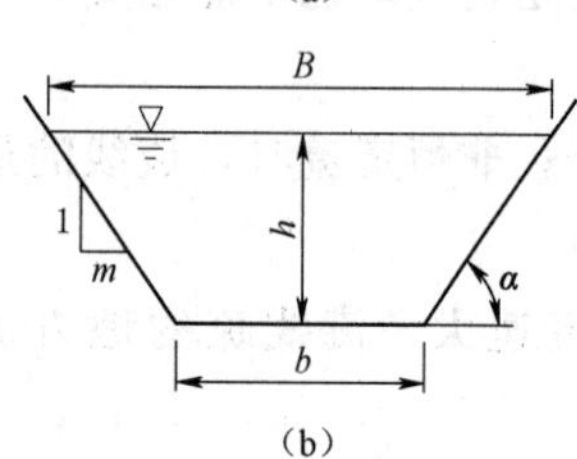

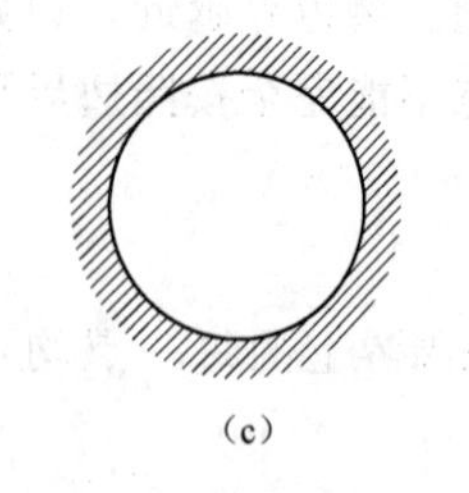

图 2.5

（2）梯形。

$$A=(b+mh)h=(\beta+m)h^2 \tag{2.6}$$

$$\chi=b+2h\sqrt{1+m^2}=(\beta+2\sqrt{1+m^2})h \tag{2.7}$$

$$R=\frac{A}{\chi}=\frac{(b+mh)h}{b+2h\sqrt{1+m^2}} \tag{2.8}$$

$$B=b+2mh=(\beta+2m)h \tag{2.9}$$

（3）圆形。

$$A=\frac{\pi d^2}{4} \tag{2.10}$$

$$\chi=\pi d \tag{2.11}$$

$$R=\frac{d}{4} \tag{2.12}$$

式中 A——过水断面面积；

b——底宽；

m——边坡系数，表示渠道边坡倾斜的程度，m 越大，边坡越缓，m 越小边坡越陡，各种土壤边坡系数 m 值见表2.1；

h——水深；

β——宽深比；

d——圆的直径。

表2.1　　各种土壤边坡系数 m 值

土 壤 种 类	m	土 壤 种 类	m
细沙	3.0～3.5	一般黏土	1.0～1.5
砂壤土和松散壤土	2.0～2.5	密实的重黏土	0.50～1.0
密实砂壤土和轻黏壤土	1.5～2.0	风化的岩石	0.25～0.50
重黏壤土	1.0～1.5	未风化的岩石	0.00～0.25

4. 水流运动要素

（1）流量。单位时间内通过某一过水断面的水体体积为流量，用 Q 表示，单位为 m^3/s 或 L/s。流量是衡量过水断面输水能力大小的一个物理量。

（2）断面平均流速。在实际水流中，过水断面上各点流速不一定相同，如图2.6所示。为计算方便，工程中常用断面平均流速 v 来代替各点的实际流速 u，即用流量与过水断面面积的比值表示。断面平均流速为

$$v=\frac{Q}{A} \tag{2.13}$$

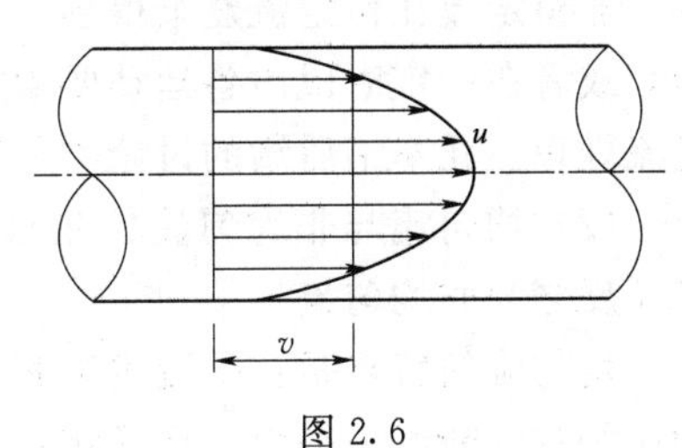

图2.6

（3）动水压强。运动水体中任意点的压强称为动水压强。

对于有固体边界约束的水流，当流线相互平行时，其过水断面上的动水压强按静水压强规律分布。对孔

口或管道末端射入大气的射流，因该断面的周界均与气体相接触，可以认为断面上各点的压强均为大气压强。当水流通过上凸边界时，离心惯性力与重力沿 n—n 轴的分力方向相反，过水断面上的动水压强比静水压强小；当水流通过下凹边界上的流动，离心惯性力与重力沿 n—n 轴的分力方向一致，过水断面上的动水压强比静水压强大。如图 2.7 所示。

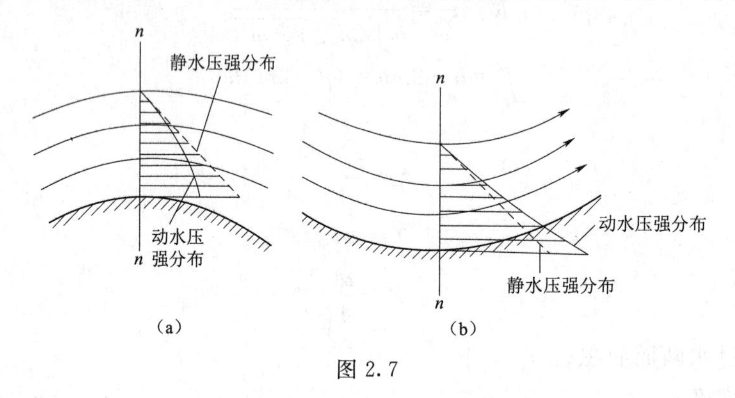

图 2.7

5. 水流运动的类型

(1) 恒定流与非恒定流。恒定流与非恒定流根据运动要素是否随时间变化来划分。任一点处所有运动要素都不随时间变化的水流称为恒定流。否则，称为非恒定流。

如图 2.8 所示，水从水箱侧壁的孔中流出，如果水箱内的水位保持不变，则小孔的射流也将保持不变，射流各点的速度也不随时间发生变化。这种运动要素不随时间改变的水流称为恒定流。若水箱充满水后关掉进水阀，则随着时间的推移水位将不断降低，射流的位置和各点的流速随着时间的推移发生变化。这种运动要素随着时间发生变化的水流称为非恒定流。如河道中的洪水过程及潮汐现象是典型的非恒定流。

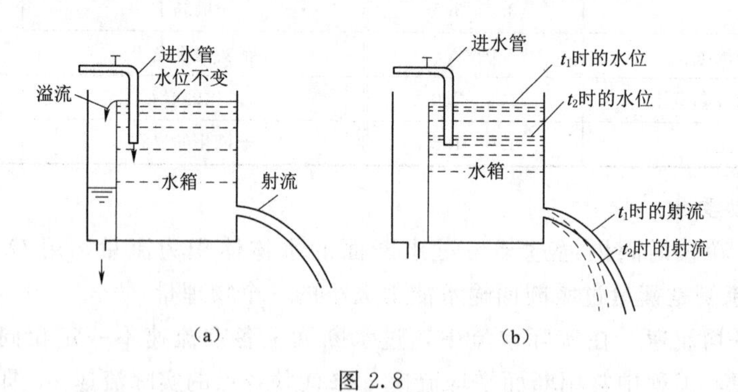

图 2.8

非恒定流比恒定流复杂得多。工程中的大多数流动，其运动要素随时间的变化较为缓慢，或者在一定时段内各运动要素的平均值保持不变，此时，可近似地把这种流动作为恒定流处理。在本书后续的讨论中，若没有特殊说明，即指恒定流。

(2) 均匀流与非均匀流。在水流运动过程中，运动要素沿程不变的水流，称为均匀流，反之为非均匀流。

均匀流的特点是：①流线为相互平行的直线；流速沿程不变，即均匀流为等速直线运动；②过水断面为平面，且形状尺寸沿程不变；③任一过水断面上的流速分布均相同，断面平均流速均相等；④均匀流同一过水断面上的动水压强按静水压强规律分布，即均匀流同一过水断面上各点的测压管水头维持同一常数。

工程实际中，对于长且直、断面不变、底坡不变的人工渠道或直径不变的长直管道，除入口及出口外，其余部分的流速在各断面都一样，按均匀流考虑。而在断面变化、转弯的管道或断面沿程变化的天然河道中流动的水流则为非均匀流。

（3）渐变流与急变流。在非均匀流中，根据流线的不平行和弯曲程度，可将水流分为渐变流和急变流，如图2.9所示。当流线之间夹角较小或流线曲率半径较大，各流线近似为平行直线时，称为渐变流，它的极限情况为均匀流。当流线之间夹角较大或流线曲率半径较小，这种非均匀流称为急变流。渐变流和急变流之间没有明确的区分界限，实际工程中是否将非均匀流视为渐变流，主要取决于对计算结果精度的要求。

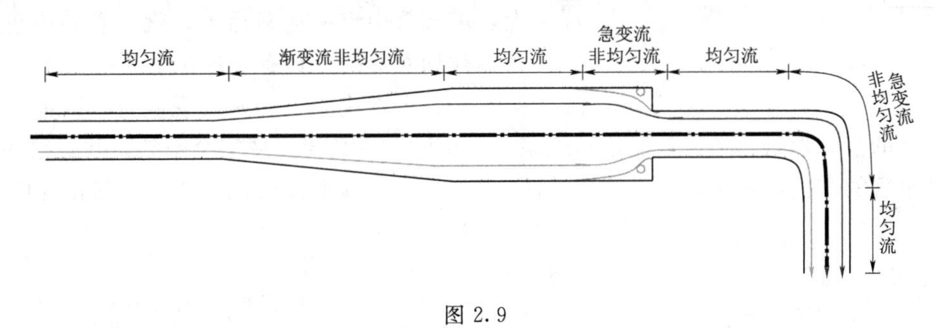

图2.9

由于渐变流的流线近乎平行的直线，因此，可近似地认为：过水断面为平面，过水断面上动水压强符合静水压强分布规律，即同一过水断面上各点的测压管水头相等。但是对于急变流，过水断面上的动水压强分布规律不再服从静水压强分布规律。

（4）有压流、无压流、射流。根据液流在流动过程中有无自由表面，可将其分为有压流与无压流。

液体沿流程整个周界都与固体壁面接触，而无自由表面的流动称为有压流。它主要是依靠压力作用而流动，其过水面上任意一点的动水压强一般与大气压强不等。例如，自来水管和水电站的压力管道中的水流，均为有压流。

若液体沿流程一部分周界与固体壁面接触，另一部分与空气接触，具有自由表面的流动，则称为无压流。它主要是依靠重力作用而流动，因无压流液面与大气相通，故又可称为重力流或明渠流。例如，河渠中的水流和未充满管道断面中的水流，均为无压流。

液流从管道末端的喷嘴流出，射向某一固体壁面的流动，称为射流。射流四周均与大气相接触。

（5）一元流、二元流、三元流。在工程实际中，实际液体运动一般极为复杂，它的运动要素是空间位置坐标和时间的函数（对于恒定流，则仅是空间位置坐标的函数）。根据液体运动要素依据空间自变量的个数，可将液流分为一元流、二元流和三元流。如果液体运动要素只与一个空间自变量有关，这种液流称为一元流。如果液体运动要素与两个空间自变量有关，这种液流称为二元流。如果液流运动要素与三个空间自变量有关，这种液流称为三元流。严格来讲，任何实际液流都是三元流，但此时水力计算较为复杂，难于求解。因而在实际工程中，常结合具体液体运动特点，采用各种平均方法（如最常见的断面平均法），将三元流简化为一元流或二元流，由此而引起的误差，可通过修正系数来加以校正。

2.1.3　液体运动的流态

1883年雷诺用试验揭示了实际液体运动存在的两种流动形态，即层流和紊流。

图2.10为雷诺试验装置的示意图。试验时将容器装满液体，使液面保持稳定，使液流为恒定流。试验时将阀门 K_1 徐徐开启，液体自玻璃管中流出，然后将控制颜色液体的阀门 K_2 打开，就可看见在玻璃管中有一条细直而鲜明的带色流束，这一流束不与未带色的液体混杂，如图2.11（a）所示。再将阀门 K_1 逐渐开大，玻璃管中流速逐渐增大，就可看到带色流束开始颤动并弯曲，具有波形轮廓［图2.11（b）］。然后在其个别流段上开始出现破裂，因而失掉了带色流束的清晰形状。最后在流速达到某一定值时，带色流束便完全破裂，并且很快扩散成布满全管的漩涡，使全部水流着色［图2.11（c）］，说明此时流体质点已互相混掺。

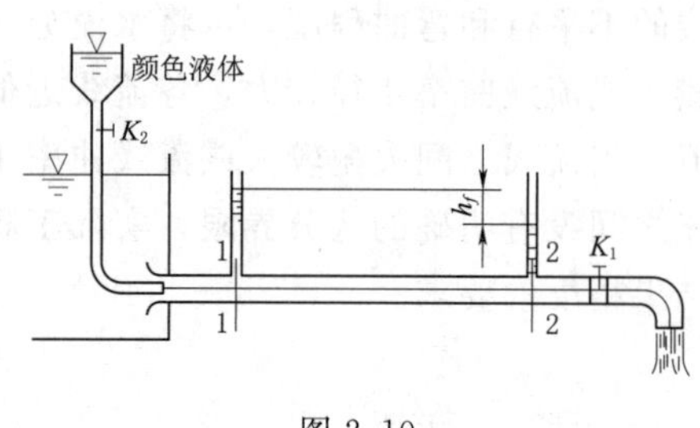

图2.10

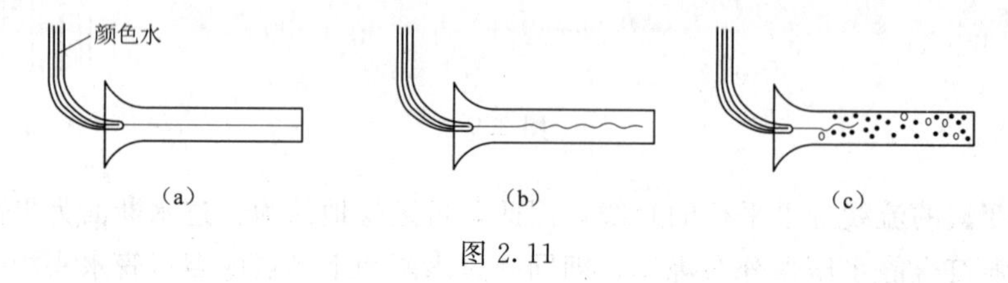

图2.11

以上试验说明，同一液体在同一管道中流动，当流速不同时，液体可有两种不同形态的运动：

（1）当流速较小时，各流层的液体质点是有条不紊地运动，互不混杂，这种形态的流动称为层流。

（2）当流速较大时，各流层的液体质点在流动过程中互相混掺，这种形态的流动称为紊流。

雷诺试验中，用染色液体目测的方法来判别液流流态，但在实际的液流流动中，这种方法显然是难以办到的，且结果带有主观性。

两类液流形态转换时的流速称为临界流速。紊流变层流时的临界流速较小，称下临界流速。层流变紊流时，临界流速较大，称上临界流速。当流速大于上临界流速时，液流为紊流状态。当流速小于下临界流速时，液流为层流状态。当流速介于上下两个临界流速之间时，液流可能为紊流，也可能为层流，根据管道的初始条件和受扰动的程度确定。当改变试验时的液体温度、玻璃管直径或试验种类时，测出的临界流速数值相应发生改变。

进一步试验研究表明：用下临界流速或上临界流速与管径 d 和运动黏滞系数 ν 组成的无量纲数下临界雷诺数 Re 和上临界雷诺数 Re 大致是一个常数。经过反复试验，下临界雷诺数的值比较稳定，上临界雷诺数 Re 的数值受试验条件的影响较大。因此，用下临界雷诺数作为流态判别界限。

对圆管水流，临界雷诺数 $Re_k=2320$，雷诺数定义为

$$Re=\frac{vd}{\nu} \tag{2.14}$$

对于明渠水流，临界雷诺数 $Re_k=500$，雷诺数定义为

$$Re=\frac{vR}{\nu} \tag{2.15}$$

式中　R——过水断面的水力半径。

当实际雷诺数 $Re>Re_k$ 时水流流动形态为紊流；当实际雷诺数 $Re<Re_k$ 时水流流动形态为层流。

人工渠道和天然河道中的水流、输水管中的水流，其水流流速和固体边界的几何尺寸均比较大，水流的流态一般都是紊流。只有在地下渗流、沉沙池和高含沙的浑水中，或输油管道中，水流速度很小时才有可能为层流。

【例 2.1】 管道直径 $d=100\text{mm}$，输送水流量 $Q=0.01\text{m}^3/\text{s}$，水的运动黏滞系数 $\nu=1\times10^{-6}\text{m}^2/\text{s}$，求水在管中的流动形态。若输送 $\nu=1.14\times10^{-4}\text{m}^2/\text{s}$ 的石油，保持前一种情况下的流速不变，流动又是什么形态？

解：

$$v=\frac{Q}{A}=\frac{4Q}{\pi d^2}=\frac{4\times0.01}{3.14\times0.1^2}=1.27(\text{m/s})$$

当输送水时，水的运动黏滞系数 $\nu=1\times10^{-6}\text{m}^2/\text{s}$，$Re=\dfrac{vd}{\nu}=\dfrac{1.27\times0.1}{1\times0.1^{-6}}=1.27\times10^5>2320$，故水流流态是紊流。

当输送油时，油的运动黏滞系数 $\nu=1.14\times10^{-4}\text{m}^2/\text{s}$，$Re=\dfrac{vd}{\nu}=\dfrac{1.27\times0.1}{1.14\times10^{-4}}=1114<2320$，故石油在管道中是层流。

任务 2.2　一元恒定流的连续方程

任务目标

1. 理解连续方程的物理意义；
2. 能用连续方程解决实际问题。

2.3
连续方程

2.2.1　连续方程表达式

液体运动必须遵循质量守恒的普遍规律，液体的连续方程是质量守恒定律的一个具体形式。

不可压缩恒定总流的连续性方程为

$$v_1A_1=v_2A_2 \tag{2.16}$$

式（2.16）表明，不可压缩液体的恒定总流中，任意两过水断面，其平均流速与过水断面面积成反比（图 2.12）。

连续方程不仅适用于恒定流，而且在边界固定的管流中，即使是非恒定流，对于同一时刻的两过水断面仍然适用。此时，非恒定管流中流速与流量随时间改变。

若沿程有流量汇入或分出，则总流的连续性方程在形式上需做相应的修正，如图 2.13 所示的情况。

$$Q_1=Q_2+Q_3 \tag{2.17}$$

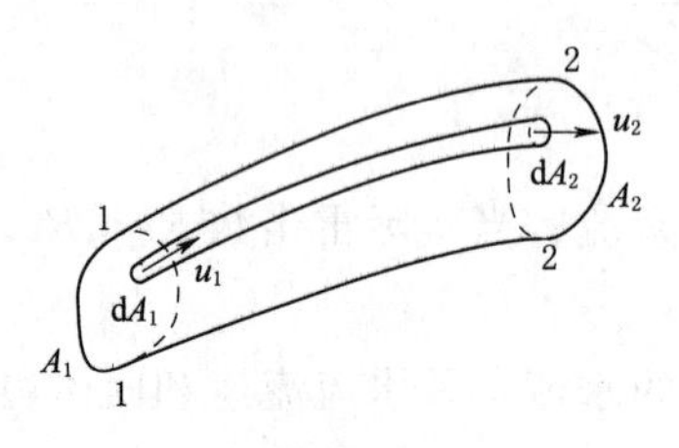

图 2.12

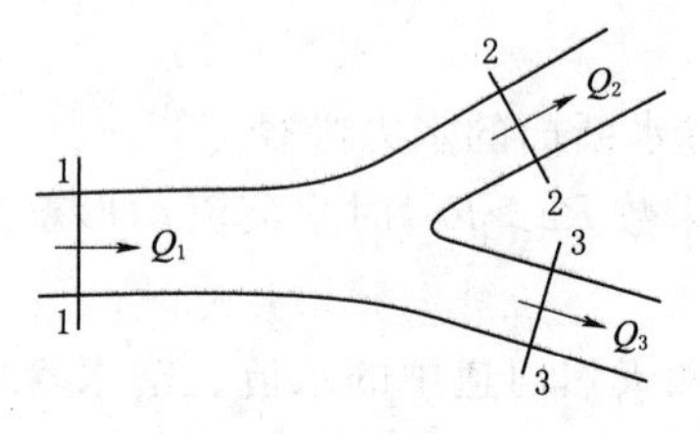

图 2.13

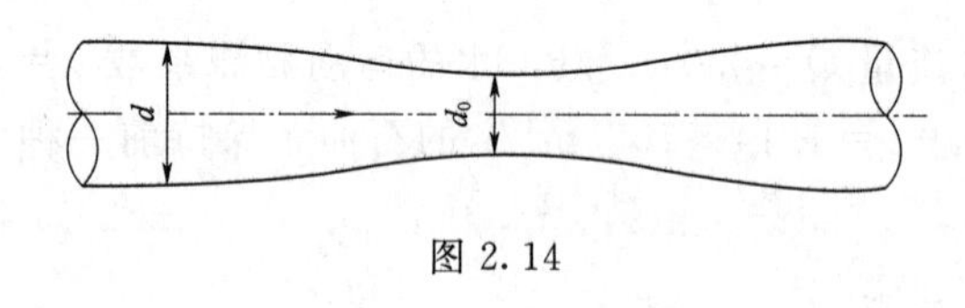

图 2.14

2.2.2　连续方程的应用

【例 2.2】　直径 d 为 100mm 的输水管道中有一变截面管段（图 2.14），若测得管内流量 Q 为 10L/s，变截面弯管段最小截面处的断面平均流速 $v_0=20.3$m/s，求输水管的断面平均流速 v 及最小截面处的直径 d_0。

解：

$$v=\frac{Q}{A}=\frac{Q}{\frac{1}{4}\pi d^2}=\frac{10\times10^{-3}}{\frac{1}{4}\times3.14\times0.1^2}=1.27(\text{m/s})$$

由连续性方程 $vA=v_0A_0$，$v\dfrac{\pi d^2}{4}=v_0\dfrac{\pi d_0^2}{4}$，可得

$$d_0=\sqrt{\frac{v}{v_0}d^2}=\sqrt{\frac{1.274}{20.3}\times0.1^2}=0.025(\text{m})$$

【例 2.3】　有一河道在某处分为两支：内江和外江，如图 2.15 所示。为便于引水灌溉农田，在外江设溢流坝一座，用于抬高上游水位。已测得上游河道流量 $Q=1400\text{m}^3/\text{s}$，通过溢流坝的流量 $Q_1=350\text{m}^3/\text{s}$。内江过水断面面积 $A_2=380\text{m}^2$，求通过内江的流量 Q_2 及断面 2—2 的平均流速。

解： 根据连续性方程，通过内江的流量为

$$Q_2=Q-Q_1=1400-350=1050(\text{m}^3/\text{s})$$

则断面 2—2 的平均流速为

$$v_2=\frac{Q_2}{A_2}=\frac{1050}{380}=2.76(\text{m/s})$$

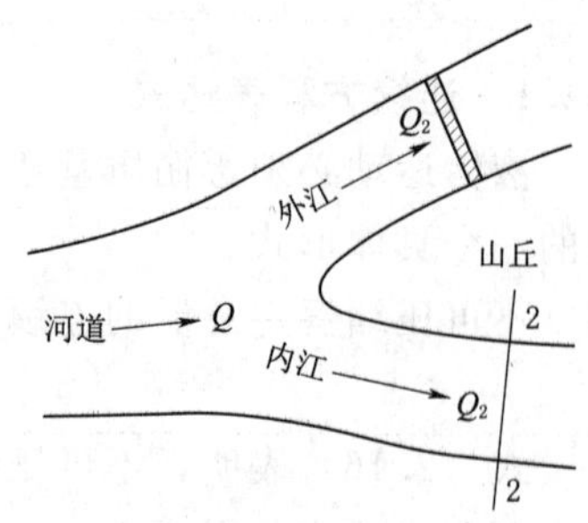

图 2.15

任务 2.3　一元恒定流的能量方程

任务目标

1. 掌握能量方程的表达式；
2. 能应用能量方程解决实际问题；
3. 理解能量方程测压管水头线和总水头线；
4. 理解水力坡度和测压管坡度的概念。

2.4
能量方程

能量方程是水流运动必须遵循的另一基本方程，是水流运动现象分析与计算中应用最为普遍的一个方程。

2.3.1　能量方程的表达式

能量方程表达式为

$$z_1+\frac{p_1}{\gamma}+\frac{\alpha_1 v_1^2}{2g}=z_2+\frac{p_2}{\gamma}+\frac{\alpha_2 v_2^2}{2g}+h_w \tag{2.18}$$

1. 物理意义

能量方程中的各项都是表示过水断面上单位重量水体所具有的不同形式的能量，其中 z 为单位位能，$\frac{p}{\gamma}$为单位压能，$\frac{\alpha v^2}{2g}$为单位动能，h_w 为单位能量损失，$z+\frac{p}{\gamma}$为单位势能，单位总能量 $E=z+\frac{p}{\gamma}+\frac{\alpha v^2}{2g}$。

2. 几何意义

能量方程中各项都具有长度的单位（m），在图形上都表示为一种高度，称为水头。

能量方程的物理意义和几何意义汇总于表 2.2。表中 z 表示位置高度，称为位置水头；$\frac{p}{\gamma}$，当 p 为相对压强时，$\frac{p}{\gamma}$表示测压管高度，称为压强水头；$\frac{\alpha v^2}{2g}$称为流速水头；h_w 表示水头损失；$z+\frac{p}{\gamma}$表示位置高度与测压管高度之和，称为测压管水头；$z+\frac{p}{\gamma}+\frac{\alpha v^2}{2g}$称为总水头。

表 2.2　　能量方程意义表

项目	几何意义	物理意义	项目	几何意义	物理意义
z	位置水头	单位位能	$z+\frac{p}{\gamma}$	测压管水头	单位势能
$\frac{p}{\gamma}$	压强水头	单位压能	$z+\frac{p}{\gamma}+\frac{\alpha v^2}{2g}$	总水头	单位总能量
$\frac{\alpha v^2}{2g}$	流速水头	单位动能	h_w	水头损失	单位能量损失

α 值取决于总流过水断面上的流速分布，α 一般大于 1。流速分布较均匀时，$\alpha=1.05\sim1.10$，在工程计算中为方便计算常取 $\alpha=1$。流速分布不均匀时，α 值较大，甚至

可达到 2 或更大。

2.3.2　能量方程的应用

1. 应用条件

(1) 液体为均质、不可压缩的恒定流。

(2) 作用在液体上的力只有重力。

(3) 在所选取的两个过水断面上，水流符合均匀流或渐变流条件，但两断面之间的水流可以有急变流存在。

2. 注意事项

(1) 在应用能量方程时，应首先做好“三选”，即选断面、选代表点、选基准面（表 2.3）。

表 2.3　　“三选”归纳表

名称	基本原则	常见选法	
选断面	凡渐变流断面均可	明渠	泄水建筑物（堰、闸等）上游的行近断面、泄水建筑物下游的收缩断面、其他渐变流断面
		有压管流	管道进水池（或渠）中的行近断面、管前大容器液面、自由管流出口断面、指定待求要素的断面其他渐变流断面
选代表点	凡渐变流断面上的点均可	明渠	水面点
		有压管流	过水断面中心点
选基准面	凡水平面均可	明渠	过渠底高程较低的断面的底部点作水平面（平底时，过渠底作水平面）
		有压管流	过断面中心点高程较低的断面的中心点作水平面（水平管道，过管轴线作水平面）
		管、渠综合	过上游（或下游）河（渠）水面作基准面

(2) 当两断面间有流量分出或汇入时，由于总流能量方程中的各项都是指单位重量液体的能量，所以在有水流流入或流出的情况下，仍可分别对每一支水流建立能量方程式。如图 2.16 所示的情况，可得到如下形式的能量方程：

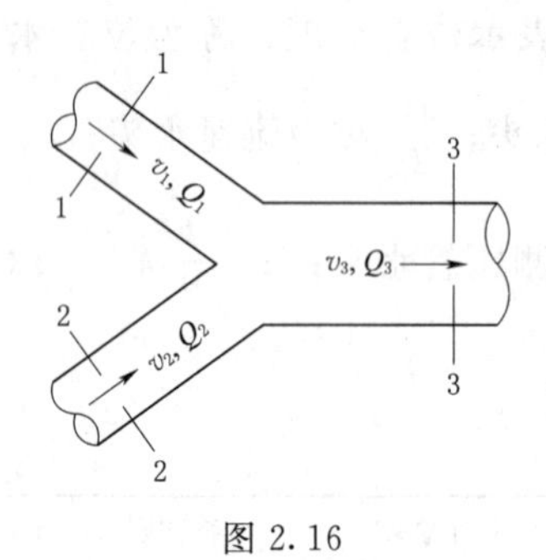

图 2.16

$$z_1+\frac{p_1}{\gamma}+\frac{\alpha_1 v_1^2}{2g}=z_3+\frac{p_3}{\gamma}+\frac{\alpha_3 v_3^2}{2g}+h_{w1-3}$$

$$z_2+\frac{p_2}{\gamma}+\frac{\alpha_2 v_2^2}{2g}=z_3+\frac{p_3}{\gamma}+\frac{\alpha_3 v_3^2}{2g}+h_{w2-3}$$

(3) 当两断面间有水泵、风机或水轮机等流体机械时，水流将额外地获得或失去能量。此时，能量方程应做如下修正：

$$z_1+\frac{p_1}{\gamma}+\frac{\alpha_1 v_1^2}{2g}\pm H_t=z_2+\frac{p_2}{\gamma}+\frac{\alpha_2 v_2^2}{2g}+h_{w1-2} \tag{2.19}$$

式中　$+H_t$——单位重量液体流过水泵、风机所获得的能量；

　　　$-H_t$——单位重量液体流经水轮机所失去的能量。

【例 2.4】 某水库的溢流坝，如图 2.17 所示。水流流经溢流坝时，从断面 1—1 至断

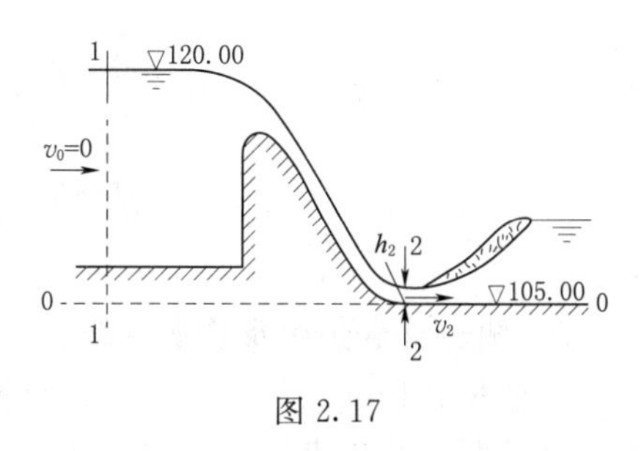

图 2.17

面 2—2 所产生的水头损失 $h_w=0.2\dfrac{v_2^2}{2g}$，上游水面及下游底板高程如图 2.17 所示。因水库过水断面很大，忽略其流速水头的影响。下游收缩断面处的水深 $h_2=1.2\text{m}$，求该断面处的平均流速 v_2。

解：（1）选择断面。距坝上游一定距离的水库断面 1—1，这里流线近似平行，为渐变流断面。断面 2—2 为收缩断面，一般认为收缩断面也为渐变流断面。

（2）选择代表点。因为断面 1—1 和 2—2 上，水面均为大气压，故代表点均选在两断面的水面上。

（3）选择基准面。对于明渠流基准面一般过下游断面的最低点，如图所示水平面 0—0。

（4）对断面 1—1 和 2—2 列能量方程如下：

$$z_1+\frac{p_1}{\gamma}+\frac{\alpha_1 v_1^2}{2g}=z_2+\frac{p_2}{\gamma}+\frac{\alpha_2 v_2^2}{2g}+h_w$$

取 $\alpha_1=\alpha_2=1.0$，$z_1=120-105=15\text{m}$，$z_2=h_2=1.2$，$\dfrac{p_1}{\gamma}=\dfrac{p_2}{\gamma}=0$，$\dfrac{\alpha_1 v_1^2}{2g}=0$，$h_w=0.2\dfrac{v_2^2}{2g}$，并代入能量方程得

$$15+0+0=1.2+0+\frac{1.0v_2^2}{2g}+0.2\frac{v_2^2}{2g}$$

$$v_2=\sqrt{\frac{2\times9.8\times(15-1.2)}{1.2}}=15(\text{m/s})$$

即求得坝址处收缩断面流速等于 15m/s。

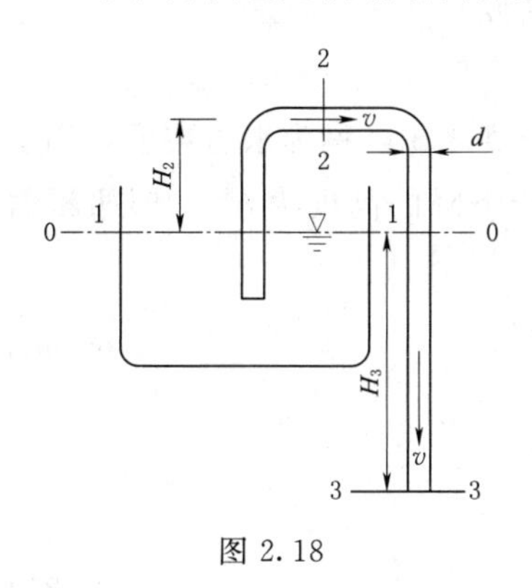

图 2.18

【例 2.5】 如图 2.18 所示的虹吸管，已知直径 $d=10\text{cm}$，$H_2=2\text{m}$，$H_3=5\text{m}$，求断面 2—2 形心处压强 p_2（不计水头损失）。

解：先求 v，建立过水断面 1—1 与 3—3 对基准面 0—0 的能量方程。

由于水箱水面很大，认为 $v_1\approx0$，则有

$$z_1+\frac{p_1}{\rho g}+\frac{\alpha_1 v_1^2}{2g}=z_3+\frac{p_3}{\rho g}+\frac{\alpha_3 v_3^2}{2g}+h_{w1-3}$$

$$0+0+0=-H_3+0+\frac{1.0v_3^2}{2g}+0$$

$$v_3=\sqrt{2gH_3}=\sqrt{2\times9.8\times5}=9.899(\text{m/s})$$

根据连续性方程 $v_3A_3=v_2A_2$，由于管径不变，可得 $v_3=v_2$。

然后，建立过水断面 1—1 与 2—2 对基准面 0—0 的能量方程：

$$0+0+0=H_2+\frac{p_2}{\rho g}+\frac{\alpha_2 v_2^2}{2g}+0$$

$$\frac{p_2}{\rho g}=-\left(H_2+\frac{\alpha_2 v_2^2}{2g}\right)=-(H_2+H_3)=-7(\mathrm{m})$$

$$p_2=-7\times 9.8=-68.6(\mathrm{kN/m^2})$$

2.3.3 测压管水头线及总水头线

由能量方程的几何意义可知，总流各断面上的三个能量，都可用一定比例尺的线段画在通过其断面的铅直线上。连接测压管水头顶点而得到的直线或曲线称为测压管水头线，各断面总水头顶点的连线，称为总水头线。如图 2.19 所示。

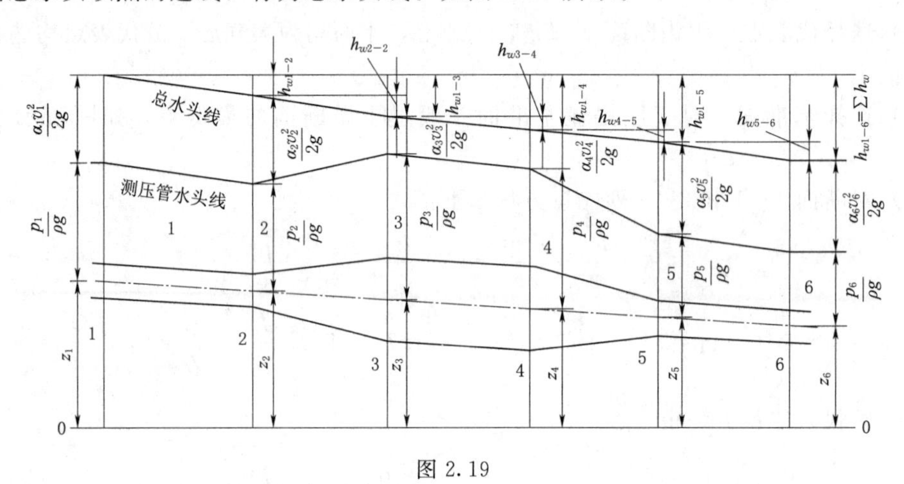

图 2.19

从图中可以看出，实际液体总水头线为沿程下降的曲线或折线。测压管水头线沿程可升可降，或者是水平的。

用绘制水头线的方法，可以清晰表示出液流中单位能量沿程变化的情况。在有压输水管道的水力计算中，常常画出水头线帮助分析管道的受压情况。

2.3.4 水力坡度与测压管坡度

两个断面之间总水头线沿流程下降值与其相应的流程长度之比，称为水力坡度，用 J 表示。若用 l 表示流程长度，在此流程上实际液流总水头线下降的高度为 h_w（即两断面之间的水头损失），则

$$J=\frac{h_w}{l} \tag{2.20}$$

测压管水头线的坡度称为测压管坡度，以 J_p 表示，即

$$J_p=\frac{\left(z_1+\frac{p_1}{\gamma}\right)-\left(z_2+\frac{p_2}{\gamma}\right)}{l} \tag{2.21}$$

从该式也可以看出，当$\left(z_1+\frac{p_1}{\gamma}\right)>\left(z_2+\frac{p_2}{\gamma}\right)$时，$J_p$ 为正，表示测压管水头线沿程下降；反之，J_p 为负，表示测压管水头线沿程上升。

任务 2.4　水头损失的计算

任务目标

1. 了解水头损失的分类；
2. 掌握沿程水头损失的计算；
3. 掌握局部水头损失的计算。

2.5
水头损失

实际液体流动时，由于黏滞性的存在，断面流速分布不均匀，运动过程中相邻液层之间出现抵抗其相对运动的内摩擦力，称为水流阻力。单位重量液体克服摩擦阻力所消耗的液体机械能，称为水头损失，用 h_w 表示。在利用能量方程解决实际液体的水力计算时需解决水头损失的计算问题。

2.4.1　水头损失分类

为了便于分析和计算，根据边界条件的不同，水头损失可分为两类。

1. 沿程水头损失

当固体边界的形状和尺寸沿程不变或变化缓慢时，由于克服水流阻力而引起的单位重量水体在运动过程中的能量损失，称为阻力损失，以 h_f 表示。

2. 局部水头损失

当固体边界的形状和尺寸沿程急剧变化（如突然扩大、突然缩小、转弯、阀门等处），迫使流速的大小和方向发生相应改变时，主流脱离边壁而形成漩涡，水流质点间产生剧烈的碰撞、摩擦，从而对水流运动产生局部阻力。为克服局部阻力而引起的单位重量水体在运动过程中的能量损失称为局部水头损失，以 h_j 表示。

通常在水流的全程上总是既有沿程水头损失又有局部水头损失。各种水头损失又各有其独立产生的原因，因此计算两个任意断面间的全部水头损失时可以分开计算并用叠加原理求得，即

$$h_w=\sum h_f+\sum h_j \tag{2.22}$$

如图 2.20 所示，整条压力管道的水头损失共有 3 段管路的沿程水头损失和 4 个位置的局部水头损失。

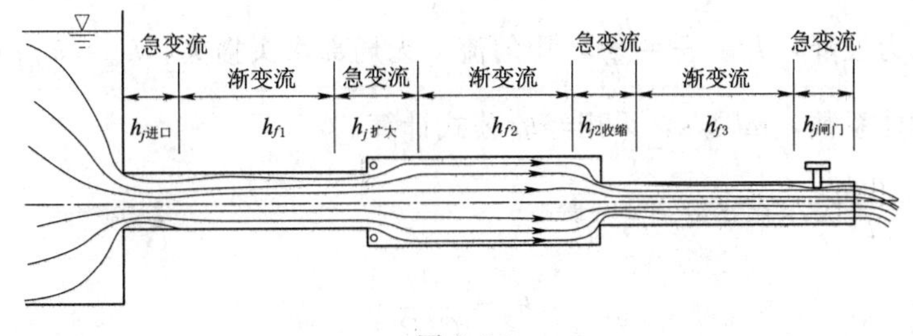

图 2.20

2.4.2　沿程水头损失的计算

实际水流运动相当复杂，常借助试验和经验公式计算水头损失。根据大量的试验及长

期经验，可采用如下公式计算沿程水头损失。

1. 理论公式——达西-魏斯巴赫公式

$$h_f=\lambda \frac{l}{4R}\frac{v^2}{2g} \tag{2.23}$$

式中 h_f——沿程水头损失，m；

λ——沿程阻力系数，反映水流流态、边界粗糙程度对水头损失的影响，为无量纲系数；

l——流程长度，m；

R——水力半径，m；

v——断面平均流速，m/s。

对于圆管，因 $R=d/4$，则

$$h_f=\lambda \frac{l}{d}\frac{v^2}{2g} \tag{2.24}$$

式中 d——圆管直径，m。

利用达西-魏斯巴赫公式计算沿程水头损失的关键是确定沿程水头损失系数 λ。λ 可由试验测得，也可查有关图或经验公式，或者参考有关水力学书籍求得。当水流为管流时，λ 可采用经验公式计算：

$$\lambda=124.5\frac{n^2}{d^{\frac{1}{3}}} \tag{2.25}$$

2. 经验公式——谢才公式

上述关于沿程水头损失的计算公式因缺乏实际管道或天然河道表面粗糙程度的基本资料，并没有得到广泛应用。1769 年，法国工程师谢才根据明渠均匀流试验资料提出了计算沿程水头损失的经验公式（即谢才公式），该公式在生产实践中应用广泛，在一定范围内满足了工程计算的需要。

谢才公式为

$$v=C\sqrt{RJ} \tag{2.26}$$

式中 v——断面平均流速，m/s；

R——水力半径，m；

J——水力坡降，$J=\frac{h_w}{l}=\frac{h_f}{l}$，均匀流，无局部水头损失，$h_w=h_f$；

C——谢才系数，$m^{1/2}/s$，采用经验公式计算。

将 $J=\frac{h_w}{l}=\frac{h_f}{l}$代入式（2.26），得

$$h_f=\frac{v^2 l}{C^2 R} \tag{2.27}$$

比较式（2.27）和式（2.24），可知 C 和 λ 的关系如下：

$$\lambda=\frac{8g}{C^2} \tag{2.28}$$

$$C=\sqrt{\frac{8g}{\lambda}} \tag{2.29}$$

谢才系数 C 与沿程阻力系数 λ 一样，也是一个阻力系数，可用于不同流态、不同流区。当水流处于紊流阻力平方区时，谢才系数 C 可以采用以下经验公式计算。

（1）曼宁公式：

$$C=\frac{1}{n}R^{\frac{1}{6}} \tag{2.30}$$

式中　n——糙率，边壁的粗糙程度。

糙率 n 综合反映了壁面粗糙程度对水流的影响。边界表面越粗糙，n 值越大；边界表面越光滑，则 n 值越小。常见的壁面糙率见表 2.4。天然河道的 n 值，其影响因素有很多，如河道断面的不规则性、河槽弯曲的程度、河道的含沙量及河道障碍物的情况等，因此，正确选取 n 较为困难，一般需通过水文资料进行率定。

表 2.4　　常见的壁面糙率 n 值

序号	壁面种类及状况	n
1	特别光滑的黄铜管、玻璃管、涂有珐琅质或其他釉料的表面	0.009
2	精致水泥浆抹面，安装及连接良好的新制的清洁铸铁管及钢管，精刨木板	0.011
3	未刨光但连接很好的木板，正常情况下无显著水锈的给水管，非常清洁的排水管，最光滑的混凝土面	0.012
4	良好的砖砌体，正常情况下的排水管，略有积污的给水管	0.013
5	积污的给水管和排水管，一般情况下渠道的混凝土面，一般的砖砌面	0.014
6	良好的块石圬工，旧的砖砌面；比较粗糙的混凝土砌面，特别光滑、仔细开挖的岩石面	0.017
7	坚实黏土的渠道，不密实淤泥层（有的地方是不连续的）覆盖的黄土或砂砾石及泥土渠道，良好养护条件下的大土渠	0.0225
8	良好的干砌圬工，中等养护情况的土渠，情况极良好的天然河道（河床清洁、顺直、水流顺畅，没有浅滩深槽）	0.025
9	养护情况中等以下土渠	0.0275
10	情况较坏的土渠（如部分渠底有杂草、卵石或砾石，部分岸坡崩塌等），情况良好的天然河道	0.030
11	情况很坏的土渠（如断面不规则，有杂草、块石、水流不畅等）；情况比较良好但有不多的块石和野草的天然河道	0.035
12	情况特别坏的土渠（如有不少深潭及塌岸，杂草丛生，渠底有大石块等），情况不大良好的天然河道（如杂草、块石较多，河床不甚规则而有弯曲，有不少深潭和塌岸）	0.040

（2）巴甫洛夫斯基公式：

$$C=\frac{1}{n}R^{y} \tag{2.31}$$

其中

$$y=2.5\sqrt{n}-0.13-0.75\sqrt{R}(\sqrt{n}-0.10) \tag{2.32}$$

式（2.32）的适用条件为：$0.1\text{m}\leqslant R\leqslant 3.0\text{m}, 0.011\leqslant n\leqslant 0.04$。也可以近似计算：

$$\left.\begin{aligned}&当 R<1.0\text{m} 时，y=1.5\sqrt{n}\\&当 R>1.0\text{m} 时，y=1.3\sqrt{n}\end{aligned}\right\}\tag{2.33}$$

2.4.3　局部水头损失的计算

水流流经突然扩大或缩小转弯的局部阻碍和阀门等时，因惯性作用，主流与壁面脱离，其间形成漩涡区而引起局部水头损失。局部水头损失应用理论来解决是有很大难度的，目前只能用试验方法来解决。通常的方法是用一个系数和流速水头之积来计算，即

$$h_j=\zeta\frac{v^2}{2g}\tag{2.34}$$

式中　ζ——局部水头损失系数，可由试验测定，各类局部水头损失系数见表 2.5。

表 2.5　　　　**管渠局部水头损失系数 ζ**

<table>
<tr><th>管渠部位</th><th colspan="2">简　图</th><th colspan="10">ζ</th></tr>
<tr><td>断面突然扩大</td><td colspan="2"> 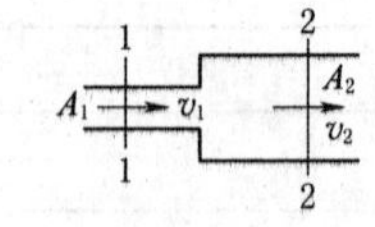</td><td colspan="10">$\zeta'=\left(1-\frac{A_1}{A_2}\right)^2$（应用公式 $h_j=\zeta'\frac{v_1^2}{2g}$）
$\zeta''=\left(\frac{A_2}{A_1}-1\right)^2$（应用公式 $h_j=\zeta''\frac{v_2^2}{2g}$）</td></tr>
<tr><td>断面突然缩小</td><td colspan="2"> 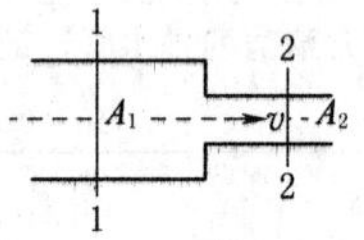</td><td colspan="10">$\zeta=0.5\left(1-\frac{A_2}{A_1}\right)$</td></tr>
<tr><td rowspan="3">进口</td><td rowspan="2"> 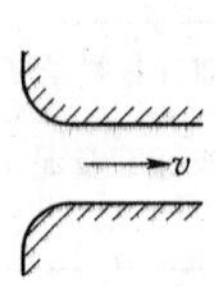</td><td>完全修圆</td><td colspan="10">0.05～0.10</td></tr>
<tr><td>稍微修圆</td><td colspan="10">0.20～0.25</td></tr>
<tr><td> 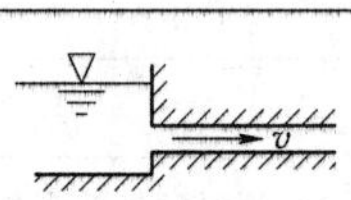</td><td>没有修圆</td><td colspan="10">0.5</td></tr>
<tr><td rowspan="3">出口</td><td> 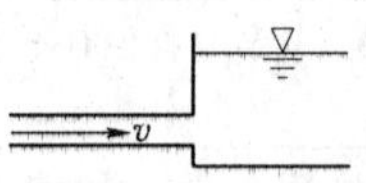</td><td>流入水库（池）</td><td colspan="10">1.0</td></tr>
<tr><td rowspan="2"> 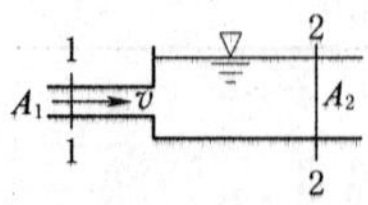</td><td rowspan="2">流入明渠</td><td>A_1/A_2</td><td>0.1</td><td>0.2</td><td>0.3</td><td>0.4</td><td>0.5</td><td>0.6</td><td>0.7</td><td>0.8</td><td>0.9</td></tr>
<tr><td>ζ</td><td>0.81</td><td>0.64</td><td>0.49</td><td>0.36</td><td>0.25</td><td>0.16</td><td>0.09</td><td>0.04</td><td>0.01</td></tr>
<tr><td rowspan="4">急转弯管</td><td rowspan="4"> 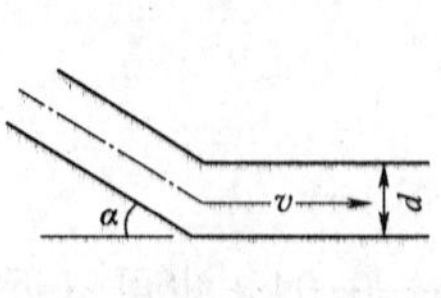</td><td rowspan="2">圆形</td><td>$\alpha/(°)$</td><td>30</td><td>40</td><td>50</td><td>60</td><td>70</td><td>80</td><td>90</td><td></td><td></td></tr>
<tr><td>ζ</td><td>0.20</td><td>0.30</td><td>0.40</td><td>0.55</td><td>0.70</td><td>0.90</td><td>1.10</td><td></td><td></td></tr>
<tr><td rowspan="2">矩形</td><td>$\alpha/(°)$</td><td>15</td><td>30</td><td>45</td><td>60</td><td>90</td><td></td><td></td><td></td><td></td></tr>
<tr><td>ζ</td><td>0.025</td><td>0.11</td><td>0.26</td><td>0.49</td><td>1.20</td><td></td><td></td><td></td><td></td></tr>
</table>

续表

管渠部位	简图		ζ							
弯管		90°	R/d	0.5	1.0	1.5	2.0	3.0	4.0	5.0
			$\zeta_{90°}$	1.2	0.80	0.60	0.48	0.36	0.30	0.29
弯管		任意角度	$\zeta_\alpha=\alpha\zeta_{90°}$							
			$\alpha/(°)$	20	30	40	50	60	70	80
			ζ	0.40	0.55	0.65	0.75	0.83	0.88	0.95
			$\alpha/(°)$	90	100	120	140	160	180	
			ζ	1.00	1.05	1.13	1.20	1.27	1.33	
闸阀		圆形管道	全开时（$a/d=1$）							
			d/mm	15	20～50	80	100	150		
			ζ	1.5	0.5	0.4	0.2	0.1		
			d/mm	200～250	300～450	500～800	900～1000			
			ζ	0.08	0.07	0.06	0.05			
			各种开启度时							
			a/d	7/8	6/8	5/8	4/8	3/8	2/8	1/8
			$A_{开启}/A_{总}$	0.948	0.856	0.740	0.609	0.466	0.315	0.159
			ζ	0.15	0.26	0.81	2.06	5.52	17.00	97.80
截止阀		全开	4.3～6.1							
莲蓬头（滤水网）		无底阀	2～3							
		有底阀	d/mm	40	50	75	100	150	200	
			ζ	12	10	8.5	7.0	6.0	5.2	
			d/mm	250	300	350	400	500	750	
			ζ	4.4	3.7	3.4	3.1	2.5	1.6	
平板门槽			0.05～0.20							

续表

管渠部位	简 图	ζ
拦污槽	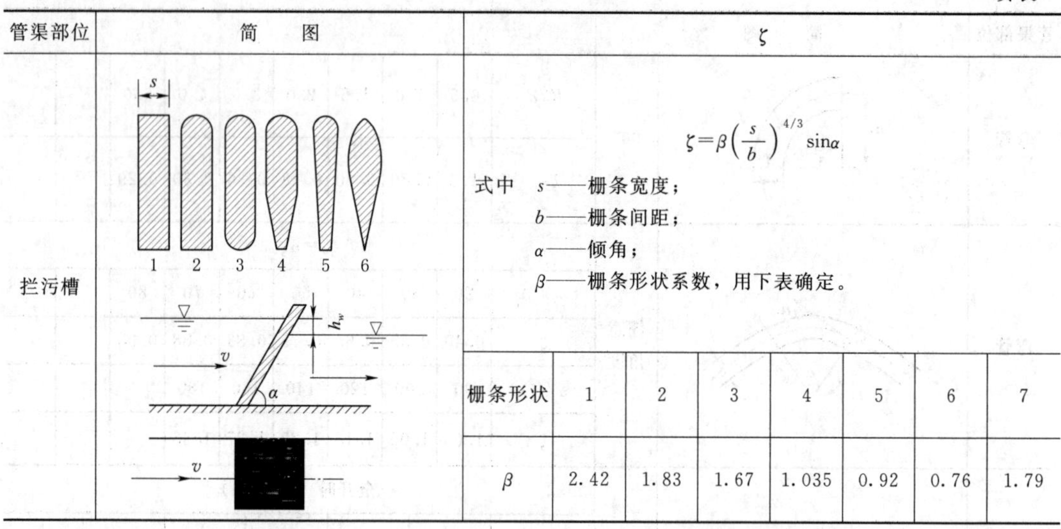	$\zeta=\beta\left(\frac{s}{b}\right)^{4/3}\sin\alpha$ 式中 s——栅条宽度； b——栅条间距； α——倾角； β——栅条形状系数，用下表确定。

栅条形状	1	2	3	4	5	6	7
β	2.42	1.83	1.67	1.035	0.92	0.76	1.79

【例 2.6】 有一混凝土衬砌的引水隧洞（糙率 $n=0.014$），洞径 $d=2.0\text{m}$，洞长 L 为 1000m，求引水隧洞通过流量 $Q=5.65\text{m}^3/\text{s}$ 时的沿程水头损失，并求其相应的 λ 值。

解：（1）计算隧洞的水力要素。

$$A=\frac{\pi}{4}d^2=\frac{3.14}{4}\times2^2=3.14(\text{m}^2)$$

$$R=\frac{A}{\chi}=\frac{d}{4}=0.5(\text{m})$$

$$v=\frac{Q}{A}=\frac{5.65}{3.14}=1.80(\text{m/s})>1.2\text{m/s}$$

水流处于紊流阻力平方区。

（2）求 h_f。

$$C=\frac{1}{n}R^{\frac{1}{6}}=\frac{1}{0.014}\times0.5^{\frac{1}{6}}=63.6$$

$$h_f=\frac{v^2l}{C^2R}=\frac{1.8^2}{63.6^2\times0.5}\times1000=1.602(\text{m})$$

（3）求 λ。

$$\lambda=\frac{8g}{C^2}=\frac{8\times9.8}{63.6^2}=0.0194$$

【例 2.7】 流量 $Q=30\text{L/s}$ 的水从水箱流入一变径管道，管道连接情况如图 2.21 所示。已知：$d_1=150\text{mm}$，$l_1=30\text{m}$，$\lambda_1=0.032$，$d_2=100\text{mm}$，$l_2=20\text{m}$，$\lambda_2=0.030$；局部水头损失系数：进口 $\zeta_1=0.5$，渐缩段 $\zeta_2=0.15$，闸阀 $\zeta_3=2.0$。试计算：沿程水头损失 $\sum h_f$、局部水头损失 $\sum h_j$ 及水箱保持的水头 H。

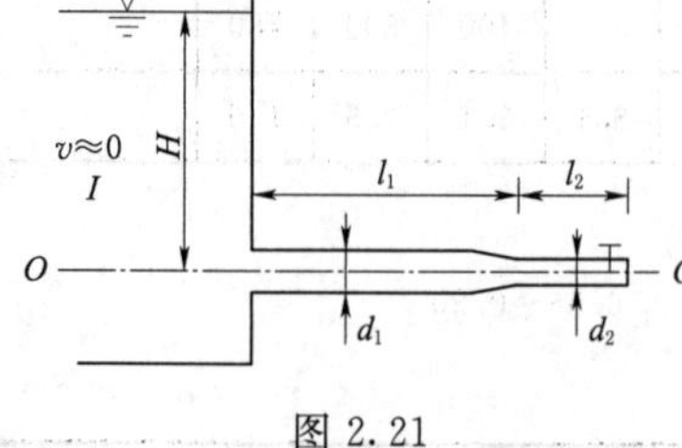

图 2.21

解：（1）求沿程水头损失。

第一管段：

$$v_1=\frac{Q}{A_1}=\frac{4Q}{\pi d_1^2}=\frac{4\times0.03}{\pi\times0.15^2}=1.70(\mathrm{m/s})$$

$$h_{f1}=\lambda_1\frac{l_1}{d_1}\frac{v_1^2}{2g}=0.032\times\frac{30}{0.15}\times\frac{1.7^2}{2\times9.8}=0.94(\mathrm{m})$$

第二管段：

$$v_2=\frac{Q}{A_2}=\frac{4Q}{\pi d_2^2}=\frac{4\times0.03}{\pi\times0.10^2}=3.82(\mathrm{m/s})$$

$$h_{f2}=\lambda_2\frac{l_2}{d_2}\frac{v_2^2}{2g}=0.030\times\frac{20}{0.10}\times\frac{3.82^2}{2\times9.8}=4.47(\mathrm{m})$$

得
$$\sum h_f=h_{f1}+h_{f2}=0.94+4.47=5.41(\mathrm{m})$$

(2) 求局部水头损失。

进口水头损失：
$$h_{j1}=\zeta_1\frac{v_1^2}{2g}=0.5\times\frac{1.7^2}{19.6}=0.07(\mathrm{m})$$

渐缩段水头损失：
$$h_{j2}=\zeta_2\frac{v_2^2}{2g}=0.15\times\frac{3.82^2}{19.6}=0.11(\mathrm{m})$$

闸阀水头损失：
$$h_{j3}=\zeta_3\frac{v_2^2}{2g}=2.0\times\frac{3.82^2}{19.6}=1.49(\mathrm{m})$$

则
$$\sum h_j=h_{j1}+h_{j2}+h_{j3}=0.07+0.11+1.49=1.67(\mathrm{m})$$

(3) 如图2.21所示，以管中心为基准面0—0，列水箱进口前断面与管道出口断面的能量方程，不计水箱行近流速。

$$H+0+0=0+0+\frac{\alpha_2v_2^2}{2g}+h_w,\text{得 }H=\frac{\alpha_2v_2^2}{2g}+h_w$$

其中
$$h_w=\sum h_f+\sum h_j=5.41+1.67=7.08(\mathrm{m})$$

取$\alpha_2=1$，则

$$H=\frac{1\times3.82^2}{2\times9.8}+7.08=7.82(\mathrm{m})$$

【例2.8】 有一矩形渠道，当均匀流时水深为$h_0=1.5\mathrm{m}$，底宽为$b=4\mathrm{m}$，$n=0.014$，$J=1/1000$，试求通过渠道的流量。

解：(1) 准备基本的断面水力要素A、χ、R。

$$A=bh_0=4\times1.5=6.0(\mathrm{m^2})$$

$$\chi=b+2h_0=4+2\times1.5=7(\mathrm{m})$$

$$R=\frac{A}{\chi}=\frac{6}{7}=0.86(\mathrm{m})$$

(2) 计算谢才系数C。

$$C=\frac{1}{n}R^{\frac{1}{6}}=\frac{1}{0.014}\times0.86^{\frac{1}{6}}=69.66(\mathrm{m^{\frac{1}{2}}/s})$$

(3) 通过渠道的流量Q。

$$Q=vA=C\sqrt{RJ}A=69.66\times\sqrt{0.86\times\frac{1}{1000}}\times6.0=12.26(\mathrm{m^3/s})$$

任务 2.5　一元恒定流的动量方程

任务目标

1. 掌握动量方程的表达式；
2. 理解动量方程的应用条件和计算步骤；
3. 能应用动量方程解决实际问题。

水利水电工程中，经常遇到求解急变流段的水流作用力问题。如管道转弯处，水流对弯管产生的作用力是设计镇墩的依据。对此类作用力问题，用连续方程和能量方程都不能解决，本任务应用动量方程，解决水流对固体边界的作用力问题。

2.5.1　动量方程的表达式

如图 2.22 所示，恒定总流的动量方程为

$$\sum F=\rho Q(\beta_2 v_2-\beta_1 v_1) \tag{2.35}$$

式中　$\sum F$——作用在总流段 1—2 上所有外力的合力。

表明运动水流在某一特定的流段上单位时间内动量的增量等于作用于该流段水体上的合力。

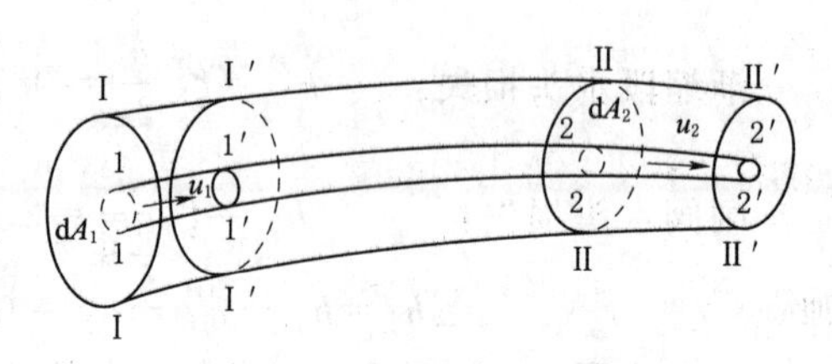

图 2.22

由于式（2.35）为一矢量方程，使用上多有不便，故应用时一般采用直角坐标系下的投影形式，即

$$\sum F_x=\rho Q(\beta_2 v_{2x}-\beta_1 v_{1x}) \tag{2.36}$$

$$\sum F_y=\rho Q(\beta_2 v_{2y}-\beta_1 v_{1y}) \tag{2.37}$$

$$\sum F_z=\rho Q(\beta_2 v_{2z}-\beta_1 v_{1z}) \tag{2.38}$$

式中　$\sum F_x$、$\sum F_y$、$\sum F_z$——作用在脱离体上的各外力在坐标轴 x、y、z 方向投影的代数和；

β_1、β_2——脱离体过水断面 1—1 及 2—2 的动量修正系数，一般取 $\beta_1=\beta_2=1.0$；

v_{1x}、v_{1y}、v_{1z}——脱离体过水断面 1—1 的断面平均流速 v_1 在坐标轴 x、y、z 方向的投影；

v_{2x}、v_{2y}、v_{2z}——脱离体过水断面 2—2 的断面平均流速 v_2 在坐标轴 x、y、z 方向的投影。

恒定流动的动量方程不仅适用于理想液体，也适用于实际液体。

实际上，即使是非恒定流，只要流体在控制面内的动量不随时间改变（例如泵与风机中的流动），这一方程仍可适用。

2.5.2　动量方程的应用条件和计算步骤

1. 应用条件

（1）水流是恒定流，流量沿程不变。

（2）水流是连续、不可压缩的均质液体。

（3）脱离体两端的断面必须为渐变流断面，但脱离体内部可以为急变流。

2. 计算步骤

（1）取脱离体。脱离体一般是取实际水流的一段“水体”来研究，过水断面应选在均匀流或渐变流断面。

（2）坐标轴的选取。建立坐标系。坐标轴可任意选取，但应以计算简便为宜。

（3）受力分析。分析并标出作用在脱离体上的所有外力方向。一般作用在脱离体上的外力有三类：两过水断面上的动水压力、脱离体的水重、固体边界作用于脱离体上的反力。对于待求的未知力，可先假定一个方向。若求得该力为正值，表明假定方向正确；否则，该力的实际方向与假定方向相反。

（4）列方程求解。根据问题列相应方向的方程进行求解。力、速度与坐标轴方向一致取“+”号，相反取“−”号。计算动量改变量时，一定是流出的动量减去流入的动量。

动量方程只能求解一个未知量。当有两个以上未知量时，要配合连续性方程和能量方程求解。

2.5.3　动量方程的应用

2.5.3.1　水流对平面闸门及溢流坝面作用力

【例 2.9】 如图 2.23 所示为一干渠上的平板闸门控制水流，已知闸门宽度 $b=2.0\text{m}$，闸前水深 $H=3\text{m}$，通过流量 $Q=7.5\text{m}^3/\text{s}$，闸后收缩断面水深 $h_c=0.8\text{m}$，不计摩擦力的作用。试求水流对闸门的作用力。

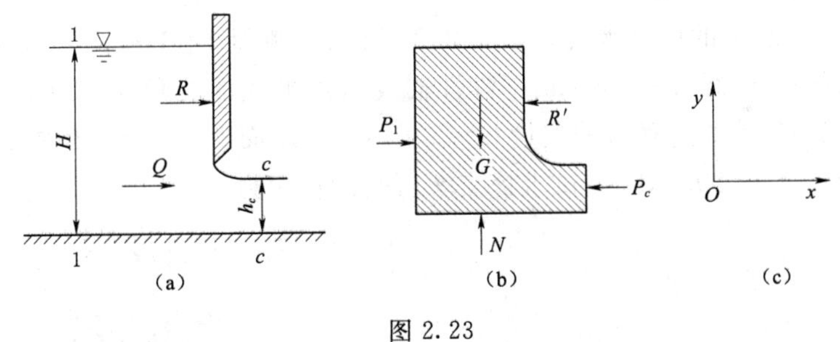

图 2.23

解：

（1）取脱离体。如图 2.23 所示，取渐变流断面 1—1 和 c—c 间的水体为脱离体。

（2）选择如图 2.23 中的坐标系。因为水流对闸门作用力为水平方向的力，只需作水平方向的坐标。

（3）受力分析。因为只需列水平方向的动量方程就可求出水流对闸门的作用力，所以受力分析只需分析水平方向上的力。

1）作用于断面 1—1 的动水总压力 P_1 和作用于断面 c—c 的动水总压力 P_c。

$$P_1=\frac{1}{2}\gamma H^2 b=\frac{1}{2}\times 9.8\times 3^2\times 2.0=88.2(\text{kN})$$

$$P_c=\frac{1}{2}\gamma h_c^2 b=\frac{1}{2}\times 9.8\times 0.8^2\times 2.0=6.27(\text{kN})$$

2）闸门对水流的作用力 R'。水流对闸门的作用力 R 与闸门对水流的作用力 R'，它们是一对作用力与反作用力。

3）摩擦力。脱离体与固体边界接触面上水流阻力，根据题意忽略不计。

（4）求断面 1—1 和 $c—c$ 的平均流速 v_1、v_2。

$$v_1=\frac{Q}{A_1}=\frac{Q}{bH}=\frac{7.5}{2.0\times3}=1.25(\text{m/s})$$

$$v_2=\frac{Q}{A_2}=\frac{Q}{bh_c}=\frac{7.5}{2.0\times0.8}=4.69(\text{m/s})$$

（5）列动量方程求解。

取

$$\beta_1=\beta_2=1.0$$

$$P_1-P_c-R'=\rho Q(v_2-v_1)$$

得

$$\begin{aligned}R'&=P_1-P_c-\rho Q(v_2-v_1)\\&=88.2-6.27-1000\times7.5\times(4.69-1.25)/1000\\&=56.13(\text{kN})\end{aligned}$$

$$R=R'=56.13\text{kN}$$

水流对闸门的作用力为 56.13kN，方向垂直闸门向右。

2.5.3.2　水流对弯管段及渐变流段的作用力

实际工程中，经常会遇到弯管固定问题，如抽水机压力水管的弯管段受到水流对弯管的推力，因此，为了使得弯管不移动，需设计一镇墩，以固定弯管。

1. 水流对弯管段的作用力

【例 2.10】　抽水机的压力水管，如图 2.24 所示，断面 1—1 和 2—2 之间的弯管，其轴线位于铅垂面内，管径 $d=150\text{mm}$，弯管轴线与水平线的夹角 $\theta=30°$，两断面之间的管轴线长度 $l=5\text{m}$，若通过管道的流量 $Q=20\text{L/s}$，两断面 1—1、2—2 中心点的压强分别为 $p_1=58.8\text{kPa}$、$p_2=29.4\text{kPa}$，试求该支墩所受的作用力。

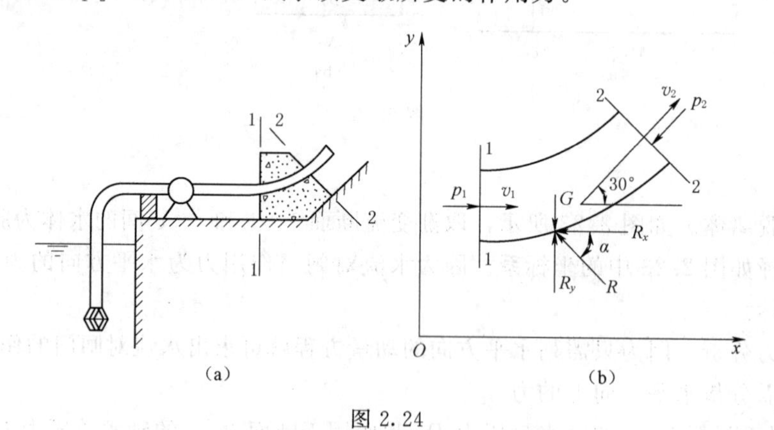

图 2.24

解：

（1）取脱离体。如图 2.24 所示，取渐变流断面 1—1 和 2—2 间的水体为脱离体。

（2）选择如图 2.24 所示坐标系。

(3) 受力分析。

1) 作用于断面1—1和2—2的动水总压力 P_1、P_2。

$$P_1=p_{1c}A=p_{1c}\times\frac{\pi d^2}{4}=58.8\times\frac{\pi\times0.15^2}{4}=1.04(\text{kN})$$

$$P_2=p_{2c}A=p_{2c}\times\frac{\pi d^2}{4}=29.4\times\frac{\pi\times0.15^2}{4}=0.52(\text{kN})$$

2) 脱离体的重量。

$$G=\gamma V=\gamma Al=\gamma\times\frac{\pi d^2}{4}l=9.8\times\frac{\pi\times0.15^2}{4}\times5=0.87(\text{kN})$$

3) 支墩对水流的反作用力 R，为待求，如图2.24所示。

(4) 断面1—1和2—2平均流速 v_1 和 v_2。

两断面过水断面面积相同，断面平均流速为

$$v_1=v_2=\frac{Q}{A}=\frac{4\times0.02}{\pi\times0.15^2}=1.13(\text{m/s})$$

(5) 列动量方程求解。

1) 列 x 方向上动量方程。

$$\sum F_x=\rho Q(\beta_2v_{2x}-\beta_1v_{1x})$$

则
$$P_1-P_2\cos30^\circ-R_x=\rho Q(v_2\cos30^\circ-v_1)$$

得
$$\begin{aligned}R_x&=P_1-P_2\cos30^\circ-\rho Q(v_2\cos30^\circ-v_1)\\&=1.04-0.52\times\frac{\sqrt{3}}{2}-1\times0.02\times\left(1.13\times\frac{\sqrt{3}}{2}-1.13\right)\\&=0.59(\text{kN})\end{aligned}$$

2) 列 y 方向的动量方程。

$$\sum F_y=\rho Q(\beta_2v_{2y}-\beta_1v_{1y})$$

$$0-P_2\sin30^\circ-G+R_y=\rho Q(v_2\sin30^\circ-0)$$

$$\begin{aligned}R_y&=P_2\sin30^\circ+G+\rho Qv_2\sin30^\circ\\&=0.52\times0.5+0.87+1\times0.02\times1.13\times0.5\\&=1.14(\text{kN})\end{aligned}$$

3) 边界对支墩的反作用力。

$$R=\sqrt{R_x^2+R_y^2}=\sqrt{0.59^2+1.14^2}=1.28(\text{kN})$$

R 与水平线的夹角为

$$\alpha=\arctan\frac{R_y}{R_x}=\arctan\frac{1.14}{0.59}=62.64(^\circ)$$

(6) 水流对支墩的作用力为 $R'=1.28\text{kN}$，方向与 R 相反。

2. 水流对渐变流段的作用力

【例2.11】 某水电站压力水管的渐变段，其渐变流断面如图2.25所示为断面1—1和2—2。已知直径 $d_1=250\text{mm}$ 和 $d_2=100\text{mm}$，断面2—2中心点的压强 $p_2=392\text{kPa}$，

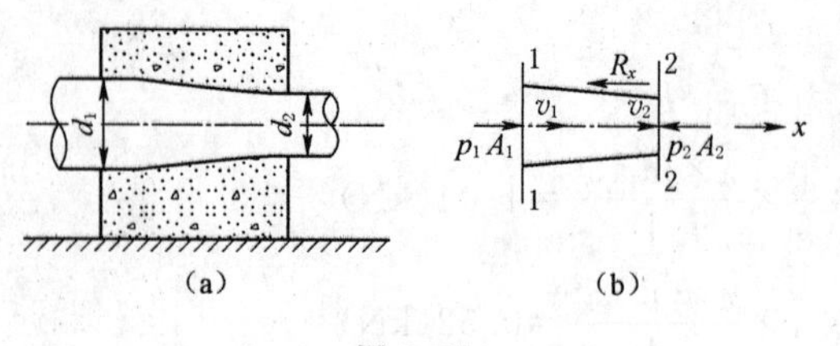

图 2.25

管中通过的流量 $Q=5\text{m}^3/\text{s}$，不计渐变管段的水头损失。试求固定渐变管段的支墩所承受的轴向力。

解：

(1) 取脱离体。如图 2.25 所示的渐变流断面 1—1 和 2—2 之间的水体为脱离体。

(2) 选择如图 2.25 所示的坐标系。因只研究轴向力，仅选坐标轴 x 方向。

(3) 受力分析。脱离体在轴向只受到三个力的作用：两个渐变流断面上的动水总压力 P_1、P_2 和管壁对水的轴向作用力 R_x。

1) 作用于断面 1—1 的动水总压力 P_1 和作用于断面 2—2 动水总压力 P_2。首先分别求出断面 1—1 和 2—2 的平均流速 v_1、v_2；再求这两个断面中心点压强 p_1、p_2，其中 p_2 已知，p_1 根据能量方程求出；最后由 $P=p_cA$ 求出两断面上的动水总压力 P_1 和 P_2。

断面平均流速 v_1、v_2 分别为

$$v_1=\frac{Q}{A_1}=\frac{4Q}{\pi d_1^2}=\frac{4\times5}{\pi\times2.5^2}=1.02(\text{m/s})$$

$$v_2=\frac{Q}{A_2}=\frac{4Q}{\pi d_2^2}=\frac{4\times5}{\pi\times1^2}=6.37(\text{m/s})$$

列断面 1—1 和 2—2 对基准面轴线 x 的能量方程：

$$z_1+\frac{p_1}{\gamma}+\frac{\alpha_1 v_1^2}{2g}=z_2+\frac{p_2}{\gamma}+\frac{\alpha_2 v_2^2}{2g}+h_w$$

$z_1=z_2=0$，取 $\alpha_1=\alpha_2=1.0$，根据题意不计水头损失 $h_w=0$，则

$$p_1=p_2+\frac{(v_2^2-v_1^2)\gamma}{2g}=392+\frac{(6.37^2-1.02^2)\times9.8}{2\times9.8}=411.8(\text{kPa})$$

断面 1—1 的动水总压力 P_1 为

$$P_1=p_1A_1=411.8\times\frac{\pi\times2.5^2}{4}=2020.4(\text{kN})$$

断面 2—2 动水总压力 P_2 为

$$P_2=p_2A_2=392\times\frac{\pi\times1^2}{4}=307.7(\text{kN})$$

2) 管壁对水的轴向作用力 R_x。管壁对水的轴向作用力 R_x 与水对管壁的轴向作用力 R_x' 大小相等，方向相反。

(4) 列动量方程求解。

列 x 方向的动量方程。将各流速和各力均投影在 x 坐标轴上，力、流速与坐标轴方向相同时为正，与坐标方向相反时为负。

$$\sum F_x=\rho Q(\beta_2 v_{2x}-\beta_1 v_{1x})$$

取

$$\beta_1=\beta_2=1.0$$

$$P_1-P_2-R_x=\rho Q(v_2-v_1)$$

$$R_x=P_1-P_2-\rho Q(v_2-v_1)=2020.4-307.7-1\times5\times(6.37-1.02)=1686(\text{kN})$$

（5）固定渐变管的支墩所受的轴向力 R'_x 与 R_x 大小相等，为1686kN，方向相反。

【小结】

1. 基本概念

2.7 水流运动基本原理思维导图 Ⓟ

流线：欧拉法中假想的用来描述流动场中某一瞬时水流质点流速方向的光滑曲线。位于流线上的各水流质点，其流速的方向都与该质点在该曲线上的点的切线方向一致。

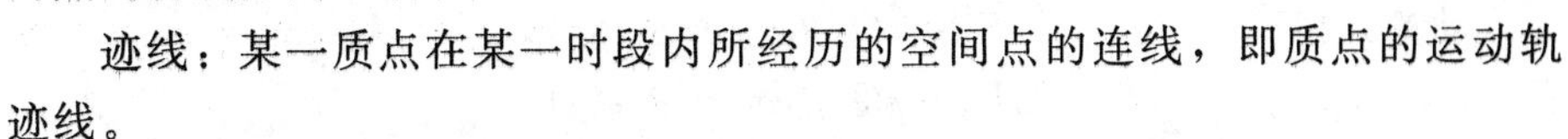

迹线：某一质点在某一时段内所经历的空间点的连线，即质点的运动轨迹线。

恒定流与非恒定流：根据运动要素是否随时间变化来划分。任一点处所有运动要素都不随时间而变化的水流称为恒定流。否则，称为非恒定流。

均匀流与非均匀流：在水流运动过程中，水流的运动要素沿程不变的水流，称为均匀流，反之为非均匀流。均匀流流线为相互平行的直线。

渐变流与急变流：非均匀流中各流线近似为平行直线的水流为渐变流，当流线之间夹角较大或流线曲率半径较小，这种非均匀流称为急变流。

2. 过水断面面积 A、流量 Q、断面平均流速 v 之间的关系

$$v=\frac{Q}{A}$$

其中常见的矩形、梯形和圆形的过水断面面积计算公式为

矩形：
$$A=bh$$

梯形：
$$A=(b+mh)h=(\beta+m)h^2$$

圆形：
$$A=\frac{\pi d^2}{4}$$

3. 理解水流运动两种流态的判别方法

当实际雷诺数 $Re>Re_k$ 时，水流流动形态为紊流；当实际雷诺数 $Re<Re_k$ 时，水流流动形态为层流。

圆管水流：
$$Re_k=2320,\ Re=\frac{vd}{\nu}$$

明渠水流：
$$Re_k=500,\ Re=\frac{vR}{\nu}$$

4. 水头损失的计算

水头损失包括沿程水头损失和局部水头损失，即 $h_w=\sum h_f+\sum h_j$。

沿程水头损失可用理论公式和经验公式计算。

理论公式——达西-魏斯巴赫公式：$h_f=\lambda\frac{l}{4R}\frac{v^2}{2g}$（对于圆管，$h_f=\lambda\frac{l}{d}\frac{v^2}{2g}$）。

经验公式——$h_f=\frac{v^2 l}{C^2 R}$，由谢才公式 $v=C\sqrt{RJ}$ 和达西-魏斯巴赫公式推导而来，其中 $C=\frac{1}{n}R^{\frac{1}{6}}$。

局部水头损失计算：

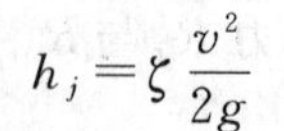

$$h_j=\zeta\frac{v^2}{2g}$$

2.8
水流运动三大方程思维导图 Ⓟ

5. 恒定流三大基本方程

连续方程：
$$v_1A_1=v_2A_2$$

能量方程：
$$z_1+\frac{p_1}{\gamma}+\frac{\alpha_1v_1^2}{2g}=z_2+\frac{p_2}{\gamma}+\frac{\alpha_2v_2^2}{2g}+h_w$$

动量方程：
$$\sum F_x=\rho Q(\beta_2v_{2x}-\beta_1v_{1x})$$
$$\sum F_y=\rho Q(\beta_2v_{2y}-\beta_1v_{1y})$$
$$\sum F_z=\rho Q(\beta_2v_{2z}-\beta_1v_{1z})$$

三大方程应用特点归纳见表2.6。

表2.6　三大方程应用特点归纳表

方程	应用条件	方程的意义	常见待求问题	备　注
连续方程	恒定、均质、不可压缩的实际（或者理想）液体	恒定、均质、不可压缩的液流沿程各断面上的流量等于同一个常数，即流量守恒	流量、断面平均流速、过水断面面积或过水断面的某一尺寸（如圆管直径等）	不涉及任何力
能量方程	恒定、均质、不可压缩的液体，断面为渐变流断面，边界是静止的	反映了液流上、下游不可压缩的两断面间单位压力的液体，机械能和单位热能（单位机械能损失）之间的守恒与转化关系	动水压强（或动水压力）断面平均流速（或流量）、平均动能差、机械能损失、液流方向等	不涉及固体边界对液流的作用力（或称边界反力）
动量方程	恒定、均质、不可压缩的液体控制上、下游两段控制面为渐变流段面	反映了液流单位时间控制体内动量的变化量与边界上作用力之间的关系	液流对边界的冲击力或边界对液流的反作用力、已知全部作用力，求平均流速（或流量）等	方程本身不涉及能量损失（因黏滞性的影响，体现在作用于液流的摩擦力中）

【应知】

一、填空题

1. 流线是欧拉法中假想的用来描述流动场中某一瞬时所有水流质点__________的光滑曲线。流线上任一点的切线方向就是该点的__________。

2. 恒定流时，流线与迹线__________；而非恒定流时，流线与迹线__________。

3. 流动过程中，水流的运动要素沿流程不变的水流，称为__________，反之为__________。

4. 动量方程的应用条件是：水流应为__________、__________、__________，流段必选在__________。

5. 根据雷诺试验，各流层的水质点是有条不紊的运动，互不混杂，这种流动形态叫作__________。

二、选择题

1. 流线既不能是（　　），也不能彼此（　　）。

A. 相交　折线　　B. 相交　平行　　C. 直线　相交　　D. 折线　相交

2. 流线的疏密程度反映了流速的大小，即流线密的地方流速（　　）；流线疏的地方，流速（　　）。

A. 小　小　　　　B. 大　大　　　　C. 大　小　　　　D. 小　大

3. 水力半径与过水断面成（　　），与湿周成（　　）关系。

A. 正比　正比　　B. 反比　反比　　C. 正比　反比　　D. 反比　正比

4. 当流速一定时，过水断面越大则流过的水量（　　）；当过水断面一定时，水流的速度越大则流过的水量就（　　）。

A. 越多　越少　　B. 越多　越多　　C. 越少　越少　　D. 越少　越多

5. 测压管水头线沿程可升可降，或者是水平的，可是总水头线沿程却是（　　）的。

A. 下降　　　　B. 上升　　　　C. 不变　　　　D. 水平线

6. 当 $Re>2320$ 时，管中水流为（　　）；当 $Re<2320$ 时，管中水流为（　　）。

A. 层流　紊流　　B. 紊流　层流　　C. 层流　层流　　D. 紊流　紊流

7. 沿程水头损失与流速梯度成（　　），与管径（或水力半径）成（　　）。

A. 正比　正比　　B. 反比　正比　　C. 反比　反比　　D. 正比　反比

【应会】

1. 某渠道的过水断面面积 $A=5\text{m}^2$，现测得该渠道的断面平均流速 $v=1.5\text{m/s}$，试求通过该渠道过水断面的流量 Q。

（参考答案：$Q=7.5\text{m}^3/\text{s}$）

2. 有一圆形横断面管道，直径 $d=1.2\text{m}$，圆形管道充满水，当通过该管道的流量 $Q=3\text{m}^3/\text{s}$，试求该管道的断面平均流速 v。

（参考答案：$v=2.65\text{m/s}$）

3. 某实验室的矩形试验明槽，底宽 $b=0.20\text{m}$，水深 $h=0.10\text{m}$，今测得其断面平均流速 $v=0.15\text{m/s}$，室内水温 20℃，对应的运动黏滞系数 $\nu=1.003\times10^{-6}\text{m}^2/\text{s}$，试判断槽内的水流形态。

（参考答案：$R=0.05\text{m}$，$Re=7478$，紊流）

4. 如图 2.26 所示一圆形水管，断面 A 处管径 $d_A=0.15\text{m}$，断面 B 处管径 $d_B=0.3\text{m}$，断面 B 平均流速 $v_B=1.5\text{m/s}$，试计算断面 A 平均流速 v_A。

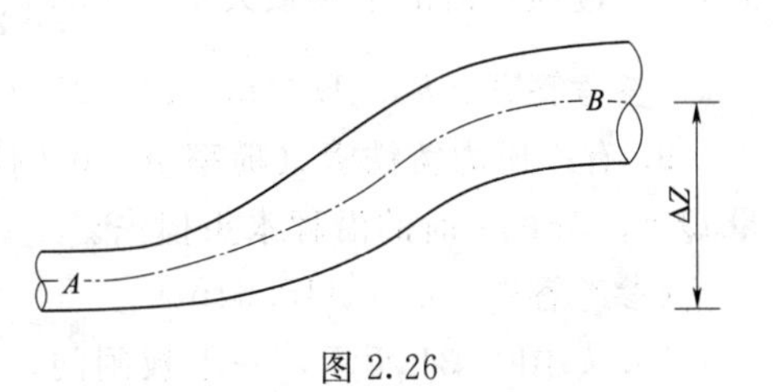

图 2.26

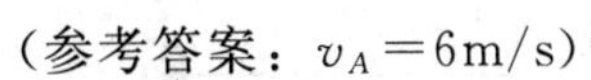
（参考答案：$v_A=6\text{m/s}$）

5. 如图 2.27 所示一渡槽，其断面为矩形，

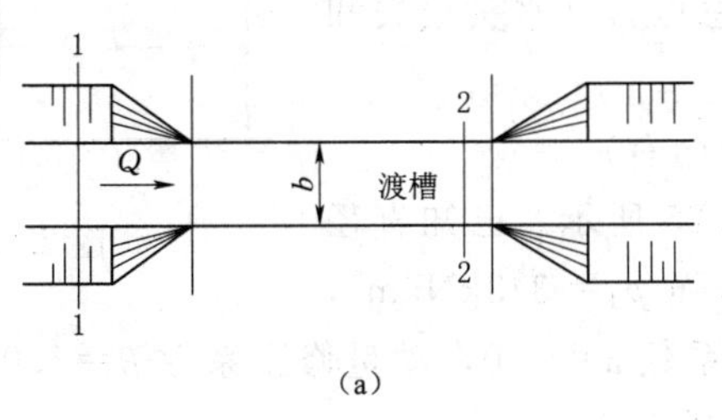

(a)

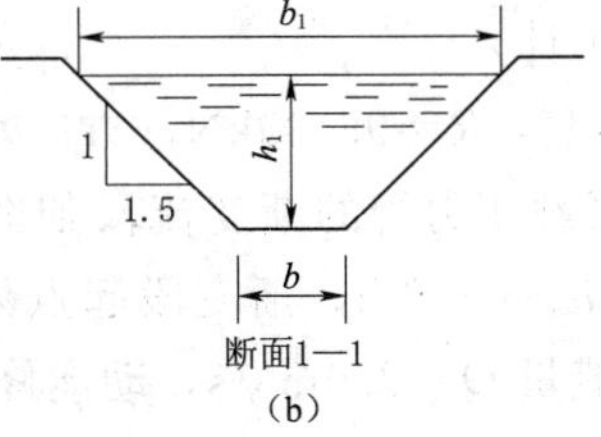

(b)

图 2.27

底宽 $b=8\text{m}$，两端连接梯形断面渠道，渠道底宽等于渡槽底宽，边坡系数 $m=1.5$，今测得渠道水深 $h_1=3\text{m}$，平均流速 $v_1=0.75\text{m/s}$，渡槽中水深 $h_2=2.7\text{m}$，试计算渡槽断面平均流速 v_2。

（参考答案：$v_2=1.3\text{m/s}$）

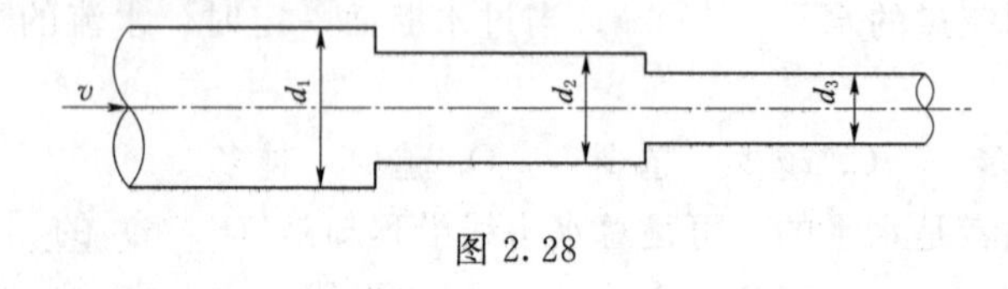

图 2.28

6. 某压力管中水流如图 2.28 所示，已知 $d_1=200\text{mm}$，$d_2=150\text{mm}$，$d_3=100\text{mm}$，第三段管中平均流速 $v_3=2\text{m/s}$，试求管中流量 Q 及第一、第二两段管中平均流速 v_1、v_2。

（参考答案：$Q=0.2\text{m}^3/\text{s}$，$v_1=0.89\text{m/s}$，$v_2=0.5\text{m/s}$）

7. 为将水库水引至堤外灌溉，安装了一根直径 $d=150\text{mm}$ 的虹吸管（图 2.29），当不计水头损失时，通过虹吸管的流量 Q 为多少？在虹吸管顶部点 S 处的压强为多少？

（参考答案：$Q=0.135\text{m}^3/\text{s}$，$\dfrac{p_s}{\rho g}=-5\text{m}$）

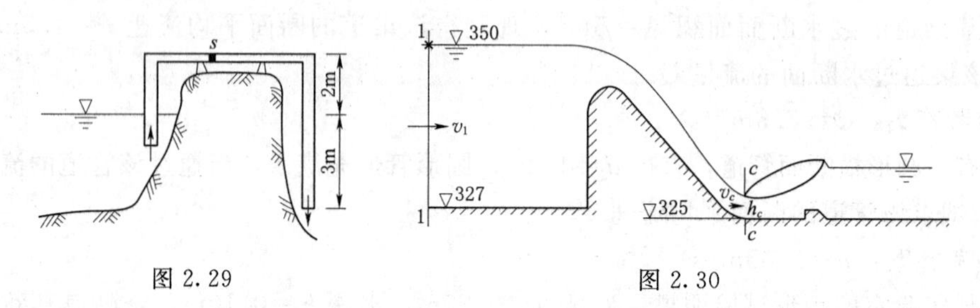

图 2.29　　图 2.30

8. 如图 2.30 所示，溢流坝过水的单宽流量 $q=29.8\text{m}^3/(\text{s}\cdot\text{m})$，已知断面 1—1 到断面 c—c 过坝水流的水头损失 $h_w=0.08\dfrac{v_c^2}{2g}$，求 h_c 及 v_c。

（参考答案：$h_c=1.44\text{m}$，$v_c=20.7\text{m/s}$）

9. 有一压力铸铁管（糙率 $n=0.013$），管径 $d=400\text{mm}$，长 2000m，试求管道中流量 $Q=0.5\text{m}^3/\text{s}$ 时的沿程水头损失。

（参考答案：$h_f=115.34\text{m}$）

10. 如图 2.31 所示，一平板闸门，门宽 $b=2\text{m}$，当通过流量 $Q=8\text{m}^3/\text{s}$ 时，闸前水深 $H=4\text{m}$，闸后收缩断面水深 $h_c=0.5\text{m}$，求作用于平板闸门上的动水总压力（水头损失和摩擦力忽略不计）。

（参考答案：$R=98.35\text{kN}$，方向水平向右）

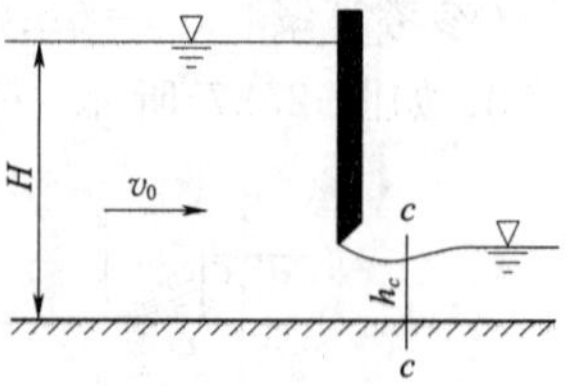

图 2.31

11. 水泵站压力管的渐变流段如图 2.25 所示。已知直径 $d_1=2.0\text{m}$、$d_2=1.0\text{m}$，渐变段起点处压强 $p_1=343\text{kN/m}^2$，管中通过的流量 $Q=2.0\text{m}^3/\text{s}$，动能修正系数 $\alpha=1.0$，动量修正系数 $\beta=1.0$。如不计渐变流段能量损失，试求渐变段支座承受的轴向力。

（参考答案：$R_x'=806.3\text{kN}$）

项目3　恒定有压管流水力计算

【知识目标】

1. 熟悉恒定有压管流的定义和分类；
2. 掌握简单短管的水力计算公式。

【能力目标】

1. 掌握虹吸管的流量、顶部安装高度计算；
2. 掌握倒虹吸管的流量、管径、上下游水位差计算；
3. 掌握水泵安装高度和水泵扬程的计算。

3.1
项目导学Ⓣ

任务3.1　管　流　分　析

任务目标

1. 了解有压管流和明渠水流的区别；
2. 了解管流的分类。

3.2
有压管流的定义和分类

3.1.1　管流的定义

水流充满整个管道横断面，管内不存在自由表面的流动，称为有压管流。如水电站的压力引水隧洞和压力钢管、水库的有压泄洪隧洞或泄水管、供水的水泵装置系统、虹吸管及各种输水管等都属于有压管道。

有些管道，水只占断面的一部分，具有自由液面，不能当作管流，而是当作明渠水流来研究。

3.1.2　管流的分类

根据不同的分类标准和方法，管流可分为以下不同类型。

（1）根据管道中任意点的水力运动要素是否随时间发生变化，分为有压恒定管流和有压非恒定管流。本书主要研究有压恒定管流。

（2）根据管道中水流的局部水头损失、流速水头两项之和与沿程水头损失的比值不同，将管道分为长管和短管。

当管道中水流的沿程水头损失较大，局部水头损失及流速水头两项之和与沿程水头损失的比值小于5%，管道为长管，此时在管流计算时局部水头损失及流速水头可以忽略不计。

当管道中局部水头损失与流速水头两项之和与沿程水头损失的比值大于5%，管道为短管，在管流计算中局部水头损失与流速水头不能忽略。

由工程经验可知，一般的给水管路可视为长管。而水利水电工程中的虹吸管、倒虹吸管、水泵装置、坝内泄水管、水轮机装置等可按短管计算。

必须注意：长管和短管不是按管道的长短来区分的，而是按局部水头损失及流速水头之和与沿程水头损失的比值来区分的。

（3）根据管道的下游水位是否淹没管口，管流可分为自由出流与淹没出流。

自由出流是指管道出口水流直接流入大气，出口水流不受下游水位影响，如图3.1（a）所示；淹没出流是指管道出口在下游水面以下，被水淹没，如图3.1（b）所示。

（4）根据管道的布置情况，可将管道系统分为简单管道和复杂管道。

简单管道是指管径不变且无分支的管道。复杂管道是指由两根以上的管道所组成的管道系统，主要有各种不同直径管道组成的串联管道、并联管道、树状和环状管网，如图3.2所示。

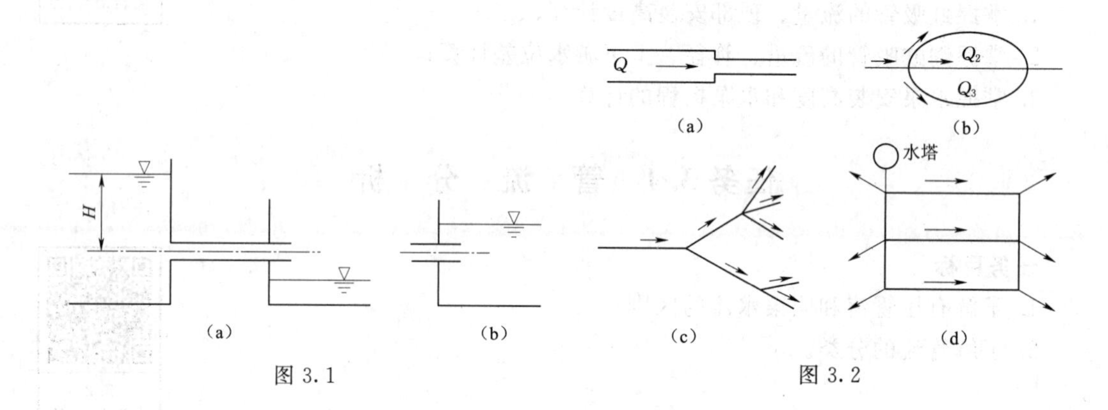

图3.1　　图3.2

任务3.2　简单短管的水力计算

3.3
短管水力计算基本公式

任务目标

1. 能判别管流为自由出流还是淹没出流；
2. 掌握短管自由出流下的流量计算；
3. 掌握短管淹没出流下的流量计算。

短管的水力计算分为自由出流和淹没出流两种，可利用能量方程推导出相应的公式。

3.2.1　自由出流

管道出口水流流入大气，称为自由出流。如图3.3所示的简单短管，一端与水池连接，另一端流入大气。以通过出口中心的水平面0—0为基准面，取渐变流断面1—1和2—2，断面1—1代表点选在水面上，断面2—2代表点选在断面中心点上，列能量方程

$$H+0+\frac{\alpha_0 v_0^2}{2g}=0+0+\frac{\alpha_2 v^2}{2g}+h_{w1-2}$$

令 $H_0=H+\frac{\alpha_0 v_0^2}{2g}$，因 $h_{w1-2}=\sum h_f+\sum h_j=\lambda\frac{l}{d}\frac{v^2}{2g}+\sum\zeta\frac{v^2}{2g}$，取 $\alpha_1=\alpha_2=1$，代入上

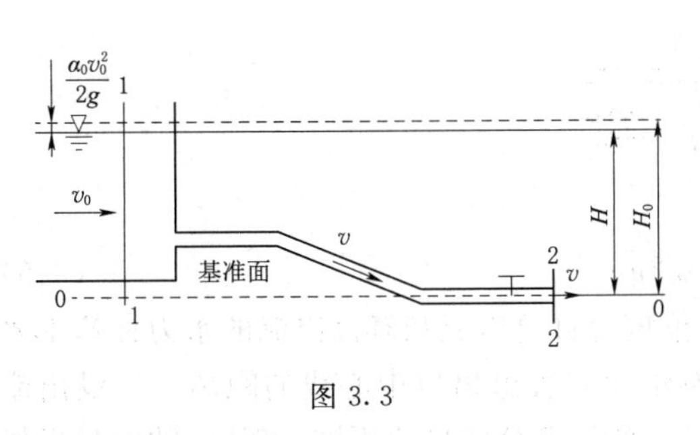

图 3.3

式，整理得

$$v=\frac{1}{\sqrt{1+\lambda\ \dfrac{l}{d}+\sum\zeta}}\sqrt{2gH_0}$$

令 $\mu_c=\dfrac{1}{\sqrt{1+\lambda\ \dfrac{l}{d}+\sum\zeta}}$ 为管道的流量系数，则通过管道的流量为

$$Q=Av=\mu_c A\sqrt{2gH_0} \tag{3.1}$$

式（3.1）即为简单短管自由出流的基本公式。

当行近流速水头 $\dfrac{\alpha_0 v_0^2}{2g}$ 很小时，可忽略不计，则式（3.1）可写成

$$Q=\mu_c A\sqrt{2gH} \tag{3.2}$$

3.2.2　淹没出流

如果管道出口淹没在水面以下，则称为淹没出流。简单管道淹没出流如图 3.4 所示，一端与水池连接，另一端流入一水池，形成淹没出流。以下游水池的水面 0—0 为基准面，取渐变流断面 1—1 和 2—2，列能量方程：

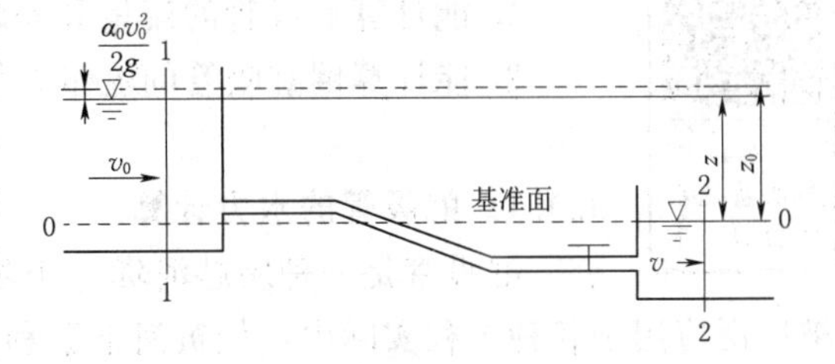

图 3.4

$$z+0+\frac{\alpha_0 v_0^2}{2g}=0+0+\frac{\alpha_2 v_2^2}{2g}+h_{w1-2}$$

式中　z——上下游水位差。

一般情况下，水池流速比管道流速小得多，故可忽略水池流速，即 v_0、v_2 近似为 0，上式可简化为

$$z=h_{w1-2} \tag{3.3}$$

$$h_{w1-2}=\sum h_f+\sum h_j=\lambda\ \frac{l}{d}\frac{v^2}{2g}+\sum\zeta\ \frac{v^2}{2g} \tag{3.4}$$

式（3.3）表明，淹没出流条件下，上下游水位差将全部消耗于管路系统的水头损失。将式（3.4）代入式（3.3），化简整理可得到

$$v=\frac{1}{\sqrt{\lambda\ \dfrac{l}{d}+\sum\xi}}\sqrt{2gz}$$

管道流量可由下式计算：

$$Q=Av=\frac{1}{\sqrt{\lambda\ \dfrac{l}{d}+\sum\xi}}A\sqrt{2gz}$$

同样令

$$\mu_c=\frac{1}{\sqrt{\lambda\frac{l}{d}+\sum\zeta}}$$

则上式可写为

$$Q=\mu_c A\sqrt{2gz} \tag{3.5}$$

比较式（3.2）和式（3.5）可以看出，简单短管自由出流和淹没出流的水力计算主要差别在于：①自由出流时的作用水头 H 为上游水面到管道出口中心线的距离，淹没出流时的作用水头 z 为上下游水位差；②流量系数 μ_c 的计算公式形式不同，但 μ_c 的值是近似相等的。因为淹没出流的流量系数中虽没有 $\alpha=1.0$，但局部水头损失中却增加了出口局部水头损失，出口局部水头损失系数一般情况下为 1.0。

任务 3.3　虹吸管和倒虹吸管的水力计算

3.4
虹吸管的水力计算

任务目标

1. 能计算虹吸管的流量和安装高度；
2. 能计算倒虹吸管的流量、管径和上下游水位差。

3.3.1　虹吸管的水力计算

虹吸管是一种跨越河堤、土坝或高地，向低处输水的简单管道。虹吸管被广泛应用于各种工程实际中，如黄河下游利用虹吸管引水灌溉、给水处理厂的虹吸式滤池、水工中的虹吸式溢洪道等，都是利用虹吸原理进行工作。虹吸管的工作原理是：先将管内空气排出，使管内形成一定的真空度。由于虹吸管进口处水流的压强大于大气压强，在管内外形成了压强差，从而使水流由压强大的地方流向压强小的地方。一定的真空度和一定的上下游水位差是保证虹吸管正常工作的两个重要条件。

虹吸管的一部分管轴线高于上游水面，而出口又低于上游水面，为有压输水管道，一般按短管计算。出口可以是自由出流，也可以是淹没出流，如图 3.5 所示。

虹吸管中的最大真空一般发生在管道最高位置。为了保证虹吸管正常工作，管道最高点处的真空度不能超过规定值。否则，受当时温度下液体汽化压强的影响，会使大量的气泡聚集在虹吸管最高处，使有效过流断面不断减小，从而降低输水能力，甚至造成断流。通常限制虹吸管中的真空度 h_v 不得超过允许值（一般 6～7m 水柱）。受允许吸上真空高度值的限制，虹吸管的安装高度 z_s，也不能太大。

虹吸管水力计算的主要任务是确定虹吸管的流量及虹吸管的安装高度。

虹吸管流量的确定：首先判断管流为自由出流还是淹没出流，然后选用简单管道水力计算基本公式［式（3.1）、式（3.5）］中对应的公式进行计算。

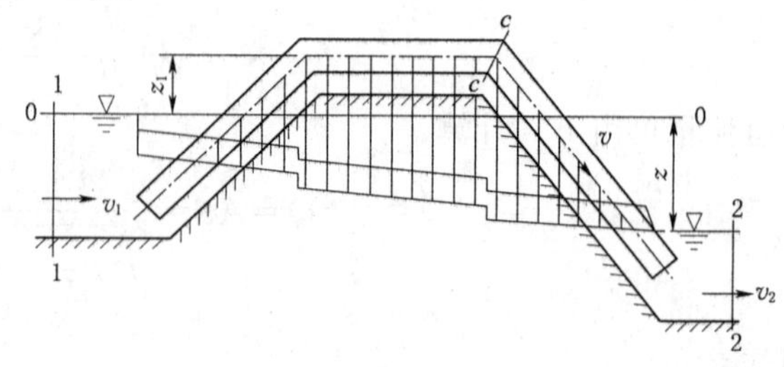

图 3.5

虹吸管顶部安装高度的确定：基准面取上游水池水面，取断面 1—1 和 $c—c$，代表点选断面 1—1 的水面和 $c—c$ 断面中心点上，对断面 1—1 和 $c—c$ 列能量方程，因涉及真空度，压强采用绝对压强。

$$0+\frac{p_a}{\rho g}+0=z_s+\frac{p_c}{\rho g}+\frac{\alpha_c v^2}{2g}+h_{w0-c}$$

将 $h_{w0-c}=h_{f0-c}+\sum h_{j0-c}=\left(\lambda\ \frac{l}{d}+\sum\zeta\right)\frac{v^2}{2g}$ 代入上式，得

$$z_s=\frac{p_a-p_c}{\rho g}-\left(\alpha_c+\lambda\ \frac{l}{d}\sum\zeta\right)\frac{v^2}{2g}$$

令

$$h_v=\frac{p_a-p_c}{\rho g}$$

$$z_s=h_v-\left(\alpha_c+\lambda\ \frac{l}{d}+\sum\zeta\right)\frac{v^2}{2g} \tag{3.6}$$

式中　h_v——虹吸管最高点断面 $c—c$ 的真空度；

l——断面 1—1 和 $c—c$ 间的管道长度；

$\sum\zeta$——断面 1—1 和 $c—c$ 间的局部水头损失系数之和；

v——管道中水流的流速。

【例 3.1】　如图 3.6 所示，有一直径 $d=1.0$m 的混凝土虹吸管跨越高地输水。上游渠道水面高程为 100.00m，下游渠道水面高程为 99.00m，虹吸管长度 $l_1=8$m，$l_2=12$m，$l_3=15$m，中间有 60°的折角弯头两个，每个弯头的局部水头损失系数 $\zeta_b=0.365$。若已知进口局部水头损失系数 $\zeta_e=0.5$，出口局部水头损失系数 $\zeta_0=1.0$。糙率 $n=0.014$。试确定：

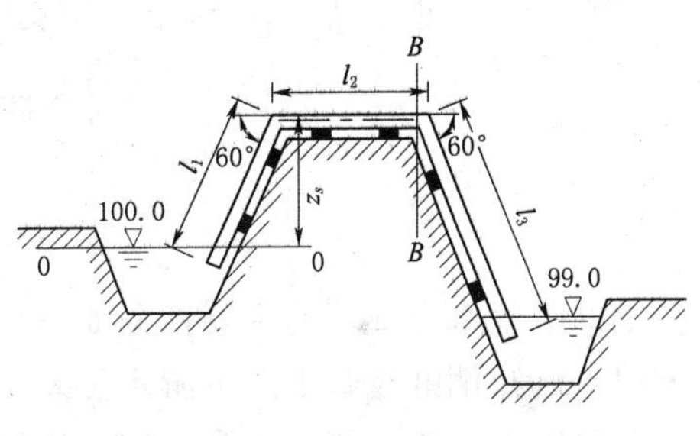

图 3.6

(1) 通过虹吸管的流量。

(2) 当虹吸管中的最大允许真空值 $h_v=7.0$m 时，问虹吸管的最大安装高度是多少？

解：(1) 据题意可判断管道为简单管道，淹没出流，因此可用式（3.5）计算虹吸管的流量。

计算沿程阻力系数：

$$\lambda=124.5\frac{n^2}{d^{\frac{1}{3}}}=124.5\times\frac{0.014^2}{1.0^{\frac{1}{3}}}=0.0244$$

计算流量系数：

$$\mu_c=\frac{1}{\sqrt{\lambda\ \frac{l}{d}+\sum\zeta}}=\frac{1}{\sqrt{0.0244\times\frac{8+12+15}{1.0}+(0.5+2\times0.365+1.0)}}=0.569$$

通过虹吸管的流量：

$$Q=\mu_c A\sqrt{2gz}=0.569\times\frac{3.14}{4}\times1.0^2\times\sqrt{2\times9.8\times(100.00-99.00)}=1.979(\text{m}^3/\text{s})$$

（2）虹吸管中最大真空一般发生在管道最高位置。本例中最大真空发生在第二个弯头前的断面 $B—B$，根据式（3.6）可得虹吸管的最大安装高度。

先计算管道的断面平均流速：

$$v=\frac{4Q}{\pi d^2}=\frac{4\times1.979}{3.14\times1.0^2}=2.521(\mathrm{m/s})$$

虹吸管的最大安装高度：

$$z_s=h_v-\left(\alpha_c+\lambda\frac{l}{d}+\sum\zeta\right)\frac{v^2}{2g}=7-\left(1+0.0244\times\frac{8+12}{1.0}+0.5+2\times0.365\right)\times\frac{2.521^2}{2\times9.8}=6.12(\mathrm{m})$$

3.3.2 倒虹吸管的水力计算

3.5
倒虹吸管的水力计算

当渠道穿越公路或河道时，常常在公路或河道的下方设置一短管，这一短管称为倒虹吸管，如图3.7所示。倒虹吸管中的水流并无虹吸作用，由于它的外形像倒置的虹吸管，故称为倒虹吸管。倒虹吸管的出流方式一般为淹没出流。

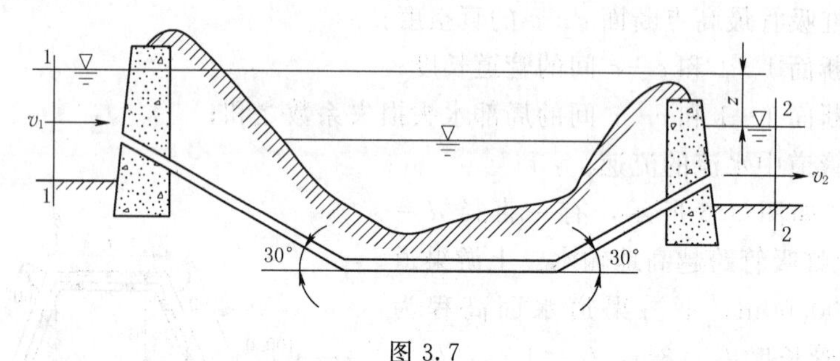

图 3.7

倒虹吸管水力计算的主要任务如下：

（1）已知倒虹吸管上、下游水位差 z、管径 d、管长 l 和管道布置，求通过流量 Q。

倒虹吸管管流一般为淹没出流，流量计算采用短管流量计算公式［式（3.5）］。

【例3.2】 如图3.7所示一跨河倒虹吸圆管，管径 $d=0.9\mathrm{m}$，长 $l=50\mathrm{m}$，进口、两个30°折角和出口的局部水头损失系数分别为0.5、0.2和1.0，沿程阻力系数 $\lambda=0.024$，上下游水位差 $z=3\mathrm{m}$。若上下游流速水头忽略不计，求通过倒虹吸管的流量 Q。

解： 简单管道淹没出流用式（3.5）计算通过倒虹吸管的流量。

计算流量系数：

$$\mu_c=\frac{1}{\sqrt{\lambda\frac{l}{d}+\sum\zeta}}=\frac{1}{\sqrt{0.024\times\frac{50}{0.9}+0.5+0.2+0.2+1}}=0.556$$

计算管道过水断面面积：

$$A=\frac{\pi d^2}{4}=\frac{3.14\times0.9^2}{4}=0.63585(\mathrm{m}^2)$$

计算倒虹吸管的流量：

$$Q=\mu_c A\sqrt{2gz}=0.556\times0.63585\times\sqrt{2\times9.8\times3}=2.71(\mathrm{m}^3/\mathrm{s})$$

（2）已知管道布置、流量 Q 和上、下游水位差 z，求管径 d。

将 $A=\frac{\pi d^2}{4}$代入倒虹吸管的流量计算公式，得到淹没出流的管径为

$$d=\sqrt{\frac{4Q}{\pi\mu_c\sqrt{2gz}}} \tag{3.7}$$

由于流量系数 μ_c 又与管径 d 有关，此时不能直接求解，需试算确定 d，详见［例3.3］的方法一。也可以通过 Excel 软件采用单变量求解 d，省去试算烦琐的计算过程。详见［例3.3］的方法二。

【例3.3】 如图3.7所示，一横穿河道的钢筋混凝土倒虹吸管，已知管中流量 Q 为 $3m^3/s$，上下游水位差 z 为 3m，管长 l 为 50m，进口、两个 30°折角和出口的局部水头损失系数分别为 0.5、0.2 和 1.0，管壁糙率 $n=0.014$，试确定倒虹吸管直径 d。

解：本例已知管道布置形式、管道材料、管长、流量、作用水头，求管径 d。出流方式为淹没出流，d 可按式（3.7）计算。但由于管道系统的流量系数 μ_c 与管径 d 有关，构成了复杂函数关系，不能直接求得管径 d。

方法一：试算求解。

（1）先假设 $d=0.8$m，按式（2.25）计算沿程阻力系数 λ：

$$\lambda=124.5\frac{n^2}{d^{\frac{1}{3}}}=124.5\times\frac{0.014^2}{0.8^{\frac{1}{3}}}=0.0263$$

$$\mu_c=\frac{1}{\sqrt{\lambda\frac{l}{d}+\sum\zeta}}=\frac{1}{\sqrt{0.0263\times\frac{50}{0.8}+0.5+2\times0.2+1.0}}=0.531$$

由式（3.7）可求出直径 d：

$$d=\sqrt{\frac{4Q}{\pi\mu_c\sqrt{2gz}}}=\sqrt{\frac{4\times3}{3.14\times0.531\times\sqrt{2\times9.8\times3}}}=0.97(\mathrm{m})$$

与假设值比较差别较大，进行重新试算。

（2）设 $d=0.95$m，重复以上计算步骤。

$$\lambda=124.5\frac{n^2}{d^{\frac{1}{3}}}=124.5\times\frac{0.014^2}{0.95^{\frac{1}{3}}}=0.0248$$

$$\mu_c=\frac{1}{\sqrt{\lambda\frac{l}{d}+\sum\zeta}}=\frac{1}{\sqrt{0.0248\times\frac{50}{0.95}+0.5+2\times0.2+1.0}}=0.558$$

由此得到直径 d：

$$d=\sqrt{\frac{4Q}{\pi\mu_c\sqrt{2gz}}}=\sqrt{\frac{4\times3}{3.14\times0.558\times\sqrt{2\times9.8\times3}}}=0.945(\mathrm{m})$$

与假设值非常接近，试算完成。规格化管径取 $d=1.0$m。

方法二：采用 Excel 单变量求解。

（1）计算公式。根据题意，管道为淹没出流，流量按式（3.5）计算。

$$Q=\mu_c A\sqrt{2gz}$$

其中

$$\mu_c=\frac{1}{\sqrt{\lambda\frac{l}{d}+\sum\zeta}}$$

4	已知量（计算过程中保持不变）			
5	z/m	n	$\sum\zeta$	L/m
6	上下游水位差	管壁糙率	局部水头损失系数之和	管长
7	3	0.014	1.9	50

图 3.8

(2) 操作步骤。

1) 输入已知的数据。将已知的上下游水位差 z、管壁糙率 n、局部水头损失系数之和 $\sum\zeta$、管长 L 填入相应的单元格中，如图 3.8 所示。

2) 假定倒虹吸管直径 d，计算过水断面沿程阻力系数 λ、流量系数 μ_c、过流面积 A 和设计流量 Q。各参数计算公式见表 3.1。当假定 $d=1$m 时，各参数计算结果如图 3.9 所示。

表 3.1　　断面水力参数计算表

序号	应变量	单元格	水力计算公式	Excel 计算公式
1	λ	F7	$\lambda=124.5\frac{n^2}{d^{\frac{1}{3}}}$	=124.5 * B7^2/E7^(1/3)
2	μ_c	G7	$\mu_c=\frac{1}{\sqrt{\lambda\frac{L}{d}+\sum\zeta}}$	=1/(SQRT(F7 * D7/E7+C7))
3	A	H7	$A=\frac{\pi}{4}d^2$	=3.14 * E7^2/4
4	Q	I7	$Q=\mu_c A\sqrt{2gz}$	=G7 * H7 * SQRT(2 * 9.8 * A7)

	A	B	C	D	E	F	G	H	I
1									
2	求倒虹吸管直径d——用单一变量法								
3									
4	已知量（计算过程中保持不变）				自变量	应变量			
5	z/m	n	$\sum\zeta$	L/m	d/m	λ	μ_c	A/m²	Q/(m³/s)
6	上下游水位差	管壁糙率	局部水头损失系数之和	管长	管径	沿程阻力系数	流量系数	过流面积	流量
7	3	0.014	1.9	50	1	0.024402	0.566129445	0.785	3.407799721

图 3.9

具体操作以输入沿程阻力系数 λ 为例。将公式 $\lambda=124.5\frac{n^2}{d^{\frac{1}{3}}}$输入到表格中，即需要输入“=124.5 * B7^2/E7^(1/3)”。首先选中 F7，依次输“=124.5 *”，点击管壁糙率 n 所在“B7”，输入“^”符号，输入“2”表示平方。紧接着输入“/”表示除号。再选用“E7”拟定的管径 d 值，输入“(1/3)”方。公式输入完毕后按回车键 (Enter)，即可得到沿程阻力系数 λ 的计算结果。同理求出 μ_c、A 和 Q。这里需要注意的是：表 3.1 中所列的 Excel 计算公式，是与断面水力参数填充的单元格位置相对应的，断面水力参数填充的位置一旦发生变化，相应的Excel计算公式也应随之变化。

3）单变量求解管径。选择表格中菜单栏的“数据”，选择“模拟分析”，在下拉菜单里面选择“单变量求解”（图3.10），出现如图3.11所示的界面。点击目标单元格右侧空框，点击单元格I7（自变量管径d），空框内出现“I7”，在目标值右侧空框内输入目标值设计流量值3，点击可变单元格右侧空框，点击单元格E7，空框内出现“E7”，点击确定，出现如图3.12所示的界面。

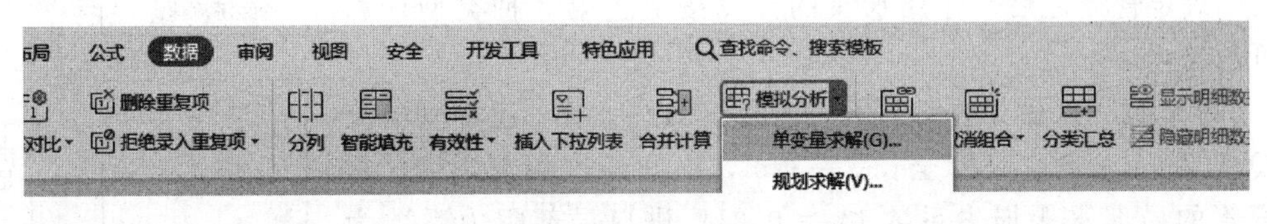

图3.10

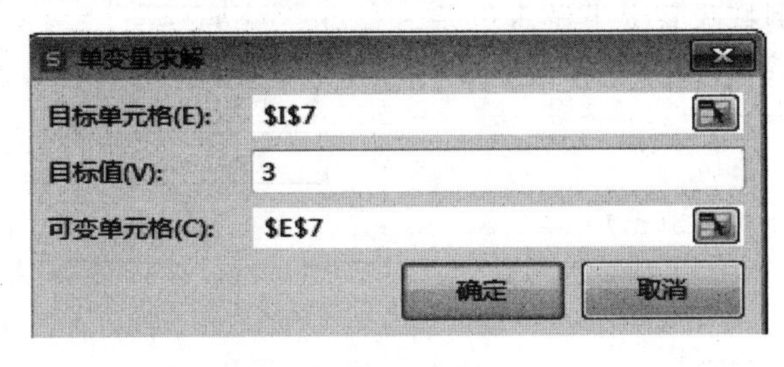

图3.11

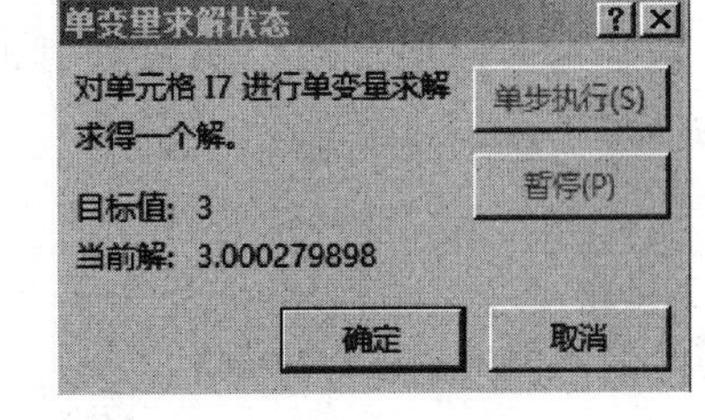

图3.12

此时，单元格E7显示的值即为所求的计算管径。

（3）已知管道设计流量Q、管长、管道布置和管径d，求上、下游水位差z。在管道设计流量Q、管长、管道布置和管径d已知的情况下，倒虹吸管上、下游水位差计算采用式（3.3）。

（4）已知管道设计流量Q、管长l及管道布置，求管径d和上、下游水位差z。

这种情况下，管径d不仅由水力学条件确定，还要从技术、经济两方面综合考虑确定。

从管道使用的技术要求考虑，流量一定时，管径的大小与流速有关。若管内流速过大，则会由于水击作用使管道遭到破坏；若管道流速过小，则可能造成管道淤积或结垢。如一般要求水电站引水管道$v \leqslant 5 \sim 6$m/s，一般给水管道$v \leqslant 2.5 \sim 3$m/s，同时要求$v > 0.25$m/s。从管道的经济效益考虑，选择的管径较小，管道造价较低，但管内流速大，水头损失增大，年运行费高；反过来，选择的管径较大，管道造价较高，但管内流速小，水头损失小，年运行费低。

实际工作中，通常是首先确定经济流速，然后确定管径。经济流速v_e是指管道投资与年运行费总和最小时的流速，相应的管径称为经济管径。根据经验，水电站压力隧洞的经济流速为2.5～3.5m/s，压力钢管为3～6m/s。一般的给水管道，$d=100 \sim 200$mm，$v_e=0.6 \sim 1.0$m/s；$d=200 \sim 400$mm，$v_e=1.0 \sim 1.4$m/s。经济流速涉及的因素较多，比较复杂，选择时应注意因时因地而异，重要的工程应选择几个方案进行技术经济比较。选

定经济流速 v_e 之后，经济管径可按下式计算：

$$d_e=\sqrt{\frac{4Q}{\pi v_e}} \tag{3.8}$$

求出 d_e 并进行规格化处理之后，验证管道流速，并要求流速值必须满足管道使用上的技术要求。

管径的确定流程如图 3.13 所示。

当确定管径之后，作用水头的计算按上述第 3 种类型计算即可。

根据经验，确定经济流速 v_e

确定经济管径 $d_e=\sqrt{\frac{4Q}{\pi V_e}}$

对 d_e 规格化处理，验证管道流速是否满足技术要求

不满足

满足

选定 d_e

图 3.13

【例 3.4】 一横穿公路的钢筋混凝土倒虹吸管，已知管中流量 $Q=2\text{m}^3/\text{s}$，倒虹吸管全长 $l=30\text{m}$，中间经过两个弯管，每个弯管的局部水头损失系数 $\zeta_{弯}=0.21$；进口局部阻力系数为 0.5，出口局部阻力系数为 1.0，管壁糙率 $n=0.014$，若上、下游渠道流速 v_1、v_2 近似为 0，试计算倒虹吸管上下游水位差。

解： 根据经验，初选倒虹吸管的经济流速为 2m/s，则管径为

$$d_e=\sqrt{\frac{4Q}{\pi v_e}}=\sqrt{\frac{4\times 2}{3.14\times 2}}=1.13(\text{m})$$

规格化管径取 $d=1.1\text{m}$，则

$$v=\frac{4Q}{\pi d^2}=\frac{4\times 2}{3.14\times 1.1^2}=2.11(\text{m/s})$$

流速满足技术要求，选定管径 $d=1.1\text{m}$。

计算沿程阻力系数 λ 值，对于圆管：

$$\lambda=124.5\frac{n^2}{d^{\frac{1}{3}}}=124.5\times\frac{0.014^2}{1.1^{\frac{1}{3}}}=0.0236$$

局部水头损失有 4 处，分别为进口、出口和两个转折段。

$$\sum\zeta=0.5+2\times 0.21+1=1.91(\text{m})$$

倒虹吸管上下游水位差为

$$z=h_w=\left(\lambda\frac{l}{d}+\sum\zeta\right)\frac{v^2}{2g}=\left(0.0236\times\frac{30}{1.1}+1.91\right)\times\frac{2.11^2}{2\times 9.8}=0.58(\text{m})$$

任务 3.4　水泵的水力计算

3.6 水泵的水力计算

任务目标

1. 能计算水泵的安装高度；
2. 能计算水泵的扬程。

水泵装置也称抽水系统，由吸水管、水泵和压水管三部分组成，如图 3.14 所示。

水泵的工作原理为：通过水泵叶轮转动的作用，在水泵进口处形成真空，进水池的水流在池面大气压的作用下沿吸水管上升，流经水泵时从水泵获得新的能量，从而进入压水管，最后流入水塔。

水泵装置的水力计算主要包括：①确定水泵的最大允许安装高度 z_s；②确定水泵的扬程 H_p。

水泵转轮轴线超出上游水池水面的几何高度为水泵安装高度 z_s。单位重量液体从水泵获得的能量称为水泵扬程 H_p。

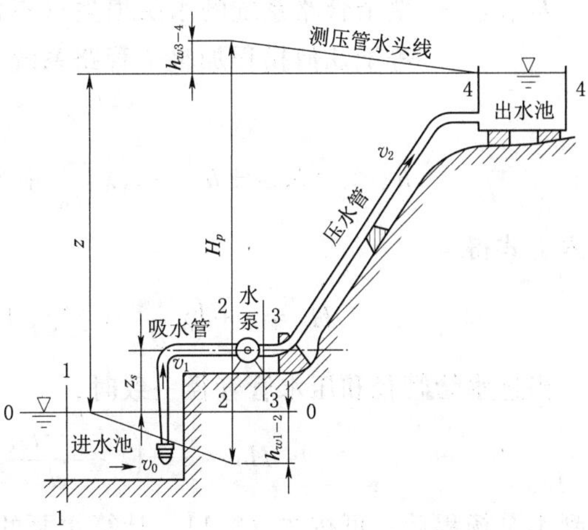

图 3.14

3.4.1　水泵安装高度 z_s 的计算

如图 3.14 所示的水泵装置，以进水池水面为基准面，由断面 1—1 与水泵进口断面 2—2 列能量方程。因涉及真空度，压强取绝对压强。

$$0+\frac{p_a}{\rho g}+0=z_s+\frac{p_2}{\rho g}+\alpha_2\frac{v_{吸}^2}{2g}+h_{w1-2}$$

其中 $$h_{w1-2}=h_{f1-2}+\sum h_{j1-2}=\lambda\frac{l_{吸}}{d_{吸}}\frac{v_{吸}^2}{2g}+\sum\zeta_{吸}\frac{v_{吸}^2}{2g}=\left(\lambda\frac{l_{吸}}{d_{吸}}+\sum\zeta_{吸}\right)\frac{v_{吸}^2}{2g}$$

代入上式得

$$\frac{p_a}{\rho g}=z_s+\frac{p_2}{\rho g}+\alpha_2\frac{v_{吸}^2}{2g}+\left(\lambda\frac{l_{吸}}{d_{吸}}+\sum\zeta_{吸}\right)\frac{v_{吸}^2}{2g}$$

$$z_s=\frac{p_a-p_2}{\rho g}-\left(\alpha_2+\lambda\frac{l_{吸}}{d_{吸}}+\sum\zeta_{吸}\right)\frac{v_{吸}^2}{2g}$$

又 $$h_v=\frac{p_a-p_2}{\rho g}$$

则 $$z_s=h_v-\left(\alpha_2+\lambda\frac{l_{吸}}{d_{吸}}+\sum\zeta_{吸}\right)\frac{v_{吸}^2}{2g}\tag{3.9}$$

过大的真空度会引起过泵水流的空化现象，若空化严重，将导致过泵流量减少和水泵叶轮空蚀。因此，为保证水泵正常工作，水泵制造商对各种型号的水泵的允许真空值都有规定，即 h_v 不得超过相应型号水泵的允许吸上真空高度值，水泵的安装高度因此也受到允许吸上真空高度的限制。

3.4.2　水泵扬程 H_p 的计算

进水池和出水池的行近流速一般较小，忽略不计。以进水池水面为基准面，由断面 1—1 与 4—4 列能量方程。压强取相对压强。

$$0+0+0+H_p=z+0+0+h_{w1-4}$$

式中　H_p——水泵扬程；

z——出水池与进水池水位之差，称为几何扬程或提水高度；

h_{w1-4}——整个管路系统的水头损失（不包括水流流经水泵的水头损失），即水泵扬程等于几何扬程加整个管路系统的水头损失：

$$H_p=z+h_{w1-4} \tag{3.10}$$

又

$$h_{w1-4}=h_{w吸}+h_{w压}=\left(\lambda\frac{l_{吸}}{d_{吸}}+\sum\zeta_{吸}\right)\frac{v_{吸}^2}{2g}+\left(\lambda\frac{l_{压}}{d_{压}}+\sum\zeta_{压}\right)\frac{v_{压}^2}{2g}$$

代入上式得

$$H_p=z+\left(\lambda\frac{l_{吸}}{d_{吸}}+\sum\zeta_{吸}\right)\frac{v_{吸}^2}{2g}+\left(\lambda\frac{l_{压}}{d_{压}}+\sum\zeta_{压}\right)\frac{v_{压}^2}{2g} \tag{3.11}$$

当进水管管径和压水管管径一致时：

$$H_p=z+\left(\lambda\frac{l_{吸}+l_{压}}{d}+\sum\zeta_{吸}+\sum\zeta_{压}\right)\frac{v^2}{2g} \tag{3.12}$$

得到水泵扬程后，可按式（3.11）计算水泵的轴功率：

$$N_p=\frac{\rho gQH_p}{\eta_p} \tag{3.13}$$

式中　η_p——水泵效率。

根据计算的水泵轴功率就可以选定水泵型号及相配套的电动机功率。

【例3.5】　如图3.15所示的抽水装置，用水泵将水自进水池抽至水塔。已知流量 $Q=0.1\text{m}^3/\text{s}$，吸水管长度为8m，压水管长度为50m，直径均为200mm，管的沿程水头损失系数 $\lambda=0.025$，局部水头损失系数 $\zeta_{进}=6$，$\zeta_{弯}=0.4$，$\zeta_{出}=1.0$，抽水机的抽水高度 $z=7\text{m}$，最大允许真空度为 $h_v=6\text{m}$。试确定：

（1）水泵的安装高度 z_s；

（2）水泵的扬程 H_p。

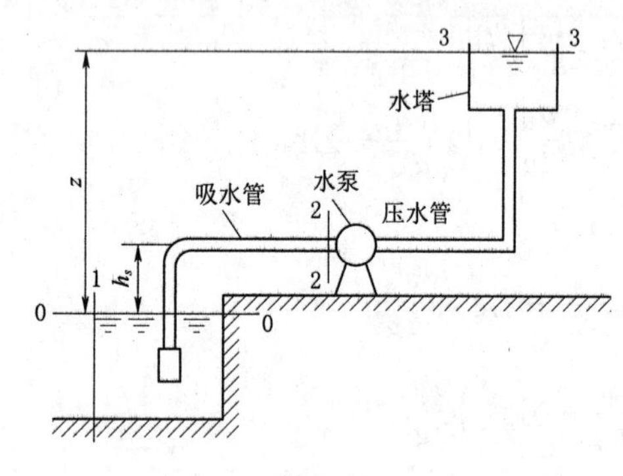

图3.15

解：

（1）计算水泵的安装高度 z_s。

本题吸水管与压水管管径一致，因此，管道过水断面面积为

$$A=\frac{1}{4}\pi d^2=\frac{1}{4}\times3.14\times0.2^2=0.0314(\text{m}^2)$$

管道过水断面平均流速：

$$v=\frac{Q}{A}=\frac{0.1}{0.0314}=3.18(\text{m/s})$$

由式（3.9）知

$$z_s=h_v-\left(\alpha_2+\lambda\frac{l_{吸}}{d_{吸}}+\sum\zeta_{吸}\right)\frac{v_{吸}^2}{2g}=6-\left(1+0.025\times\frac{8}{0.2}+6+0.4\right)\times\frac{3.18^2}{2\times9.8}=1.67(\text{m})$$

（2）计算水泵的扬程 H_p。

$$H_p=z+\left(\lambda\frac{l_{吸}+l_{压}}{d}+\sum\zeta_{吸}+\sum\zeta_{压}\right)\frac{v^2}{2g}$$

$$=z+\left(\lambda\frac{l_{吸}+l_{压}}{d}+\zeta_{进}+2\zeta_{弯}+\zeta_{出}\right)\frac{v^2}{2g}$$

$$=7+\left(0.025\times\frac{50+8}{0.2}+6+2\times0.4+1\right)\times\frac{3.18^2}{2\times9.8}$$

$$=14.76(\mathrm{m})$$

【小结】

1. 恒定有压管流的定义和分类

(1) 有压管流定义：水流充满整个管道横断面，管内不存在自由表面的流动。

3.7 恒定有压管流水力计算思维导图Ⓟ

(2) 分类：有压恒定管流、有压非恒定管流；短管、长管；淹没出流、自由出流；简单管道、复杂管道。

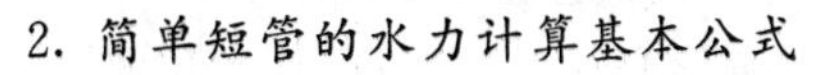

2. 简单短管的水力计算基本公式

(1) 自由出流：$Q=Av=\mu_c A\sqrt{2gH_0}$，其中 $\mu_c=\dfrac{1}{\sqrt{1+\lambda\dfrac{l}{d}+\sum\zeta}}$。

(2) 淹没出流：$Q=\mu_c A\sqrt{2gz}$，其中 $\mu_c=\dfrac{1}{\sqrt{\lambda\dfrac{l}{d}+\sum\zeta}}$（忽略上下游水池流速时），$z=h_{w1-2}$。

3. 虹吸管的水力计算

(1) 虹吸管的流量：采用简单短管的水力计算公式。

(2) 虹吸管顶部安装高度：$z_s=h_v-\left(\alpha_c+\lambda\dfrac{l}{d}+\sum\zeta\right)\dfrac{v^2}{2g}$。

4. 倒虹吸管的水力计算

(1) 倒虹吸管的流量：采用简单短管的水力计算公式。

(2) 倒虹吸管管径：采用试算法或Excel单变量求解。

(3) 管径已知，求倒虹吸管上下游水位差：$z=h_{w1-2}$。

(4) 管径未知，求倒虹吸管上下游水位差：先根据经济技术条件确定管径，再用 $z=h_{w1-2}$ 计算上下游水位差。

5. 水泵安装高度和水泵扬程的计算

(1) 水泵安装高度：$$z_s=h_v-\left(\alpha_2+\lambda\frac{l_{吸}}{d_{吸}}+\sum\zeta_{吸}\right)\frac{v_{吸}^2}{2g}$$

(2) 水泵扬程：$$H_p=z+\left(\lambda\frac{l_{吸}}{d_{吸}}+\sum\zeta_{吸}\right)\frac{v_{吸}^2}{2g}+\left(\lambda\frac{l_{压}}{d_{压}}+\sum\zeta_{压}\right)\frac{v_{压}{}^2}{2g}$$

【应知】

一、填空题

1. 水流充满整个管道横断面，管内不存在自由表面的流动，称为______管流。

2. 有压管流的水头损失包括______水头损失和______水头损失两部分。

3. 短管是指______水头损失和______水头所占比重较大，不能忽略不计的管道。

4. 简单管道是指______沿程不变、没有______且沿程无______汇入汇出的管道。

5. 虹吸管的工作原理是在虹吸管内造成______，使作用在上游水面的大气压强和虹吸管内压强之间产生______，以便水流能通过虹吸管最高处引向下游低处。

6. 水泵装置的水力计算主要包括：①确定水泵的______________；②确定水泵的__________。

二、选择题

1. 出流不受下游水位影响直接流入大气的为（　　）出流。

A. 淹没　　B. 自由　　C. 孔口　　D. 管嘴

2. 自由出流的作用水头 H 为上游水面至出口断面（　　）的高度。

A. 水面　　B. 底面　　C. 形心　　D. 任意位置

3. 淹没出流的作用水头 H 是指上游水面至（　　）的高差。

A. 下游水面　　B. 下游底面　　C. 下游形心　　D. 任意位置

4. 长管是指水头损失以（　　）水头损失为主，（　　）水头损失和（　　）水头可忽略不计的管道。

A. 沿程 局部 流速　　B. 局部 沿程 流速　　C. 流速 沿程 局部　　D. 以上都不正确

【应会】

1. 图 3.16 为某水库的泄洪隧洞，已知洞长 $l=300$m，洞径 $d=2$m，隧洞的沿程阻力系数 $\lambda=0.03$，弯管局部阻力系数 $\zeta_{弯}=0.2$，水库水位为 42.50m，隧洞出口中心高程 25.00m，不计水库行近流速 v_0。试确定下游水位分别为 22.00m 和 30.00m 时隧洞的泄洪流量。

（参考答案：$Q=23.36\text{m}^3/\text{s}$；$Q=19.74\text{m}^3/\text{s}$）

2. 倒虹吸管采用直径 $d=500$mm 的铸铁管，糙率 $n=0.011$，管道长度 $l=125$m，进出口水位高程差 $z=5$m，根据地形，两转弯角各为 60°和 50°，转弯处的局部水头损失系数分别为 0.36446 和 0.2344，上下游渠道流速相等，如图 3.17 所示。试问该倒虹吸管能通过多大流量？并绘出倒虹吸管的测压管水头线及总水头线。

（参考答案：$Q=0.74\text{m}^3/\text{s}$）

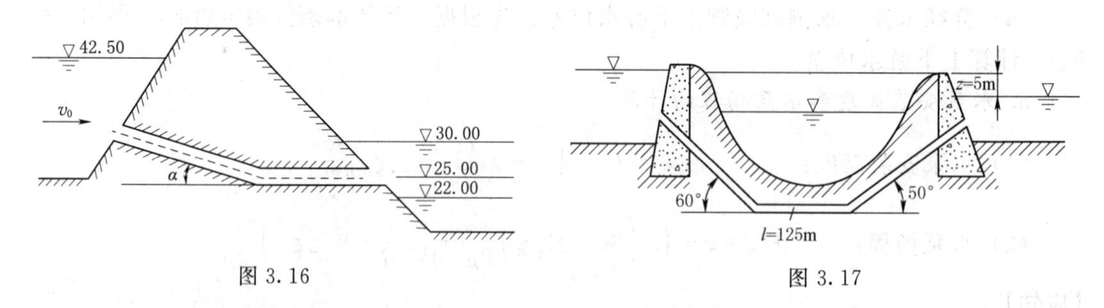

图 3.16　　　　图 3.17

3. 有一混凝土圆形涵洞，糙率 $n=0.014$，如图 3.18 所示。已知洞长 $l=10$m，上下游水位差 $z=2$m，要求涵洞中通过流量 $Q=4.3$m/s，试求管径 d。

（参考答案：$d=1.0$m）

4. 有一虹吸管输水管道如图 3.19 所示，虹吸管的长度、管径、糙率分别为：$l_1=$

13m，l_2=20m，l_3=15m，d=1.0m，n=0.014；进出口的局部损失系数分别为0.5和1.0，折管处的局部损失系数为0.183。

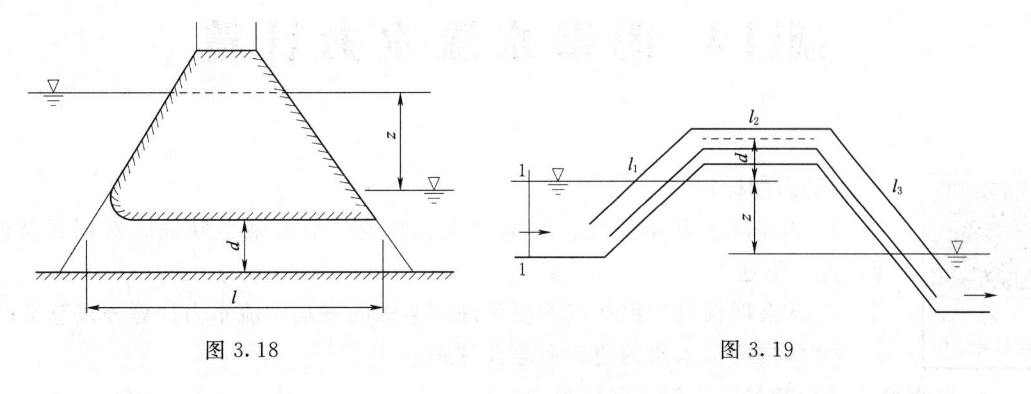

图3.18　　　　图3.19

(1) 当上、下游水位差z=1.0m时，虹吸管的输水流量为多少？

(2) 当虹吸管中的最大允许真空值h_v=7m时，虹吸管的最大安装高度为多少？

(参考答案：Q=1.99m^3/s，z_s=6.13m)

5. 水泵将水自进水池抽至水塔，如图3.20所示。已知水泵的功率N_p=20kW，流量Q=0.07m^3/s，水泵效率η_p=70%，吸水管长度l_1=8m，压水管长度l_2=50m，吸水管直径d_1=300mm，压水管直径d_2=250mm，沿程阻力系数λ=0.026。管路局部水头损失系数：带底阀滤水网ζ_f=4.4，转弯ζ_b=0.2，阀门ζ_v=0.5，逆止阀ζ_{nf}=5.5。水泵的允许吸上真空度h_v=7.0m，试求：

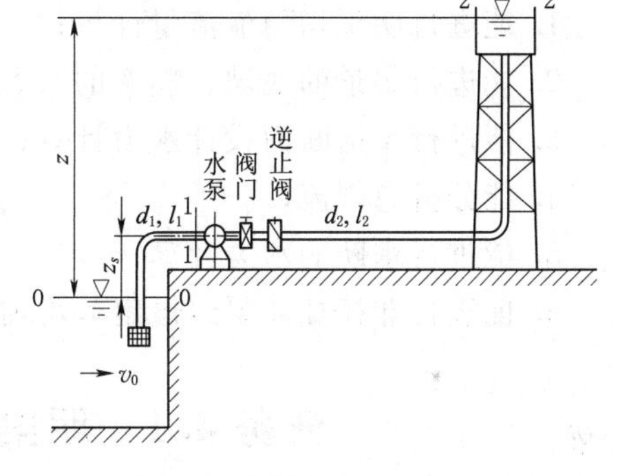

图3.20

(1) 水泵的安装高度z_s；

(2) 水泵的提水高度z。

(参考答案：z_s=6.68m，z=18.855m)

项目4 明渠水流水力计算

4.1
项目导学

【知识目标】

1. 熟知以下基本概念：明渠水流、底坡、水力最佳断面、实用经济断面、允许流速。
2. 掌握明渠均匀流特点产生条件，掌握明渠均匀流水力计算公式意义；
3. 掌握明渠水流的流态概念及判别；
4. 掌握断面单位能量、临界水深的概念；
5. 掌握水跌与水跃的概念；
6. 理解明渠恒定棱柱体渠道水面线的特点。

【能力目标】

1. 能进行明渠均匀流流量计算；
2. 能进行渠道的底坡、糙率的水力计算；
3. 能进行渠道断面设计水力计算；
4. 能分析急缓流；
5. 能进行水跃的水力计算；
6. 能进行非棱柱体渠道恒定非均匀渐变流水面线分析和计算。

任务4.1 明渠水流的特点和几何特征

4.2
明渠水流特点和几何特性

任务目标

1. 了解明渠水流的特点；
2. 熟悉描述明渠几何特征的参数，并能计算。

4.1.1 明渠水流的特点

在河川渠道中，具有自由表面的水流，称为明渠水流。明渠水流的表面只受大气压强作用，相对压强为零，因而又称为无压流。明渠水流运动是在重力作用下形成的，故也称重力流。

明渠水流在水利水电工程中是一种常见的水流现象。如水电站的引水渠道、灌溉输水渠道、水库溢洪道、无压泄流隧道、输水渡槽、自然界中的河流、溪沟等。水利水电工程中的明渠主要用于输水、排水、泄洪、导流等。

明渠水流根据水流运动要素（流速、流量、水深、水位）是否随时间变化，分为明渠恒定流和明渠非恒定流。在恒定流中，根据水流运动要素是否沿程发生变化，分为明渠恒定均匀流和明渠恒定非均匀流。

由于明渠水流存在着不受约束的自由表面，因此当边界条件改变，如修建水工建筑物、底坡变化、糙率及断面形式变化时，明渠水流的水位发生变化，从而使水深、过水断面和流速沿程发生变化，因此，明渠水流在多数情况下是非均匀流。但明渠均匀流计算是明渠水流计算的基础，它主要用于已建渠道中确定渠道过流能力、流速、糙率或底坡等参数，或设计人工渠道的横断面尺寸。

明渠水流是在重力作用下克服水流阻力而运动的，水流阻力除个别急变流段为局部阻力外，主要是沿程阻力。由于明渠边壁较粗糙，水流雷诺数 R_e 又很大，所以绝大多数明渠水流处于紊流的阻力平方区。

4.1.2　明渠水流的几何特征

明渠分为天然河道和人工渠道。天然河道的断面形状往往是不规则的；人工渠道有水电站的引水渠道、灌溉输水渠道、水库溢洪道、无压泄流隧道、输水渡槽等，根据不同的建筑材料和地质情况，往往做成规则的对称断面形状。

渠道几何形状不同，其水流运动的变化规律也有所不同，阻力的大小与水流边界条件也不同，因此，首先需要了解渠道断面、渠底坡度等主要几何参数。

1. 渠道的断面形状

常见人工渠道有梯形、矩形、圆形、U 形及复式断面等断面形状。如图 4.1 所示。当明渠修在土基上时，为避免崩塌和便于施工，多做成梯形断面；矩形断面多用于岩石中开凿或混凝土衬砌的渠道；圆形断面则常用于无压输水涵管或下水道；而复式断面则多用于大型或地基比较特殊的、水位变化较大的渠道。

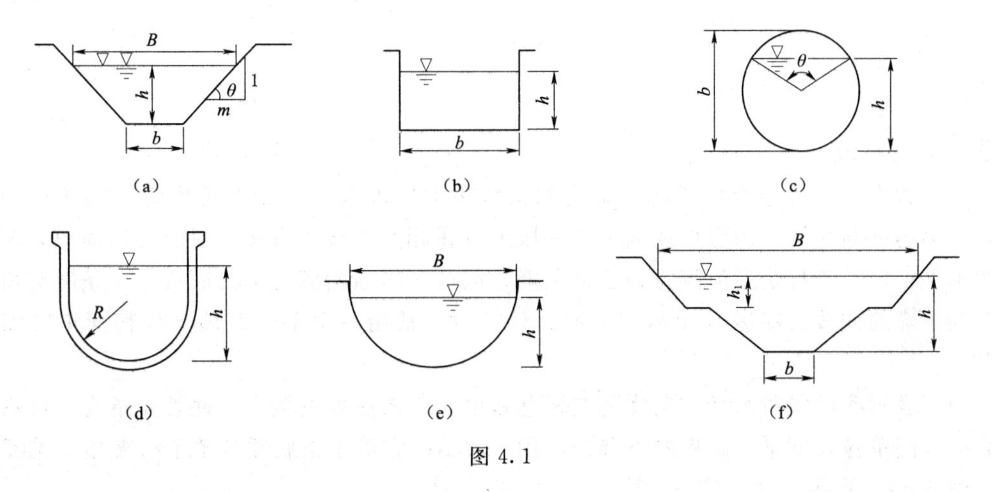

图 4.1

天然河道的横断面形状往往是不规则的，常见的形式多是由主槽和边滩组成的复式断面，如图 4.2 所示。

渠道断面的几何形状和尺寸的不同，直接影响渠道的过水能力。在其他条件相同时，水力半径大则湿周小，说明渠道周界对水流的约束小，过流能力就大；相反，水力半径小则湿周大，说明周界对水流的约束大，过流能力小。常见的过水断面几何要素的计算详见任务 2.1。

根据渠道断面形状与尺寸沿流程是否变化，将明渠分为棱柱体明渠和非棱柱体明渠。

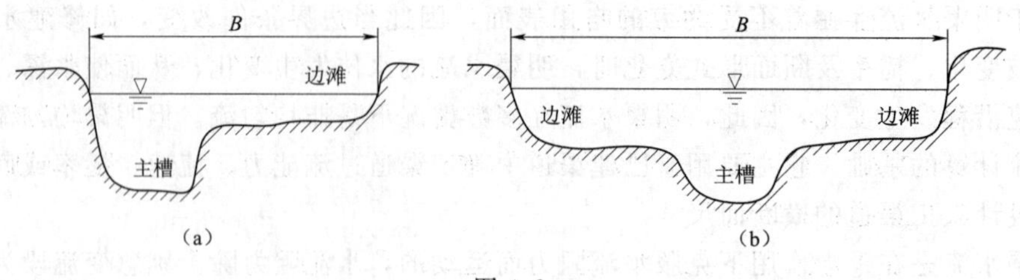

图 4.2

断面形状和尺寸沿流程保持不变的渠道称为棱柱体渠道，一般人工渠道多属于此类。横断面形状和尺寸沿流程改变的渠道称为非棱柱体渠道。常见的非棱柱体明渠是渐变段（图 4.3）。另外，断面不规则、主流弯曲多变的天然河道也是非棱柱体明渠。

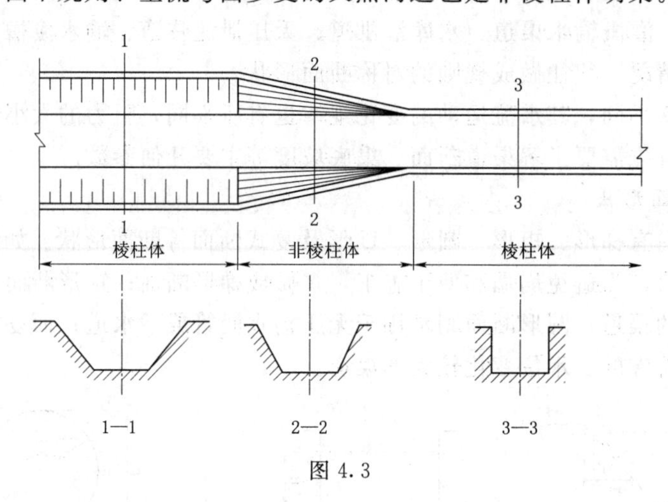

图 4.3

2. 渠道底坡

沿渠道中心线所作铅垂平面与渠底的交线称为底坡线。对于人工渠道，渠底多为平面，故渠道纵断面图上的底坡线通常是一段或几段相互衔接的直线。对于天然河道，河底起伏不平，但总趋势是沿河流方向逐渐下降，因此，纵断面图上的河底线是一条时起时伏但逐渐下降的曲线。在进行天然河道水力计算时，常用一个平均底坡来代替河道的实际底坡。

为了表示底坡线沿水流方向降低的缓急程度，引入底坡的概念。底坡是指底坡线沿水流流动方向单位长度渠底高程的下降量，用 i 表示。它等于渠底线与水平线夹角 θ 的正弦值（图 4.4）。可用式（4.1）计算：

$$i=\sin\theta=\frac{z_1-z_2}{\Delta l} \tag{4.1}$$

式中 θ——底坡线与水平面的夹角；

z_1、z_2——断面 1—1 和 2—2 渠底的位置高度；

Δl——断面 1—1 和 2—2 间的流程长度。

当 θ 角较小（$\theta\leqslant 6°$），常用断面 1—1 和 2—2 间的水平距离 $\Delta l'$ 代替流程长度 Δl，即近似认为 $\sin\theta=\tan\theta$。铅直水深 h 代替垂直水深 h'，这样给测量和计算提供方便。

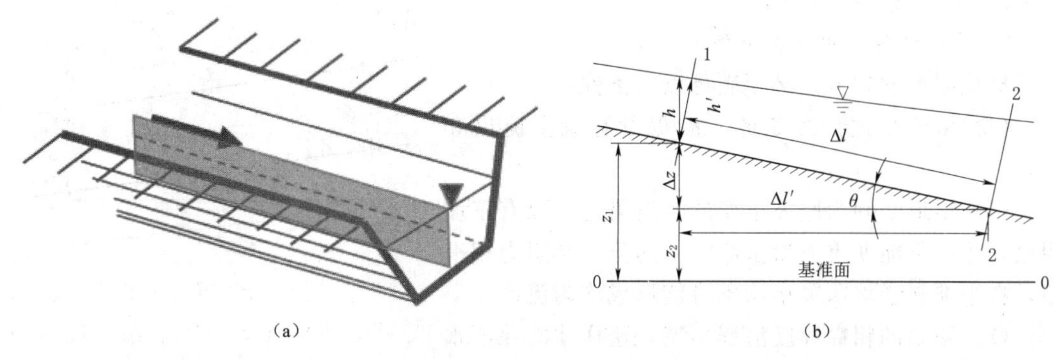

图 4.4

根据底坡沿程的变化，明渠底坡可分为三类（图 4.5）：

（1）$i>0$，称为正坡或顺坡，渠底沿流程降低。

（2）$i=0$，称为平坡，渠底高程沿流程不变。

（3）$i<0$，称为负坡、逆坡或反坡，渠底沿流程上升。

实际工程中，绝大多数渠道为正坡，平坡和负坡只在个别特殊区段才会出现。

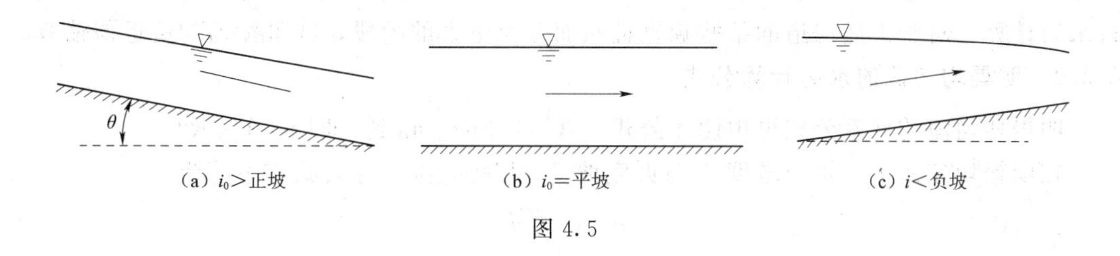

图 4.5

任务 4.2 明渠恒定均匀流的水力计算公式

任务目标

1. 了解明渠均匀流的特性和产生条件；
2. 掌握明渠均匀流水力计算的公式；
3. 了解渠道水力计算时需注意的几个问题。

4.2.1 明渠均匀流的特性及产生条件

1. 明渠均匀流的特性

明渠均匀流的运动要素沿流程不变，其流线是平行直线，各条流线上的水流质点都在做匀速直线运动（图 4.6）。明渠均匀流具有以下特性：

4.3 明渠均匀流水力特点和计算公式▶

（1）过水断面的形状和尺寸沿程保持不变。

（2）过水断面的流速分布沿程保持不变，故断面平均流速和流速水头沿程保持不变，但各流线上的流速未必相同。

（3）总水头线、水面线和底坡线相互平行，水力坡度 J、水面坡度 J_p 和

底坡 i 三者相等，即 $J=J_p=i$。

2. 明渠均匀流的产生条件

形成明渠均匀流，必须满足以下条件：

(1) 水流必须是恒定流，沿程没有流量流出和汇入。

(2) 渠道必须为底坡不变的正坡渠道。只有正坡明渠，才有可能使重力沿水流方向的分量与阻力相平衡，在平坡和逆坡明渠中均不可能形成均匀流。

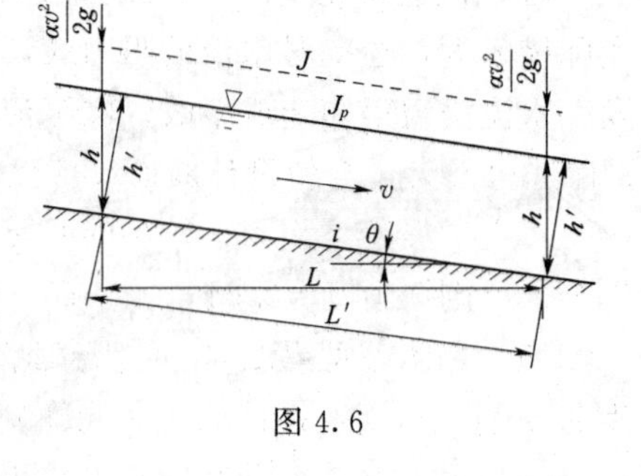

图 4.6

(3) 明渠的粗糙程度沿程不变，这样才能保证水流周界阻力沿程不变。

(4) 渠道必须为长直棱柱体渠道，渠道中不存在任何阻碍水流运动的建筑物。非棱柱体渠道内不可能形成均匀流，如果在棱柱体渠道中修建有闸、坝等水工建筑物，改变了渠道过水断面的大小和渠道的阻力，则不能形成均匀流。

由以上分析可知，完全满足上述条件才能形成明渠均匀流。严格地说，实际水流很难完全满足上述条件，对于人工渠道，渠线较顺直，过水断面形状、尺寸及底坡在较长流程内保持不变，且边界条件无显著变化，基本上能满足均匀流的产生条件，则可按均匀流进行水力计算。对于天然河道的某些顺直且断面变化不大的河段，亦可按均匀流近似估算。

4.2.2　明渠均匀流的水力计算公式

明渠均匀流的计算公式可由谢才公式［式（2.26）］得到，即 $v=C\sqrt{RJ}$。

在明渠均匀流中，水力坡度 J 与渠底坡度 i 相等，故谢才公式亦可写成

$$v=C\sqrt{Ri}$$

$$Q=Av=AC\sqrt{Ri} \tag{4.2}$$

式（4.2）为明渠均匀流过水能力计算最常用的公式。

令

$$K=AC\sqrt{R}$$

则

$$Q=K\sqrt{i} \tag{4.3}$$

式中　K——流量模数，m^3/s。

它综合反映明渠断面形状、尺寸和粗糙程度对过水能力的影响，在底坡相同的情况下，过流能力与流量模数成正比。

4.4 渠道水力计算的几个问题

谢才系数 C 值的经验计算公式很多，最常用的可以由曼宁（Manning）公式［式（2.30）］确定，代入式（4.2），得

$$Q=\frac{A^{\frac{5}{3}}\sqrt{i}}{n\chi^{\frac{2}{3}}} \tag{4.4}$$

4.2.3　渠道水力计算中的几个问题

1. 糙率 n 的选择

糙率 n 值综合反映渠道壁面对水流阻力的作用，它不仅与渠道表面材料有关，同时与水位高低、运行管理等因素有关。正确选择渠道壁面的糙率 n 对于渠道水力计算成果和工程造价的影响颇大。

若 n 值选得比实际小，则按设计流量确定的过水断面面积或渠道底坡就会偏小，而实际糙率大，边壁对水流的阻力大，渠道过水时实际流速小，不能满足流量的要求，容易发生水流浸溢渠槽造成事故；实际流速小于设计流速还可能导致挟沙水流的淤积等。如果 n 值选得偏大，会使设计断面尺寸偏大而造成浪费，同时实际流速过大引起冲刷。

对人工渠道，积累了较多的实际资料和工程经验，可查表确定糙率值。一般情况下，混凝土衬砌渠道 $n=0.013\sim0.017$，浆砌石衬砌渠道 $n=0.025$ 左右，土渠 $n=0.0225\sim0.0275$，具体参见表 2.4，更为详细的资料可参阅相关设计手册。天然河道和重要河渠工程的 n 值，需要通过试验或实测来确定。

断面周界上糙率沿湿周发生变化的渠道称为非均质渠道。在工程实际中，有时渠底和渠壁会采用不同的衬砌材料。如图 4.7（a）所示的沿山坡凿石筑墙而成的渠道，靠山一侧边坡和渠底为岩石，另一侧边坡为块石砌筑的挡土墙。如图 4.7（b）所示的渠道，底部为浆砌石，边坡为混凝土衬砌。由于沿湿周各部分糙率不同，因而它们对水流的阻力也不同，计算时采用一个综合糙率 n_r 来反映整个断面的情况。其渠道水力计算采用综合糙率 n_r 来计算。

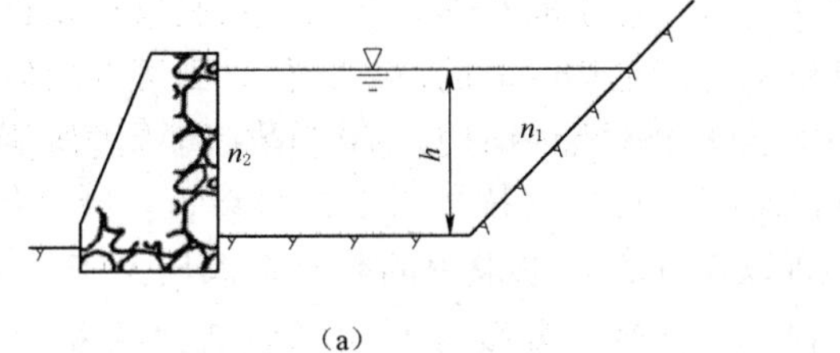

（a）

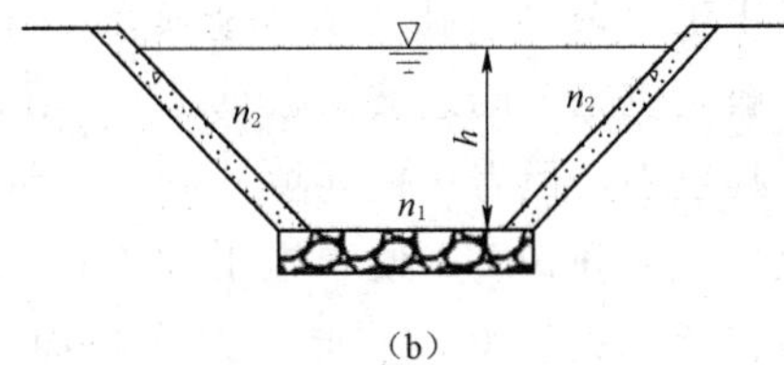

（b）

图 4.7

当渠道底部的糙率小于侧壁的糙率时，综合糙率 n_r 可按式（4.5）计算：

$$n_r=\sqrt{\frac{\chi_1 n_1^2+\chi_2 n_2^2+\chi_3 n_3^2}{\chi_1+\chi_2+\chi_3}} \tag{4.5}$$

一般情况下，综合糙率 n_r 可采用加权平均值的方法进行计算：

$$n_r=\frac{\chi_1 n_1+\chi_2 n_2+\chi_3 n_3}{\chi_1+\chi_2+\chi_3} \tag{4.6}$$

2. 水力最佳断面和实用经济断面

在明槽的底坡、糙率和流量一定时，渠道断面的设计（形状、大小）可有多种选择方案，对这些方案从施工、运行和经济等各个方面进行比较。

从水力学的角度考虑，最感兴趣的情况是：在流量、底坡、糙率一定的情况下，设计的过水断面面积最小，以节省工程量；或者在过水断面面积、底坡、糙率一定的情况下，设计的过水断面能使渠道通过的流量最大。凡是符合上述条件的过水断面均称为水力最佳断面。

从明渠均匀流计算公式 $Q=\frac{A^{\frac{5}{3}}\sqrt{i}}{n\chi^{\frac{2}{3}}}$ 可以看到，当底坡、糙率、面积一定时，要使通过的流量最大，则湿周一定最小。由平面几何可知，面积相等的图形以圆形断面的周界为最

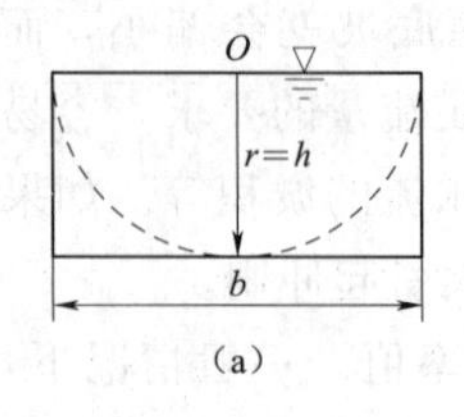

(a)

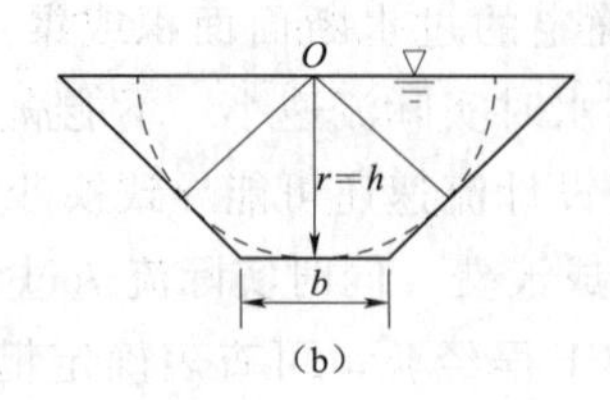

(b)

图 4.8

小，故圆形断面为水力最佳断面。半圆形断面与圆形断面的水力半径相等，所以，半圆形断面也是水力最佳断面。这就是钢筋混凝土渡槽常采用半圆形断面或U形断面的理由。但在天然土壤中修建的半圆形断面难以维持边坡稳定。为此，工程实际中的渠道往往就修成了接近半圆形断面的梯形断面。由几何学可知，矩形或梯形水力最佳断面实际上是半圆的外切多边形断面，如图 4.8 所示。

梯形断面渠道，满足水力最佳断面条件的宽深比为

$$\beta_m = 2(\sqrt{1+m^2} - m) \tag{4.7}$$

相应的水力半径为

$$R_m = \frac{h_m}{2} \tag{4.8}$$

对于矩形渠道，显然 $\beta_m = 2$ 或 $b_m = 2h_m$。

一般土质渠道的边坡系数 $m > 1$，则 $\beta_m < 1$，这样的梯形水力最佳断面都是窄深式的，虽然工程量小，但需深挖高填，提高了单位土方的造价，特别对于大型渠道，既不经济，技术上也不合理，又不便于施工和养护。所以实际工程中采用的断面宽深比大于 β_m，比水力最佳断面宽浅得多，但其过水断面面积 A 仍然十分接近水力最佳断面的断面面积 A_m，这种断面称为实用经济断面。实用经济断面既考虑水力最佳断面的要求，又能适应各种具体实际情况的需要。它的设计流速比水力最佳断面的流速增大 2%至减少 4%，过水断面面积较水力最佳断面面积减少 2%至增加 4%。设计时可在此范围内选择实用经济断面，具体设计方法可参阅有关资料。

3. 渠道的允许流速

引水渠道的流速，直接关系着渠道的正常运用，因此应该特别引起重视。当流速过小时，水流挟带的泥沙将淤积在渠内，降低渠道的过水能力；当流速过大时，又会冲刷渠道，影响河渠的稳定，给管理造成隐患。因此，设计中必须使渠道断面平均流速的大小控制在既不使渠道冲刷，又不使渠道淤积的允许范围内，这样的流速称为允许流速或不冲不淤流速，即设计渠道的允许流速应满足式 (4.9)：

$$v_{不淤} < v < v_{不冲} \tag{4.9}$$

渠道中不冲允许流速的大小决定于土质情况，即土壤的种类、颗粒大小和密实程度，或决定于渠道的衬砌材料，以及渠中流量等因素。表 4.1 列出了土质渠道的不冲流速 $v_{不冲}$。石渠和防渗衬砌渠道可参阅有关书籍。

渠道的不淤流速 $v_{不淤}$ 与水流中泥沙悬移质的粒径、含沙量和水力半径等因素有关，可根据经验公式进行计算，具体可参阅有关书籍。在清水渠中，为防止滋生杂草，渠中最小流速一般不小于 0.5m/s。

表 4.1　　土质渠道的不冲流速 $v_{不冲}$ 值

	土壤种类	$v_{不冲}$/(m/s)	说明
均质黏性土	轻壤土	0.6～0.8	(1) 均质黏性土各种土质的干容重为 12.45～16.67kN/m³；(2) 表中所列为水力半径为1m时的情况，当水力半径不为1m时，将表中数值乘以某一系数得到相应的不冲流速，系数可查阅《水力计算手册》
	中壤土	0.65～0.85	
	重壤土	0.70～1.0	
	黏土	0.75～0.95	
均质无黏性土	特细砂	0.35～0.45	
	细砂和中砂	0.45～0.60	
	粗砂	0.60～0.75	
	细砾石	0.75～0.90	
	中砾石	0.90～1.10	
	粗砾石	1.10～1.30	
	小卵石	1.30～1.80	
	中卵石	1.80～2.20	

4. 复式断面明渠的水力计算

复式断面多用于流量变化比较大的渠道。当流量较小时，水流由主槽部分通过；当流量较大时，两边的滩地才过水。

复式断面一般不规则，断面周界上的糙率也不同，计算时若将整个断面作为一个整体考虑，得到的结果往往与实际水流有误差。计算时常采用近似计算，即用垂线将断面分为几个部分，分别计算出每部分的流量，最后相加得到总流的流量。

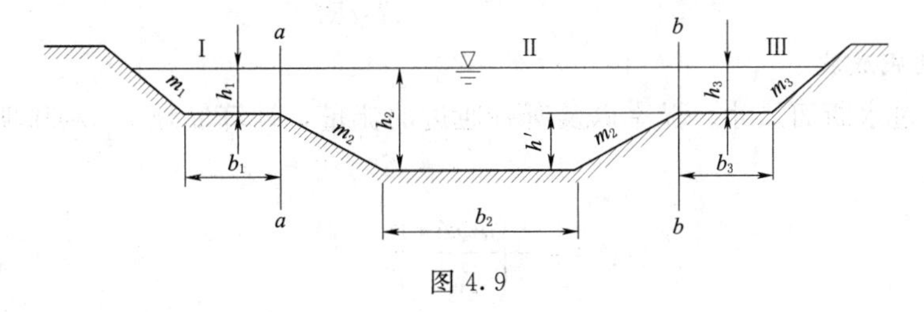

图 4.9

如图 4.9 所示的复式断面，用垂线 $a—a$ 和 $b—b$ 将断面分为Ⅰ、Ⅱ、Ⅲ三部分，每一部分的流量分别为

$$Q_1 = A_1 C_1 \sqrt{R_1 i}$$

$$Q_2 = A_2 C_2 \sqrt{R_2 i}$$

$$Q_3 = A_3 C_3 \sqrt{R_3 i}$$

则总流的流量为

$$Q = Q_1 + Q_2 + Q_3 \tag{4.10}$$

任务4.3 明渠均匀流的水力计算

4.5 明渠均匀流水力计算（一）

任务目标

1. 能进行已建成渠道流量、糙率、底坡的校核；
2. 能根据已知条件设计梯形或矩形断面的渠道。

4.3.1 已建成渠道的水力计算

1. 校核已建的工程过流能力是否满足设计要求

这类问题是已知纵坡要素和横断面要素，求过流能力要素的问题，可以表达为

$$Q=AC\sqrt{Ri}=f(m,n,b,h_0,i)$$

也可以用式（4.3）、式（4.4）计算流量。

将计算所得流量与设计流量 Q_d 比较，若 $Q>Q_d$ 则满足要求；若 $Q<Q_d$ 则不满足要求。

当渠道的过流能力不满足设计要求时，应采取有效的工程措施以减少糙率，提高渠道的过流能力，以保证满足设计要求。

2. 计算渠槽的糙率

这类问题是已知断面尺寸、底坡及实测出的流量，利用明渠均匀流公式反求糙率，即

$$n=\frac{A^{\frac{5}{3}}\sqrt{i}}{Q\chi^{\frac{2}{3}}} \tag{4.11}$$

或

$$n=R^{\frac{1}{6}}/C,\ C=\frac{Q}{A\sqrt{Ri}} \tag{4.12}$$

3. 计算渠底底坡

已知渠道过水断面尺寸、糙率以及所有通过的流量，计算底坡 i。利用明渠均匀流的公式推导可知

$$i=\left(\frac{nQ\chi^{\frac{2}{3}}}{A^{\frac{5}{3}}}\right)^2 \tag{4.13}$$

或

$$i=\left(\frac{Q}{AC\sqrt{R}}\right)^2 \tag{4.14}$$

【例4.1】 有一梯形断面的棱柱体灌溉渠道，底宽 $b=3.0$m，渠道为密实粗砂土，采用边坡系数 $m=2.0$，底坡 $i=0.0004$，采用糙率 $n=0.025$，渠中产生均匀流时水深 $h_0=1.5$m，设计流量 Q_d 为 $6\text{m}^3/\text{s}$，试求渠道能通过的流量，并判别过流能力能否满足要求。

解：本题是针对已建成的渠道进行输水能力的校核。由流量的基本公式

$$Q=AC\sqrt{Ri}$$

其中

$$A=(b+mh)h=(3+2\times1.5)\times1.5=9(\text{m}^2)$$

$$\chi=b+2h\sqrt{1+m^2}=3+2\times1.5\times\sqrt{1+2^2}=9.71(\text{m})$$

$$R=\frac{A}{\chi}=\frac{9}{9.71}=0.927(\mathrm{m})$$

$$C=\frac{1}{n}R^{\frac{1}{6}}=\frac{1}{0.025}\times 0.927^{\frac{1}{6}}=39.5(\mathrm{m}^{\frac{1}{2}}/\mathrm{s})$$

代入流量公式得

$$Q=AC\sqrt{Ri}=39.5\times 9\sqrt{0.927\times 0.0004}=6.85(\mathrm{m}^3/\mathrm{s})$$

$Q>Q_d$，过流能力满足要求。

【例 4.2】 有一梯形断面灌溉渠道，水流为均匀流，今欲测定该渠道的糙率 n。在桩号 1+780.000 处测得水面高程为 266.825m，在 3+10.000 处测得水面高程为 266.525m。已知边坡系数 $m=1$，底宽 $b=10$m，水深 $h_0=3$m，流量 $Q=39\mathrm{m}^3/\mathrm{s}$。试求糙率 n 值。

解： 先计算底坡，然后根据糙率 n 的计算公式求解得到 n 值。

因为水流为均匀流，所以

$$i=J_p=\frac{266.825-266.525}{3010-1780}=2.439\times 10^{-4}$$

$$A=(b+mh)h=(10+1\times 3)\times 3=39(\mathrm{m}^2)$$

$$\chi=b+2h\sqrt{1+m^2}=10+2\times 3\times\sqrt{1+1^2}=18.484(\mathrm{m})$$

$$R=\frac{A}{\chi}=\frac{39}{18.484}=2.11(\mathrm{m})$$

$$C=\frac{Q}{A\sqrt{Ri}}=\frac{39}{39\times\sqrt{2.11\times 2.439\times 10^{-4}}}=44.082(\mathrm{m}^{\frac{1}{2}}/\mathrm{s})$$

$$n=R^{\frac{1}{6}}/C=2.11^{\frac{1}{6}}/44.082=0.0257$$

【例 4.3】 某渠道上，拟建 U 形断面渡槽，如图 4.10 所示。渡槽表面用水泥灰浆抹面，糙率 $n=0.013$，底部半圆的半径 $r=1.25$m，上部直墙段高度 $h_1=0.8$m（包括超高 0.3m)，通过渡槽的流量 $Q=5.5\mathrm{m}^3/\mathrm{s}$，试计算渡槽底坡。

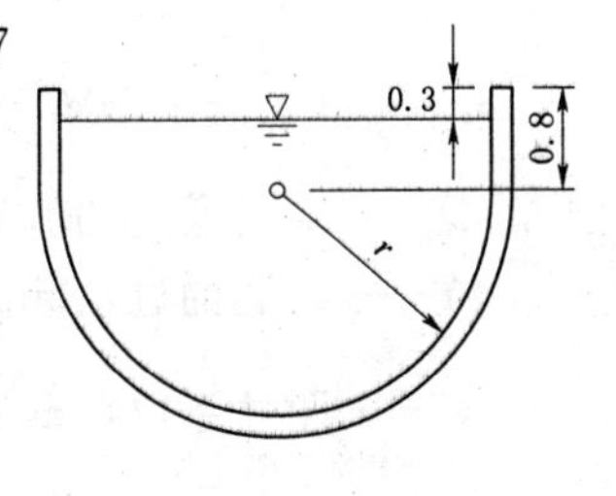

图 4.10

解： 由图 4.10 可知，直墙段水深 $h_2=0.8-0.3=0.5$（m），相应的渡槽水深 $h_0=1.25+0.5=1.75$(m)。则

$$A=\frac{1}{2}\pi r^2+2rh_2=\frac{1}{2}\times 3.14\times 1.25^2+2\times 1.25\times 0.5=3.703(\mathrm{m}^2)$$

$$\chi=\pi r+2h_2=3.14\times 1.25+2\times 0.5=4.925(\mathrm{m})$$

$$R=\frac{A}{\chi}=\frac{3.703}{4.925}=0.752(\mathrm{m})$$

$$C=\frac{1}{n}R^{\frac{1}{6}}=\frac{1}{0.013}\times 0.752^{\frac{1}{6}}=73.353(\mathrm{m}^{\frac{1}{2}}/\mathrm{s})$$

$$i=\left(\frac{Q}{AC\sqrt{R}}\right)^2=\left(\frac{5.5}{3.703\times 73.352\times\sqrt{0.752}}\right)^2=5.452\times 10^{-4}$$

4.3.2 新渠道的水力计算

4.6 明渠均匀流水力计算(二)

新渠道水力计算的主要任务是计算渠道的断面尺寸。这类问题在工程上遇到得较多，在规划设计新渠道时，设计流量由工程要求（如灌溉、排涝、发电等）而定，底坡一般是由渠道大小结合地形条件确定，边坡系数 m 及糙率 n 则由土质及渠壁材料与施工、管理运用等条件而定。也就是已知 Q、m、n，求渠道的水深 h 及底宽 b。此问题有两个未知数（b 及 h），但只有一个方程式（明渠均匀流基本公式），由代数可知，它可得出很多组答案。工程上一般根据工程实际的要求，先确定其中的一个而求出另一个（给定 b 求 h 或给定 h 求 b）；给出一个适宜的宽深比或按水力最佳断面定宽深比，然后求出 b 和 h；限定断面的流速后，求 b 和 h。

1. 已知 Q、i、m、n、b，求渠道的水深 h

若已知 Q、i、m、n，给定 b 求正常水深 h_0，因根据 $Q=AC\sqrt{Ri}$ 直接求解需解高次方程，十分麻烦，以往多采用试算法或迭代法。现在计算机的应用越来越普及，且绝大多数计算机用户都使用Office软件，因此可以利用Office组件中Excel的强大计算功能，通过单变量求解来实现水力学高次方程的求解问题。

4.7 单变量求解正常水深

【例 4.4】 如图 4.11 所示某等腰梯形断面渠道，底宽 $b=10$m，边坡系数 $m=1.5$，底坡 $i=0.0009$，糙率 $n=0.022$，当渠道过流量 $Q=50\text{m}^3/\text{s}$ 时，试求渠道正常水深 h_0。

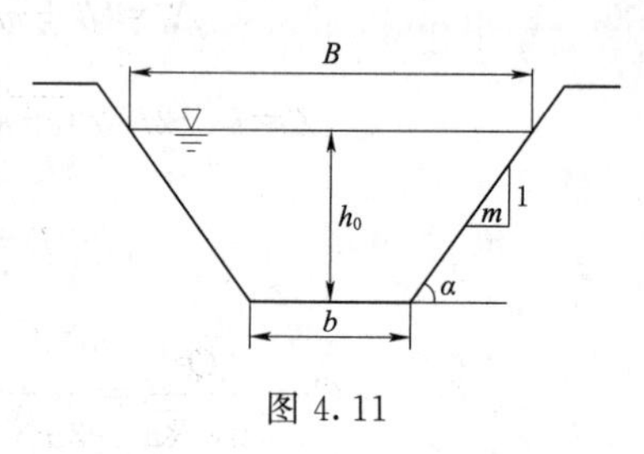

图 4.11

(1) 计算公式。

对于梯形断面明渠：

$$Q=AC\sqrt{Ri}=\frac{A^{\frac{5}{3}}\sqrt{i}}{n\chi^{\frac{2}{3}}}=\frac{[(b+mh)h]^{\frac{5}{3}}\sqrt{i}}{n[b+2h\sqrt{1+m^2}]^{\frac{2}{3}}} \tag{4.15}$$

式中 Q——渠道通过的流量，m^3/s，为已知值；

A——渠道的过水断面面积，m^2，梯形断面 $A=(b+mh)h$；

C——谢才系数，$\text{m}^{\frac{1}{2}}/\text{s}$，用曼宁公式计算，$C=\frac{1}{n}R^{\frac{1}{6}}$，$n$ 为渠道的糙率；

R——渠道的水力半径，m，$R=\frac{A}{\chi}$，χ 为湿周，梯形断面 $\chi=b+2h\sqrt{1+m^2}$；

m——渠道的边坡系数；

i——渠道的底坡。

当 Q、i、n、m、b 已知时，为关于水深的一元高次方程，难以求解，可以使用Excel“单变量求解”功能解决。

(2) 计算步骤。

1) 根据上述公式，梳理计算用到的参数为 m、n、i、b、h、A、χ、R、C、Q。将这些参数写入Excel表格中。对已知的参数 m、n、i、b 赋值。

2) 假设水深 h，根据公式计算过水断面上的水力参数 A、χ、R、C、Q。公式见表

	A	B	C	D	E	F	G	H	I	J
1	m	n	i	b	h	A	χ	R	C	Q
2	1.5	0.022	0.0009	10						

图 4.12

4.2，结果如图 4.13 所示。

表 4.2　　正常水深 h_0 的 Excel 计算公式

计算内容	计 算 公 式	相应 Excel 计算公式
A	$A=(b+mh)h$	=(D2+A2 * E2) * E2
χ	$\chi=b+2h\sqrt{1+m^2}$	=D2+2 * E2 * SQRT(1+A2^2)
R	$R=A/\chi$	=F2/G2
C	$C=\frac{1}{n}R^{\frac{1}{6}}$	=1/B2 * H2^(1/6)
Q	$Q=AC\sqrt{Ri}$	=F2 * I2 * SQRT(H2 * C2)

	A	B	C	D	E	F	G	H	I	J
1	m	n	i	b	h	A	χ	R	C	Q
2	1.5	0.022	0.0009	10	1	11.50	13.61	0.85	44.20	14.02

图 4.13

3）利用 Excel“单变量求解”功能求解渠道正常水深 h_0。

由图 4.13 可知，当假定水深 $h=1$m 时，计算得到的流量为 14.02m^3/s，显然和已知流量 $Q=50m^3/s$ 不符。这时改变水深，流量也会随之变化，当某一水深 h 刚好使流量 $Q=50m^3/s$ 时，此水深就是所求的正常水深 h_0。利用 Excel“单变量求解”功能，可以方便地解决这一问题，方法如下。

如图 4.14 所示，在“数据”菜单上单击“模拟分析”，下拉菜单中选择“单变量求解”，出现如图 4.15（a）所示的对话框。点击“目标单元格”，点击流量所对应的“J2”单元格，在“目标值”中输入目标值“50”，点击“可变单元格”，点击可变变量“E2”单元格，如图 4.15（b）所示。点击“确定”，出现如图 4.15（c）所示的结果，同时“E2”“J2”相应发生了变化，如图 4.16 所示，此时“E2”的值即为我们所求的值，即渠道正常水深 h_0 为 2.079m。

文件 开始 插入 页面布局 公式 数据 审阅 视图 ACROBAT 告诉我您想要做什么... 登录

方案管理器(S)...
单变量求解(G)...
模拟运算表(T)...

E2　fx　1

	A	B	C	D	E	F	G	H	I	J
1	m	n	i	b	h	A	χ	R	C	Q
2	1.5	0.022	0.0009	10	1	11.50	13.61	0.85	44.20	14.02

图 4.14

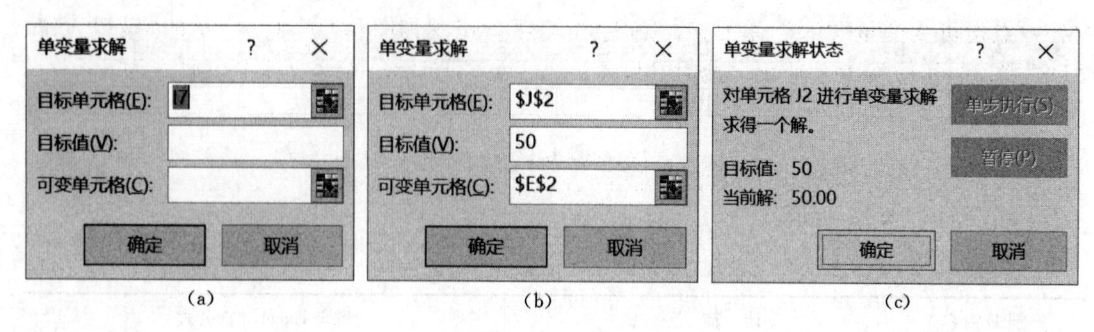

(a)　(b)　(c)

图 4.15

	A	B	C	D	E	F	G	H	I	J
1	*m*	*n*	*i*	*b*	*h*	*A*	*χ*	*R*	*C*	*Q*
2	1.5	0.022	0.0009	10	2.078996	27.27	17.50	1.56	48.95	50.00

图 4.16

2. 已知 Q、i、m、n、h，求渠道的水深 b

此类情况和上一种情况“已知 Q、i、m、n、b，求渠道的水深 h”类似。在求解过程中，只需先假定 b，在单变量求解过程中可变单元格为“D2”单元格，其他步骤不变。

【例 4.5】 某梯形断面排水渠道，按均匀流设计。已知渠道底坡 $i=0.00017$，糙率 $n=0.025$，边坡系数 $m=3$，要求排水流量 $Q=1000\text{m}^3/\text{s}$，相应的正常水深 $h_0=7\text{m}$。试确定渠道底宽 b。

解：采用单变量求解。

(1) 梳理计算用到的参数为 m、n、i、b、h、A、$χ$、R、C、Q。将这些参数写入 Excel 表格中。对已知的参数 m、n、i、h 赋值。

	A	B	C	D	E	F	G	H	I	J
1	*m*	*n*	*i*	*b*	*h*	*A*	*χ*	*R*	*C*	*Q*
2	3	0.025	0.00017		7					

图 4.17

(2) 假设水深 b，根据公式计算过水断面上的水力参数 A、$χ$、R、C、Q。公式见表 4.2，结果如图 4.18 所示。

	A	B	C	D	E	F	G	H	I	J
1	*m*	*n*	*i*	*b*	*h*	*A*	*χ*	*R*	*C*	*Q*
2	3	0.025	0.00017	1	7	154.00	45.27	3.40	49.05	181.66

图 4.18

(3) 利用 Excel“单变量求解”功能求解渠道底宽 b。

如图 4.19 所示，在“数据”菜单上单击“模拟分析”，下拉菜单中选择“单变量求解”，出现如图 4.20 (a) 所示的对话框。如图 4.20 (b) 所示，选中“目标单元格”，点击流量所对应的“J2”单元格，在“目标值”中输入目标值“1000”，点击“可变单元格”，点击可变变量“E2”单元格。点击“确定”，出现如图 4.20（c）所示的结果，同时“D2”“J2”相应发生了变化，此时“D2”的值即为我们所求的值，即渠道底宽为 66.6m，如图 4.21 所示。

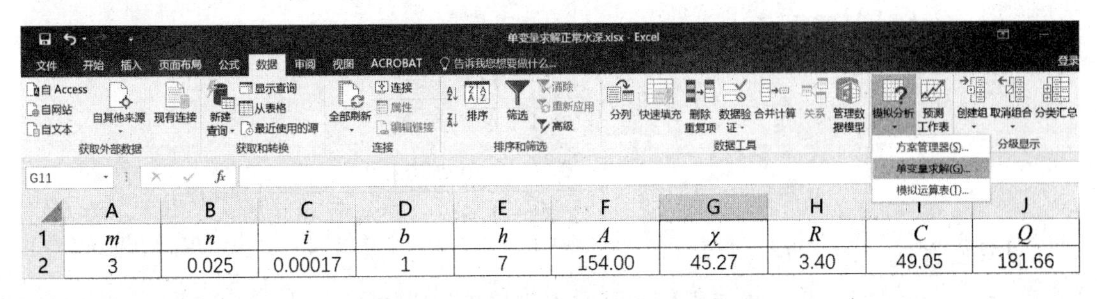

图 4.19

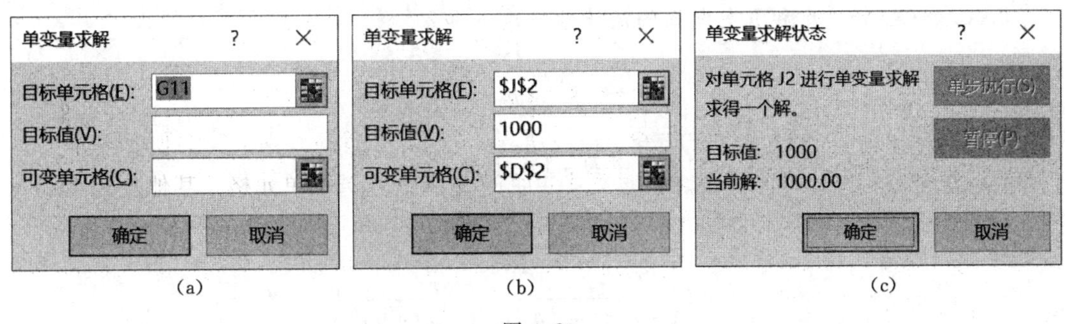

(a) (b) (c)

图 4.20

	A	B	C	D	E	F	G	H	I	J
1	m	n	i	b	h	A	χ	R	C	Q
2	3	0.025	0.00017	66.58695	7	613.11	110.86	5.53	53.19	1000.00

图 4.21

3. 已知 Q、m、n 和宽深比 β，求 b、h

根据工程经验，可查相关资料，选中合适宽深比 β。将 $b=\beta h$ 代入式（4.15），即可推导出

$$\left.\begin{aligned} h_0 &= \left[\frac{nQ(\beta+2\sqrt{1+m^2})^{\frac{2}{3}}}{(\beta+m)^{\frac{5}{3}}\sqrt{i}}\right]^{\frac{3}{8}} \\ b &= \beta h_0 \end{aligned}\right\} \tag{4.16}$$

4. 已知 Q、m、n，按水力最佳断面求 b、h

由水力最佳断面 $\beta_m=2(\sqrt{1+m^2}-m)$ 代入式（4.16），整理得

$$\left.\begin{aligned} h_0 &= 1.189\left(\frac{nQ}{(2\sqrt{1+m^2}-m)\sqrt{i}}\right)^{\frac{3}{8}} \\ b &= \beta_m h_0 \end{aligned}\right\} \tag{4.17}$$

【例 4.6】 已知某渠道 $Q=3.2\text{m}^3/\text{s}$，$m=1.5$，$i=0.005$，$n=0.025$，$v_{不冲}=0.8\text{m}/$

s，$v_{不淤}=0.4\text{m/s}$，试按水力最佳断面计算过水断面的大小。

解：根据 $m=1.5$，按照式（4.7）

$$\beta_m=2(\sqrt{1+m^2}-m)=2\times(\sqrt{1+1.5^2}-1.5)=0.61$$

按式（4.17）计算水深：

$$h_0=1.189\times\left(\frac{nQ}{(2\sqrt{1+m^2}-m)\sqrt{i}}\right)^{\frac{3}{8}}$$

$$=1.189\times\left(\frac{0.025\times3.2}{(2\sqrt{1+1.5^2}-1.5)\sqrt{0.005}}\right)^{\frac{3}{8}}=1.45(\text{m})$$

计算底宽：

$$b=\beta_m h_0=0.61\times1.45=0.88(\text{m})$$

所以水力最佳断面的尺寸正常水深为 1.45m，底宽为 0.88m。

5. 已知 Q、m、n 和限定断面的流速后，求 b 和 h

$$A=\frac{Q}{v}$$

$$R=\left(\frac{nv}{\sqrt{i}}\right)^{\frac{3}{2}}$$

$$\chi=\frac{A}{R}$$

$$\left.\begin{aligned}h_0&=\frac{-\chi\pm\sqrt{\chi^2+4A(m-2\sqrt{1+m^2})}}{2(m-2\sqrt{1+m^2})}\\b&=\chi-2h\sqrt{1+m^2}\end{aligned}\right\}\tag{4.18}$$

【例 4.7】 一梯形断面渠道，已知边坡系数 $m=1$，糙率 $n=0.020$，底坡 $i=0.0007$，通过流量 $Q=19.6\text{m}^3/\text{s}$，要求渠道流速达到 1.45m/s，试设计渠道断面尺寸。

解：限定流速设计渠道断面，可直接按式（4.18）计算。要求渠道流速达到 1.45m/s，则相应的过水断面面积可由连续方程求得。

$$A=\frac{Q}{v}=\frac{19.6}{1.45}=13.517(\text{m}^2)$$

由 $v=\frac{Q}{A}=\frac{1}{n}R^{\frac{2}{3}}\sqrt{i}$ 可知

$$R=\left(\frac{nv}{\sqrt{i}}\right)^{\frac{3}{2}}=\left(\frac{0.02\times1.45}{\sqrt{0.0007}}\right)^{\frac{3}{2}}=1.148(\text{m})$$

则

$$\chi=\frac{A}{R}=\frac{13.517}{1.148}=11.779(\text{m})$$

据此可按式（4.18）直接求得正常水深：

$$h_0=\frac{-11.779\pm\sqrt{11.779^2+4\times13.517\times(1-2\sqrt{1+1^2})}}{2\times(1-2\sqrt{1+1^2})}=\begin{cases}1.494(\text{m})\\4.95(\text{m})\end{cases}$$

相应的底宽：

$$b=\chi-2h\sqrt{1+m^2}=11.779-2\times\sqrt{1+1^2}\times\begin{cases}1.494\\4.95\end{cases}=\begin{cases}7.554(\text{m})\\-2.219(\text{m})(\text{舍})\end{cases}$$

最后确定的过水断面尺寸为 $b=7.554$m，$h_0=1.494$m。

任务 4.4　明渠水流流态及判别

任务目标

1. 了解明渠水流流态的分类；

2. 熟悉波速、弗劳德数、断面比能、临界水深、临界底坡等基本概念；

3. 能判别明渠水流流态。

4.8
明渠水流流态判别

4.4.1　急流与缓流

实际工程中，为了控制水流，满足输水的要求，常需要在渠道上修建各种水工建筑物，使渠道的水流改变原来的均匀流状态，发生明渠非均匀流。明渠非均匀流的运动要素（断面水深、平均流速、压强等）沿程均有变化，其特点是底坡线、水面线、总水头线彼此互不平行，如图 4.22 所示。

明渠非均匀流的水力计算远比明渠均匀流复杂。下面，首先分析明渠水流独有的两种水流流态——缓流和急流。当水流比较平缓，水流流过障碍物时，在障碍物上游的水面有所壅高，且水面的壅高现象可以逆水流方向传至上游较远处，此种水流称为缓流，如图 4.23（a）所示；而当水流比较湍急时，同样水流受到障碍物，水流流过障碍物时一跃而过，对上游水位不产生影响，这样的水流称为急流，如图 4.23（b）所示。

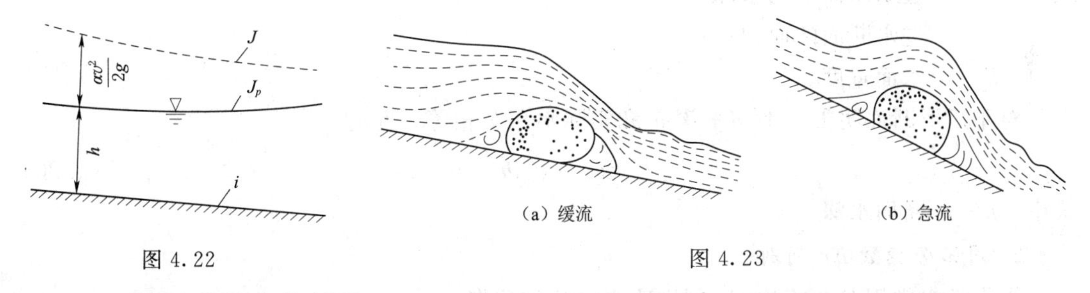

（a）缓流　　（b）急流

图 4.22　　图 4.23

4.4.2　明渠水流流态的判别

不同流态的水流，它们的水面变化现象以及本身所具有的能量特性，均有很大的不同。因此，区分水流的流态是研究明渠水流的一个重要问题。下面介绍几种流态判别方法。

1. *用干扰波波速判别*

如图 4.24 所示，在静水中沿铅垂向下丢一小石子，水面将会产生一个干扰波，而且这个波动是以石子的落水点为中心，以一定的速度 v_w 向四周传播。平面上干扰波的波形是半径大小不等的同心圆，如图 4.24（a）所示。如果在流动的水中投一颗石子，设水流的断面平均流速为 v，那么水面波的传播速度应该是水流的速度和波速的矢量之和，此时有三种情况，水面波的传播图形如图 4.24（b）、（c）、（d）所示。

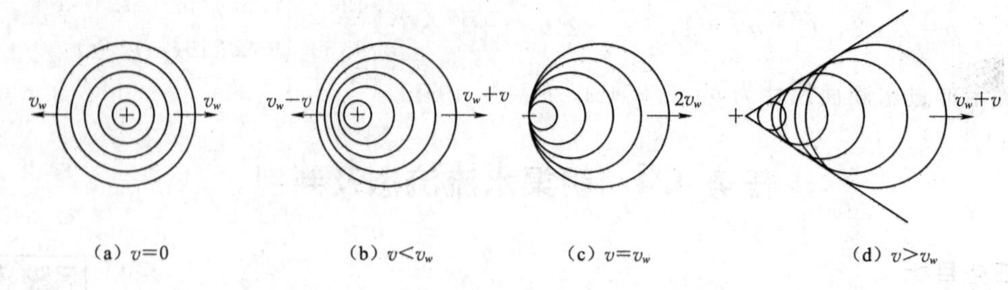

(a) $v=0$　　(b) $v<v_w$　　(c) $v=v_w$　　(d) $v>v_w$

图 4.24

当 $v<v_w$ 时，干扰波以绝对速度 $v'_{上}=v_w-v$ 向上游传播，同时也以绝对速度 $v'_{下}=v_w+v$ 向下游传播，这种流态是缓流。

当 $v=v_w$ 时，干扰波向上游传播的绝对速度 $v'_{上}=v_w-v=0$，而向下游传播的绝对速度 $v'_{下}=v_w+v=2v_w$，这种流动状态称为临界流。

当 $v>v_w$ 时，干扰波不能向上游传播，而是以绝对速度 $v'_{上}=v_w-v$ 向下游传播，并与向下游传播的干扰波绝对速度 $v'_{下}=v_w+v$ 相叠加，这种流态是急流。

由此可知，只要比较水流的断面平均流速 v 和干扰波波速 v_w 的大小，即可判别明渠水流的流态。即 $v<v_w$，水流为缓流；$v=v_w$，水流为临界流；$v>v_w$，水流为急流。

v_w 可按式（4.19）计算：

$$v_w=\sqrt{g\overline{h}} \tag{4.19}$$

其中

$$\overline{h}=\frac{A}{B}$$

式中　$\overline{h}$——过水断面平均水深；

A——过水断面的面积；

B——水面宽度。

对于矩形断面明渠，平均水深 $\overline{h}$ 和实际水深 h 相等，此时

$$v_w=\sqrt{gh} \tag{4.20}$$

式中　h——断面水深。

2. 用弗劳德数 Fr 判别

水力学中常用弗劳德数 Fr 判别明渠水流的流态。

$$Fr=\frac{v}{v_w}=\frac{v}{\sqrt{g\overline{h}}} \tag{4.21}$$

对于矩形断面渠道，$\overline{h}=h$，则

$$Fr=\frac{v}{\sqrt{g\overline{h}}}=\frac{Q}{A\sqrt{g\overline{h}}}=\frac{qb}{bh\sqrt{g\overline{h}}}=\frac{q}{\sqrt{gh^3}} \tag{4.22}$$

用弗劳德数 Fr 判别：$Fr<1$，水流为缓流；$Fr=1$，水流为临界流；$Fr>1$，水流为急流。

3. 用断面比能法判别

对于渐变流，过水断面中的能量分布，近似服从于水静力学的规律。取一非均匀渐变

流流段中的横断面，如图 4.25 所示。

它对任意一个基准面 0—0 的单位重量的液体所具有的总能量为

$$E=z+\frac{p}{\gamma}+\frac{\alpha v^2}{2g}=z_0+\left(h\cos\theta+\frac{\alpha v^2}{2g}\right)$$

式中 z_0——基准面至断面最低点的距离；

h——断面最大水深。

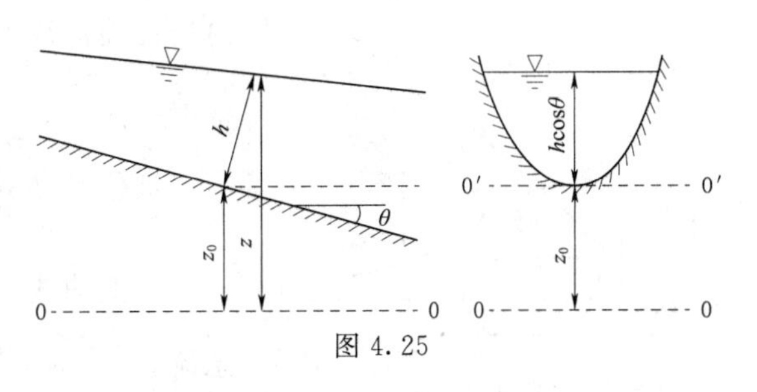

图 4.25

若以过渠道最低点的水平面 0′—0′为基准面，断面比能 E_s 是指某一水流断面对于通过该断面最低点的水平面 0′—0′而言的能量，即

$$E_s=h\cos\theta+\frac{\alpha v^2}{2g} \tag{4.23}$$

对于坡度较小（$\theta<6°$）的渠槽，$\cos\theta\approx1$，则断面比能可写为 $E_s=h+\frac{\alpha v^2}{2g}$，也可写为

$$E_s=h+\frac{\alpha Q^2}{2gA^2} \tag{4.24}$$

在断面形状尺寸及流量一定的前提下，断面比能 E_s 只是水深 h 的函数。根据式（4.24）可绘出断面比能 E_s 随水深 h 变化的函数曲线。比能曲线是一条二次抛物线，曲线下端以 E_s 轴为渐近线，上端以 45°直线为渐近线，曲线两端向右方无限延伸，中间必然存在极小点。比能 E_s 最小值对应的水深称为临界水深，以符号 h_k 表示，相应的水流为临界流。

证明过程如下：

比能 E_s 最小，即曲线上的 K 点是极值点（或称驻点），则有 $\frac{dE_s}{dh}=0$ 成立。

$$\frac{dE_s}{dh}=\frac{d}{dh}\left(h+\frac{\alpha Q^2}{2gA^2}\right)=1-\frac{\alpha Q^2}{2gA^3}\frac{dA}{dh}=0$$

式中 dA——水深变化引起的面积变化，以 B 表示相应于水深为 h 时的水面宽度，则 $\frac{dA}{dh}=B$。

一般情况下，可取动能修正系数 $\alpha=1$，则上式将简化为

$$\frac{dE_s}{dh}=1-\frac{\alpha Q^2}{2gA^3}B=1-Fr^2=0$$

$$Fr=1$$

这就证明了断面比能最小时的水流为临界流。

比能曲线的极值点 K 将比能曲线分成了上、下两支，如图 4.26 所示。借助比能曲线或 $\frac{dE_s}{dh}$ 的正负可以判别明渠水流的流态。

$$\frac{dE_s}{dh}=1-Fr^2 \tag{4.25}$$

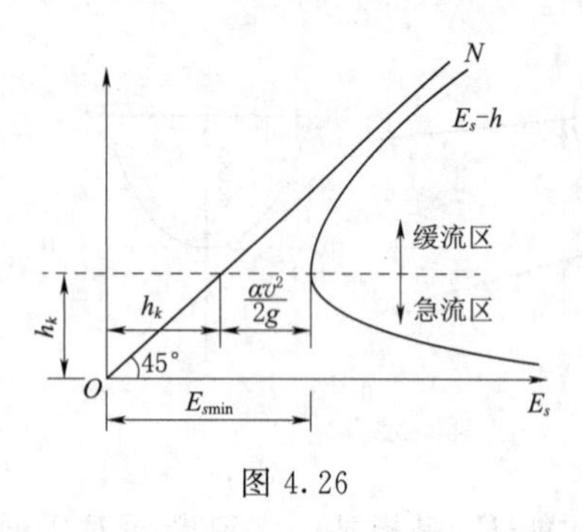

图 4.26

比能曲线上支为增函数，$\frac{dE_s}{dh}>0$，$Fr<1$，水流为缓流。

极值点处$\frac{dE_s}{dh}=0$，$Fr=1$，水流为临界流。

比能曲线下支为减函数，$\frac{dE_s}{dh}<0$，$Fr>1$，水流为急流。

4. 用临界水深法判别

比能曲线上支与下支的分界点也是流态的分界点，该处水深为临界水深 h_k，故也可以用临界水深来判别明渠水流流态。即 $h>h_k$，水流为缓流；$h<h_k$ 水流为急流；$h=h_k$，水流为临界流。

当水深为临界水深时，断面比能最小，$\frac{dE_s}{dh}=0$，即

$$\frac{dE_s}{dh}=\frac{d}{dh}\left(h+\frac{\alpha Q^2}{2gA^2}\right)=1-\frac{\alpha Q^2}{2gA^3}\cdot\frac{dA}{dh}=1-\frac{\alpha Q^2}{2gA^3}B=0$$

由此可得的临界水深计算公式为

$$\frac{\alpha Q^2}{g}=\frac{A_k^3}{B_k} \tag{4.26}$$

为方便表达临界水深，计算公式中添加下标 k。从式（4.26）可以看出，临界水深只与流量、断面形状尺寸有关，与渠道的实际底坡和糙率无关，这一点与正常水深不同。

（1）矩形断面临界水深 h_k 的计算。对矩形断面而言，$B_k=b$，$A_k=bh_k$，将其代入式（4.26），化简整理可得到矩形断面临界水深的直接计算公式：

$$h_k=\sqrt[3]{\frac{\alpha Q^2}{gb^2}}=\sqrt[3]{\frac{\alpha q^2}{g}} \tag{4.27}$$

式中 q——单宽流量，$q=\frac{Q}{b}$；

α——动能修正系数，渐变流时，通常取 $\alpha\approx1$。

（2）等腰梯形断面临界水深 h_k 的计算。等腰梯形断面的临界水深可用下列经验公式计算：

$$h_k=\left(1-\frac{\sigma_n}{3}+0.105\sigma_n^2\right)h_k' \tag{4.28}$$

其中

$$\sigma_n=\frac{m}{b}h_k'$$

式中 h_k'——与梯形断面底宽相等的矩形断面的临界水深，可按式（4.27）计算。

对于等腰梯形断面，其临界水深的计算还可用试算-图解法、查图法、迭代法等。

（3）任意断面临界水深 h_k 的计算。任意断面临界水深的计算可以采用试算-图解法。即流量 Q 一定时，$\frac{\alpha Q^2}{g}$为一常数。于是可假定 3～5 个不同的水深，求得相应的$\frac{A^3}{B}$。当求

得的$\frac{A^3}{B}$把$\frac{\alpha Q^2}{g}$包含在中间时，绘制$h-\frac{A^3}{B}$曲线，由已知的$\frac{\alpha Q^2}{g}$值可从曲线上查得相应的水深值，该水深即为所求的临界水深。

5. 用临界底坡判别

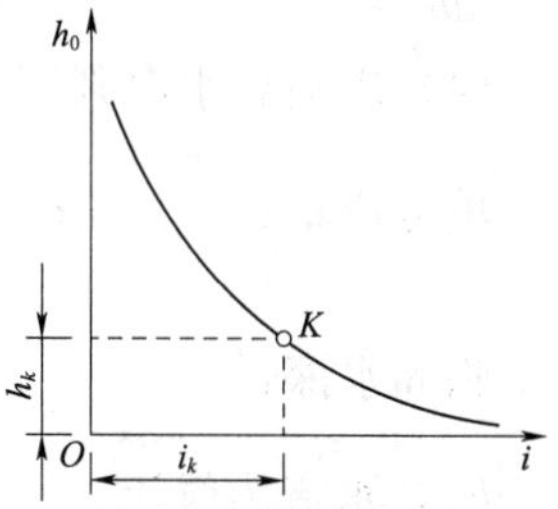

明渠水流在断面形式和流量一定的情况下，临界水深可以通过计算得出，它与明渠底坡无关，而明渠水流的正常水深（均匀流对应的水深）却随底坡 i 不同而变化，如图 4.27 所示。当均匀流的正常水深 h_0 恰好与临界水深 h_k 相等时，此坡度称为临界底坡 i_k。

图 4.27

临界底坡上的均匀流应满足方程：

$$\frac{\alpha Q^2}{g}=\frac{A_k^3}{B_k}$$

同时满足明渠均匀流的基本方程：

$$Q=A_k C_k \sqrt{R_k i_k}$$

联立上述两方程，可得临界底坡的计算公式：

$$i_k=\frac{g x_k}{\alpha C_k^2 B_k} \tag{4.29}$$

式中 C_k、R_k、x_k、B_k——临界水深 h_k 对应的谢才系数、水力半径、湿周和水面宽度。

引入临界底坡后，可将正坡明渠再分为缓坡、陡坡、临界坡。即 $i<i_k$ 为缓坡；$i>i_k$ 为陡坡；$i=i_k$ 为临界坡。

根据图 4.27 可以看到，对于明渠均匀流而言：

当 $i<i_k$，$h_0>h_k$ 时，为缓坡，明渠中的均匀流为缓流；

当 $i=i_k$，$h_0=h_k$ 时，为临界坡，明渠中的均匀流为临界流；

当 $i>i_k$，$h_0<h_k$ 时，为陡坡，明渠中的均匀流为急流。

【例 4.8】 有一长且直的矩形断面渠道，底宽 $b=1.5$m，糙率 $n=0.014$，底坡 $i=0.0002$，在一定流量下渠内均匀流正常水深 $h_0=0.5$m，试判别渠中水流的流态。

解：(1) 用干扰波波速判别。

过水断面水力半径：$R=\frac{A}{x}=\frac{bh_0}{b+2h_0}=\frac{1.5\times0.5}{1.5+2\times0.5}=0.3(\text{m})$

谢才系数：$C=\frac{1}{n}R^{\frac{1}{6}}=\frac{1}{0.014}\times0.3^{\frac{1}{6}}=58.44(\text{m}^{\frac{1}{2}}/\text{s})$

断面平均流速：$v=\frac{Q}{A}=\frac{AC\sqrt{Ri}}{A}=C\sqrt{Ri}=58.44\times\sqrt{0.3\times0.0002}=0.45(\text{m/s})$

干扰波速：$v_w=\sqrt{g\bar{h}}=\sqrt{9.8\times0.5}=2.21(\text{m/s})$

$v<v_w$，所以水流为缓流。

(2) 用弗劳德数判别。

$$Fr=\frac{v}{v_w}=\frac{0.45}{2.21}=0.203$$

$Fr<1$，水流为缓流。

（3）用断面比能法判别。

$\frac{dE_s}{dh}=1-Fr^2=1-0.203^2=0.958>0$，为断面比能曲线上支，水流为缓流。

（4）用临界水深判别。

单宽流量：$$q=\frac{Q}{b}=\frac{vA}{b}=\frac{vbh}{b}=vh=0.45\times0.5=0.23[\text{m}^3/(\text{s}\cdot\text{m})]$$

临界水深：$$h_k=\sqrt[3]{\frac{\alpha q^2}{g}}=\sqrt[3]{\frac{1\times0.23^2}{9.8}}=0.18(\text{m})$$

$h_0>h_k$，水流为缓流。

（5）用临界底坡判别。

由临界水深 $h_k=0.18\text{m}$，计算相应的参数：

$$B_k=b=1.5(\text{m})$$

$$x_k=b+2h_k=1.5+2\times0.18=1.86(\text{m})$$

$$R_k=\frac{A_k}{x_k}=\frac{bh_k}{x_k}=\frac{1.5\times0.18}{1.86}=0.15(\text{m})$$

$$C_k=\frac{1}{n}R_k^{\frac{1}{6}}=\frac{1}{0.014}\times0.15^{\frac{1}{6}}=52.07(\text{m}^{\frac{1}{2}}/\text{s})$$

$$i_k=\frac{gx_k}{C_k^2B_k}=\frac{9.8\times1.86}{52.07^2\times1.5}=0.0045$$

实际底坡 $i=0.0002$，$i<i_k$，渠坡为缓坡，其上均匀流为缓流。

任务4.5　水跃和水跌

任务目标

1. 理解水跃与水跌的概念、发生条件；
2. 能进行水跃的水力计算。

水跃与水跌是明渠水流中由一种流态变成另一种流态时，发生的局部水力现象，属于急变流动。

4.5.1　水跃

1. 水跃现象

明渠水流由急流过渡到缓流时产生水跃，水面骤然跃起。在水闸及坝等泄水建筑物的下游常有水跃产生，如图4.28所示。发生水跃现象的区域称为水跃区，该区内的几何要素有：

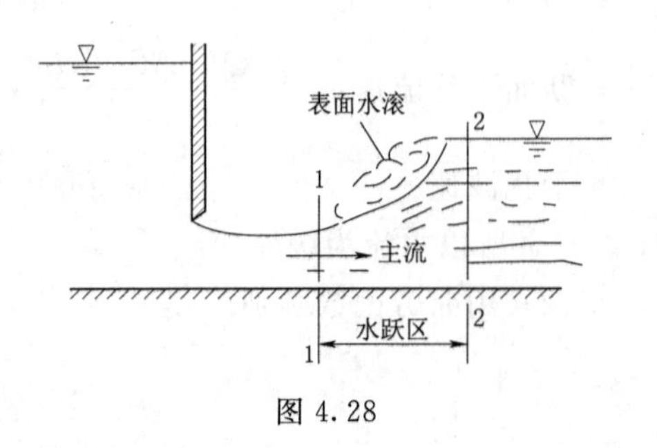

图4.28

跃前断面——表面水滚起始断面，断面1—1；

跃后断面——表面水滚结束断面，断面2—2；

跃前水深 h_1——跃前断面1—1的水深，如图4.29所示；

跃后水深 h_2——跃后断面2—2的水深，如图4.29所示；

水跃高度 a——跃后与跃前水深之差称水跃高度，$a=h_2-h_1$；

水跃长度 L_j——跃前断面与跃后断面之间的距离。

工程实际中，利用水跃来消除泄水建筑物下泄水流挟带的余能。

2. 水跃方程

对图4.29所示的棱柱体平底明渠中的水跃，取断面1—1和2—2之间的水体为脱离体，并作以下三点假设：

(1) 水跃区较短，忽略明渠壁面对水流的摩阻力。

(2) 跃前及跃后断面满足渐变流条件。

(3) 跃前与跃后断面的动量修正系数 $\beta_1=\beta_2=1.0$。

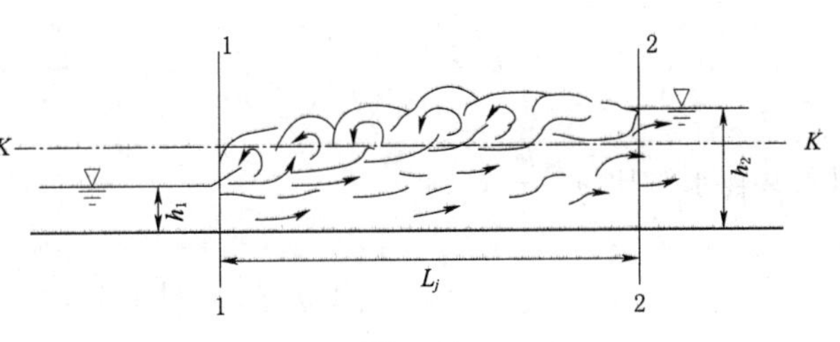

图4.29

根据动量方程，推导可得棱柱体平底明渠的水跃方程为

$$\frac{Q^2}{gA_1}+A_1h_{c1}=\frac{Q^2}{gA_2}+A_2h_{c2} \tag{4.30}$$

当流量和渠道断面形状、尺寸一定，则上式的左右两边，分别为跃前水深 h_1 和跃后水深 h_2 的函数，该函数称为水跃函数，以 $J(h)$ 表示，即

$$J(h)=\frac{Q^2}{gA}+Ah_c \tag{4.31}$$

h_c 为形心点水深。于是，水跃方程式（4.30）也可以表达为

$$J(h_1)=J(h_2) \tag{4.32}$$

式（4.32）说明：在平底棱柱体明渠中，对于某一流量 Q，具有相同水跃函数 $J(h)$ 的两个水深，称为共轭水深。如图4.30所示，可以看出，跃前水深 h_1 越小，对应的跃后水深 h_2 越大；反之，跃前水深 h_1 越大，则跃后水深 h_2 越小。当 $J(h)$ 为最小值时，相应的水深为临界水深 h_k。曲线上部 $h_2>h_k$，水流为缓流；曲线的下部 $h_1<h_k$，水流为急流。

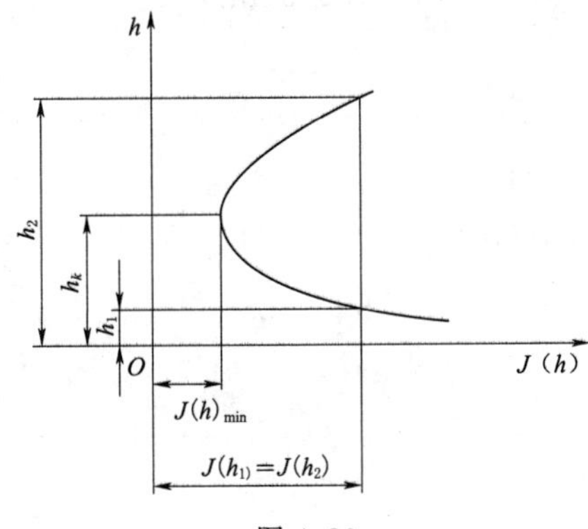

图4.30

3. 水跃的水力计算

水跃水力计算的主要内容是计算共轭水深 h_1、h_2、水跃长度 L_j 和水跃的消能效率，为水工建筑物的消能设计提供依据。

(1) 共轭水深的计算。

1) 矩形断面棱柱体平底明渠共轭水深的

计算。

已知宽度为 b 的矩形断面明渠，单宽流量 $q=\frac{Q}{b}$，跃前、跃后断面的弗劳德数分别为 Fr_1 和 Fr_2，即 $Fr_1=\frac{q}{\sqrt{gh_1^3}}$ 和 $Fr_2=\frac{q}{\sqrt{gh_2^3}}$，过水断面面积 $A=bh$，$h_c=\frac{h}{2}$ 代入式（4.30），整理得

$$h_1=\frac{h_2}{2}\left(\sqrt{1+8\frac{q^2}{gh_2^3}}-1\right)=\frac{h_2}{2}(\sqrt{1+8Fr_2^2}-1) \tag{4.33}$$

$$h_2=\frac{h_1}{2}\left(\sqrt{1+8\frac{q^2}{gh_1^3}}-1\right)=\frac{h_1}{2}(\sqrt{1+8Fr_1^2}-1) \tag{4.34}$$

引入共轭水深比 $\eta=\frac{h_2}{h_1}$，则

$$\eta=\frac{1}{2}(\sqrt{1+8Fr_1^2}-1)$$

2）梯形断面共轭水深计算。梯形断面棱柱体平底明渠可采用试算法。试算法求解共轭水深是先假设一个共轭水深，代入水跃方程，如假设的水深能满足水跃方程，则该水深即为所求的共轭水深。否则，重新假设一个水深重新计算，直到满足水跃方程为止。也可以采用查图法计算。实际工程中有专门的计算图求解。

【例 4.9】 有一发生在矩形断面棱柱体平底明渠中的水跃，已知渠宽为 $b=5\text{m}$，流量 $Q=40\text{m}^3/\text{s}$，跃后水深 $h_2=4\text{m}$。试求：①计算跃前水深 h_1；②计算临界水深 h_k；③绘制水跃函数曲线，并根据其在水跃函数曲线上的位置验证水跃函数曲线的特性。

解：①计算跃前水深 h_1。

单宽流量：
$$q=\frac{Q}{b}=\frac{40}{5}=8[\text{m}^3/(\text{s}\cdot\text{m})]$$

跃后断面的弗劳德数：
$$Fr_2=\frac{q}{\sqrt{gh_2^3}}=\frac{8}{\sqrt{9.8\times4^3}}=0.319$$

由式（4.33）得跃前水深：

$$h_1=\frac{h_2}{2}(\sqrt{1+8Fr_2^2}-1)=\frac{4}{2}(\sqrt{1+8\times0.319^2}-1)=0.695(\text{m})$$

②计算临界水深 h_k。

由式（4.27）得

$$h_k=\sqrt[3]{\frac{\alpha q^2}{g}}=\sqrt[3]{\frac{1\times8^2}{9.8}}=1.87(\text{m})$$

③绘制水跃函数曲线。

水跃函数公式为

$$J(h)=\frac{Q^2}{gA}+Ah_c$$

将计算结果列于表 4.3 中。

表 4.3　　　　　　　　　　　　**水跃函数计算表**

h/m	$A=bh$/m^2	$h_c=\frac{h}{2}$/m	Ah_c/m^3	$\frac{Q^2}{gA}$/m^3	$J(h)$/m^3
0.50	2.50	0.25	0.625	65.306	65.9
0.695	3.48	0.348	1.211	46.982	48.2
1.00	5.00	0.50	2.50	32.653	35.2
1.50	7.50	0.75	5.625	21.769	27.4
1.87	9.35	0.935	8.742	17.462	26.2
2.50	12.50	1.25	15.625	13.06	28.7
3.00	15.00	1.50	22.50	10.88	33.4
3.50	17.50	1.75	30.625	9.33	40.0
4.00	20.00	2.00	40.00	8.16	48.2
4.50	22.50	2.25	50.625	7.26	57.9
5.00	25.00	2.50	62.50	6.531	69.0

根据表 4.3 计算结果绘制水跃函数曲线。

水跃曲线验证如下：

1）h_1 越小则 h_2 越大；反之，h_1 越大则 h_2 越小。

2）水跃函数最小值 $J(h)_{\min}=26.2$，相应水深为临界水深，即 $h=h_k=1.87$m。

3）h_1 位于曲线下部分，且 $h_1<h_k$，水流为急流；h_2 位于曲线上部分，且 $h_2>h_k$，水流为缓流。

4）跃前与跃后水深对应的水跃函数相等，即 $J(0.695)=J(4)=48.2(\text{m}^3)$。

（2）棱柱体平底明渠水跃跃长的计算。

由于水跃段中，水流紊动强烈，底部流速很大。要求明渠底要很坚固，避免冲刷。因此，对水跃及其以下一段距离内需防护加固，故需计算水跃长度。但水跃运动非常复杂，现仅能按经验公式来确定水跃长度。

1）棱柱体矩形断面平底明渠的跃长公式。

以跃高表示的欧勒佛托斯基公式：

$$L_j=6.9(h_2-h_1) \tag{4.35}$$

以弗劳德数及跃前水深和 h_1 表示的吴持恭公式：

$$L_j=10.8h_1(Fr_1-1)^{0.93} \tag{4.36}$$

2）棱柱体梯形断面平底明渠的跃长公式：

$$L_j=5h_2\left(1+4\sqrt{\frac{B_2-B_1}{B_1}}\right) \tag{4.37}$$

式中　B_1、B_2——跃前、跃后断面的水面宽度，其中 $B_1=b+2mh_1$，$B_2=b+2mh_2$。

（3）水跃的消能效率。水跃是水流流态的突变，运动要素的变化非常剧烈，其流速分布如图 4.31 所示。跃前断面 1—1 流速最大，分布比较均匀；水跃段（断面 1—1 和 2—2 之间）的流速分布呈 S 形，近底流速大，但值要比跃前断面小一些；跃后断面（断面 2—2

和 3—3 之间）的流速会进一步降低，但近底流速仍然大于表面部分的流速。在跃后段内，流速分布将不断调整，近底流速逐渐减小，上部流速逐渐增大，直到跃后段结束时，断面流速分布才呈现出紊流的流速分布。跃后段长度一般为水跃长度的 2～3 倍，即 $L_{jj}=(2\sim3)L_j$。在水跃段流速分布不断调整的过程中，必然伴随着能量与动量的变化，并产生很大的能量损失。水跃段及其跃后段的能量损失仍然按能量方程计算，只是跃后断面的动能修正系数不能按 1.0 计算。水跃的能量损失为水跃段水头损失 E_j 与跃后段水头损失 E_{jj} 之和。

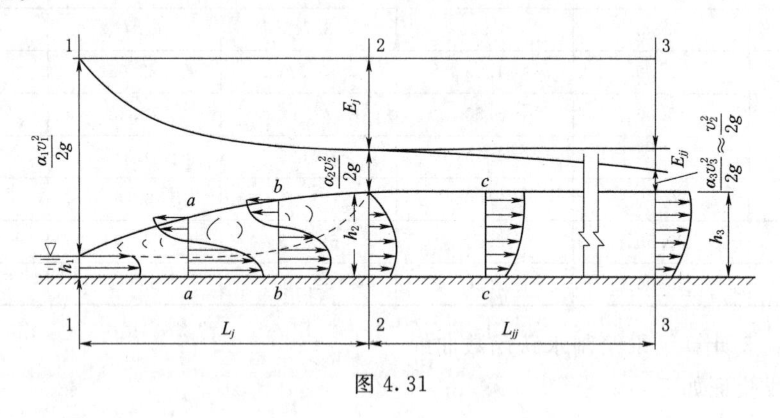

图 4.31

下面介绍平底棱柱体明渠水跃能量损失的计算。

1）水跃段水头损失计算公式。

$$E_j=\left(h_1+\frac{\alpha_1 v_1^2}{2g}\right)-\left(h_2+\frac{\alpha_2 v_2^2}{2g}\right) \tag{4.38}$$

其中，断面 1—1 水流为渐变流，可取 $\alpha=1.0$。断面 2—2 的动能修正系数远大于 1.0，对矩形断面，可用下列经验公式计算：

$$\alpha_2=0.85Fr_1^{\frac{2}{3}}+0.25 \tag{4.39}$$

在工程实际中，水跃多产生于矩形断面棱柱体水平明渠当中。由矩形断面的特点，结合连续方程并引入共轭水深比，可得到矩形断面棱柱体水平明渠水跃段的能量损失计算公式：

$$E_j=\frac{h_1}{4\eta}[(\eta-1)^3-(\alpha_2-1)(\eta+1)] \tag{4.40}$$

2）跃后段水头损失的计算。

$$E_{jj}=\left(h_2+\frac{\alpha_2 v_2^2}{2g}\right)-\left(h_3+\frac{\alpha_3 v_3^2}{2g}\right) \tag{4.41}$$

近似地令 $h_2=h_3$、$v_2=v_3$，并取 $\alpha_3=1.0$，可得到矩形断面棱柱体水平明渠水跃跃后段的水头损失计算公式：

$$E_{jj}=\frac{h_1}{4\eta}(\alpha_2-1)(\eta+1) \tag{4.42}$$

3）水跃的总水头损失。

$$\Delta E=E_j+E_{jj} \tag{4.43}$$

对棱柱体矩形断面水平明渠中的水跃，其总水头损失计算公式可统一表示为

$$\Delta E=\frac{h_1}{4\eta}(\eta-1)^3 \tag{4.44}$$

水跃段水头损失占水跃总水头损失的百分比可按下式计算：

$$\frac{E_j}{\Delta E}=1-(\alpha_2-1)\frac{\eta+1}{(\eta-1)^3} \tag{4.45}$$

根据已有研究成果，当 $Fr_1\geqslant4.5$ 时，$\frac{E_j}{\Delta E}\geqslant90\%$，此时水跃段的消能效果好。

4）水跃的消能效率。

水跃的总水头损失 ΔE 与跃前断面总水头 E_1 的比值称为水跃的消能效率，即

$$K_j=\frac{\Delta E}{E_1}\times100\% \tag{4.46}$$

$$E_1=h_1+\frac{\alpha_1 v_1^2}{2g}$$

棱柱体矩形断面水平明渠水跃的消能效率可表示为

$$K_j=\frac{\frac{h_1}{4\eta}(\eta-1)^3}{h_1+\frac{v_1^2}{2g}}=\frac{\sqrt{1+8Fr_1^2}-3)^3}{8(\sqrt{1+8Fr_1^2}-1)(2+Fr_1^2)} \tag{4.47}$$

由式（4.47）可知，消能效率 K_j 是跃前断面弗劳德数 Fr_1 的函数。K_j 值越大，水跃的消能效率越大，消能效果越好。

4.5.2 水跌

水跌是明渠水流从缓流状态过渡到急流状态时，出现的水面连续急剧降落的局部水力现象。水跌现象常发生在渠道由缓坡向陡坡过渡处，如水流由水库流入陡坡渠道的进口等处。

如图 4.32 所示，当上游缓坡渠道的均匀流与下游陡坡渠道的均匀流相接时，在一定范围内将发生水面的降落，水流从缓流过渡到急流时发生水跌。在水跌过程中必经过临界水深 h_k，按渐变流规律可得，发生临界水深的断面应是底坡突变的断面，如图 4.33 中的断面 $M—M$。因为水跌过程是一种局部的急变流水力现象，所以实际上底坡突变断面处的水深是小于临界水深的，但这一水深与临界水深相差不大，实际应用中一般近似认为经过临界水深的断面就是底坡突变的断面。

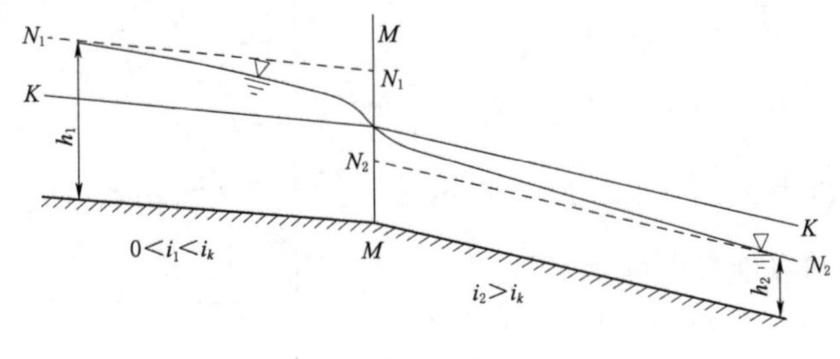

图 4.32

任务 4.6　棱柱体明渠恒定非均匀渐变流水面线定性分析

4.10 明渠非均匀流水面线定性分析

任务目标

1. 了解明渠底坡的类型；
2. 了解明渠恒定非均匀渐变流水面曲线方程；
3. 能进行渠道水面线分区和正常水深线、临界水深线的绘制；
4. 能识别 12 种水面线，熟悉 12 种水面线的规律；
5. 能进行简单的水面线定性分析。

明渠水面曲线在不同的流态、底坡和边界条件下有着不同的形状。分析水面曲线主要是了解水面曲线总趋势是壅水还是降水，水面曲线两端变化如何，以及了解水面曲线发生的场合等问题。

4.6.1　明渠底坡的类型

明渠底坡有三种类型：正坡、平坡及逆坡。引入临界底坡的概念后，又把正坡分为缓坡、陡坡及临界坡三种。因此，明渠底坡可以分为五种类型，见表 4.3。

明渠底坡
- 正坡（顺坡）$(i>0)$
  - 缓坡$(i<i_k)$
  - 临界坡$(i=i_k)$
  - 陡坡$(i>i_k)$
- 平坡$(i=0)$
- 负坡（逆坡）$(i<0)$

表 4.3　明渠底坡的类型

4.6.2　明渠恒定非均匀渐变流水面曲线方程

1. 明渠恒定非均匀渐变流基本方程

如图 4.33 所示，在底坡为 i 的明渠渐变流中，沿水流方向取两个相距 Δl 的断面 1—1 和 2—2，以断面 1—1 和 2—2 的水面点为代表点，对基准面 0—0 列能量方程：

$$z_1+h_1+\frac{p_1}{\gamma}+\frac{\alpha_1 v_1^2}{2g}=z_2+h_2+\frac{p_2}{\gamma}+\frac{\alpha_2 v_2^2}{2g}+h_w$$

渐变流断面，取 $\alpha_1=\alpha_2=1.0$，水面上的点 $p_1=p_2=0$，因此上式变为

$$z_1-z_2-h_w=\left(h_2+\frac{\alpha_2 v_2^2}{2g}\right)-\left(h_1+\frac{\alpha_1 v_1^2}{2g}\right)$$

根据断面比能的定义，对于坡度较小的底坡：

$$E_{su}=h_1+\frac{\alpha_1 v_1^2}{2g},\ E_{sd}=h_2+\frac{\alpha_2 v_2^2}{2g}$$

又　$z_2-z_1=i\Delta l,\ h_w=\overline{J}\Delta l$

令　$\Delta E_s=E_{sd}-E_{su}$

则

$$\frac{\Delta E_s}{\Delta l}=i-\overline{J} \tag{4.48}$$

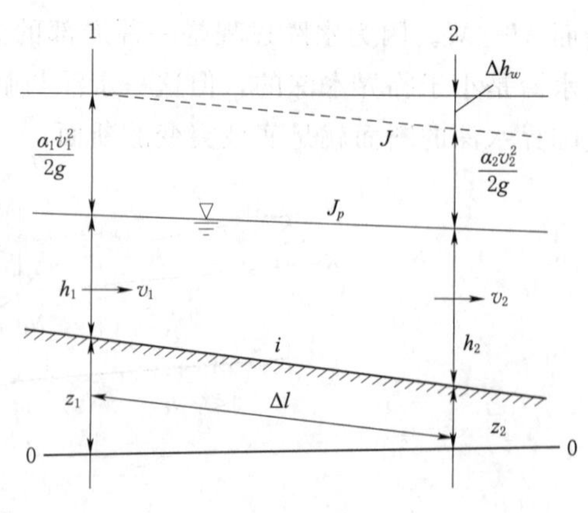

图 4.33

2. 明渠恒定非均匀渐变流微分方程

在棱柱体渠道中，当流量、断面形状和尺寸一定时，断面比能 E_s 是水深 h 的函数，

即 $E_s=f(h)$。而水深又是流程 l 的函数。所以，断面比能是流程的复合函数。根据高等函数复合函数的求导概念，得

$$\frac{dE_s}{dl}=\frac{dE_s}{dh}\frac{dh}{dl}$$

所以

$$\frac{dh}{dl}=\frac{\frac{dE_s}{dl}}{\frac{dE_s}{dh}}$$

将式（4.48）写成微分方程式，得 $$\frac{dE_s}{dl}=i-\overline{J}$$

根据式（4.25）得 $$\frac{dE_s}{dh}=1-Fr^2$$

$$\frac{dh}{dl}=\frac{i-\overline{J}}{1-Fr^2} \tag{4.49}$$

式（4.49）为棱柱体恒定渐变流水面曲线方程。它反映了水深沿程变化率与底坡、水力坡度及佛汝德数之间的关系，是分析水面曲线的理论依据。当 $\frac{dh}{dl}>0$ 时，为壅水曲线，即水深沿流程增加；当 $\frac{dh}{dl}<0$ 时，为降水曲线，即水深沿流程减小；$\frac{dh}{dl}=0$ 时，为明渠均匀流，水面线为平行于渠底的直线。

4.6.3　控制线和流区的划分

为了方便分析，在明渠中作正常水深线 $N—N$ 和临界水深线 $K—K$，如图 4.34 所示。$N—N$ 线的高度为正常水深 h_0 的高度，$K—K$ 线的高度为临界水深 h_k 的高度。在平坡 $i=0$ 和逆坡 $i<0$ 上不会发生均匀流，因此没有正常水深 h_0，但有临界水深 h_k，所以只有 $K—K$ 线。实际水深 h 大于 h_0 和 h_k 的区域记作 a 区；实际水深 h 介于 h_0 和 h_k 两者之间的区域记作 b 区；实际水深 h 小于 h_0 和 h_k 的区域记作 c 区。

4.6.4　水面线类型

为便于分类，分别用下角标“1、2、3、0”和上角标“′”表示缓坡、陡坡、临界坡、平坡和逆坡渠道的各流区。而每一流区仅可能出现一种类型的水面曲线。棱柱形渠道中共有 12 种类型的水面曲线，如图 4.34 所示。将水面曲线在某种底坡上可能出现的水面曲线类型归纳如下：

缓坡（$i<i_k$）：a_1、b_1、c_1 三种类型的水面曲线；

陡坡（$i>i_k$）：a_2、b_2、c_2 三种类型的水面曲线；

临界坡（$i=i_k$）：a_3、c_3 两种类型的水面曲线；

平坡（$i=0$）：b_0、c_0 两种类型的水面曲线；

逆坡（$i<0$）：b'、c' 两种类型的水面曲线。

以缓坡明渠的水面曲线进行分析，找到其水面线的规律。

对于缓坡明渠，因 $h_0>h_k$，故线 $N—N$ 在线 $K—K$ 之上。

1. 缓坡 a 区：$\infty>h>h_0>h_k$，a_1 型水面线

（1）判断是壅水还是降水。

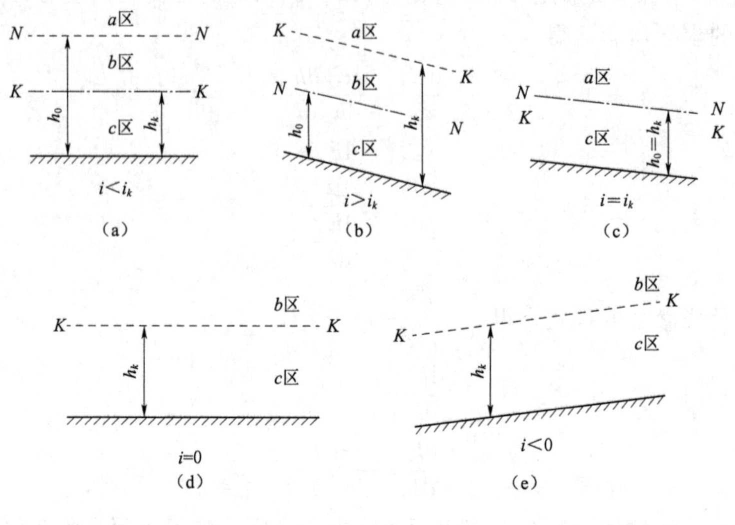

图 4.34

$$h>h_k \Rightarrow Fr<1 \Rightarrow 1-Fr^2>0$$

$$h>h_0 \Rightarrow \overline{J}<i \Rightarrow i-\overline{J}>0$$

由式（4.49）可知，$\frac{dh}{dl}>0$，因此水面线为壅水曲线。

（2）讨论两端极限情况。

上游端：当 $h \to h_0$ 时，$\overline{J} \to i$，$i-\overline{J} \to 0$。$\frac{dh}{dl} \to 0$，水深沿程不变，水流趋于均匀流，即水面线以 N—N 线为渐近线。

下游端：当 $h \to \infty$ 时，$\overline{J} \to 0$，$i-\overline{J} \to i$；$Fr \to 0$，$1-Fr^2 \to 1$。$\frac{dh}{dl} \to i$，水面线趋于水平线。

综上所述，a_1 型水面线是一条壅水曲线，上游端以 N—N 线为渐近线，下游端趋于水平线。

2. 缓坡 b 区：$h_0>h>h_k$，b_1 型水面线

（1）判断是壅水还是降水。

$$h>h_k \Rightarrow Fr<1 \Rightarrow 1-Fr^2>0$$

$$h<h_0 \Rightarrow \overline{J}>i \Rightarrow i-\overline{J}<0$$

由式（4.49）可知，$\frac{dh}{dl}<0$，因此水面线为降水曲线。

（2）讨论两端极限情况。

上游端：当 $h \to h_0$ 时，$\overline{J} \to i$，$i-\overline{J} \to 0$。$\frac{dh}{dl} \to 0$，水深沿程不变，水流趋于均匀流，

即水面线以 $N—N$ 线为渐近线。

下游端：当 $h\to h_k$ 时，$Fr\to 1$，$1-Fr^2\to 0$。$\dfrac{\mathrm{d}h}{\mathrm{d}l}\to -\infty$，水面线与 $K—K$ 线呈正交趋势。

综上所述，b_1 型水面线是一条降水曲线，上游端以 $N—N$ 线为渐近线，下游端与 $K—K$ 线呈正交趋势。

3. 缓坡 c 区：$h_0>h_k>h>0$，c_1 型水面线

(1) 判断是壅水还是降水。

$$h<h_k\Rightarrow Fr>1\Rightarrow 1-Fr^2<0$$

$$h<h_0\Rightarrow \overline{J}>i\Rightarrow i-\overline{J}<0$$

由式 (4.49) 可知，$\dfrac{\mathrm{d}h}{\mathrm{d}l}>0$，因此水面线为壅水曲线。

(2) 讨论两端极限情况。

上游端：当 $h\to 0$ 时，表示上游端水深最小，为某一已知的控制水深（如收缩水深），与边界条件有关。

下游端：当 $h\to h_k$ 时，$Fr\to 1$，$1-Fr^2\to 0$。$\dfrac{\mathrm{d}h}{\mathrm{d}l}\to +\infty$，水面线与 $K—K$ 线呈正交趋势。

综上所述，c_1 型水面线是一条壅水曲线，上游端为某一已知水深，下游端与 $K—K$ 线呈正交趋势。

用相同方法，可以得出其余底坡上的水面曲线形式，其形状与特征列于表 4.4 中。

从这 12 条水面曲线的特点出发，归纳出水面曲线变化的规律：

(1) 所有的 a 型和 c 型水面线都为壅水曲线，b 型水面线为降水曲线。

表 4.4　　　　水面曲线类型

水面曲线类型	实　例

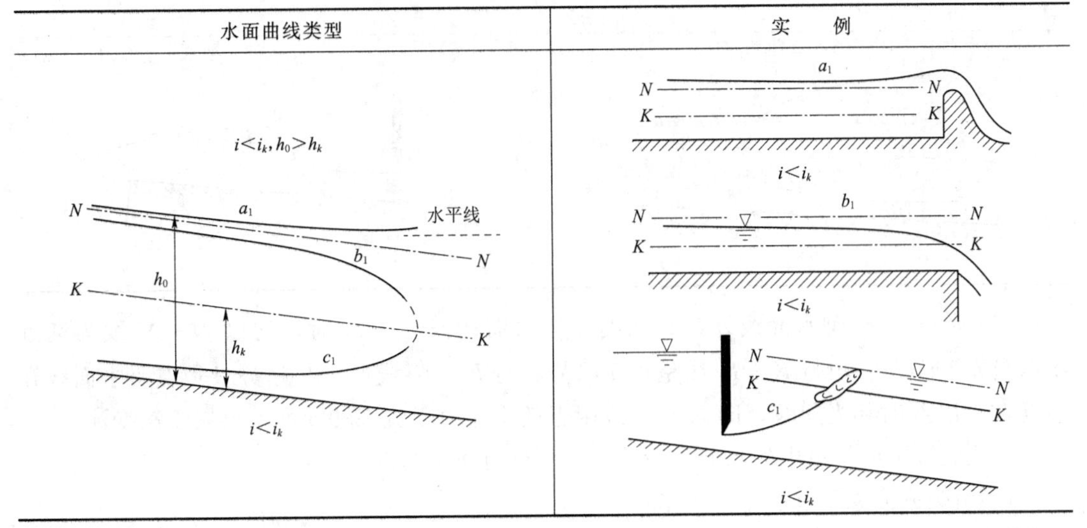

续表

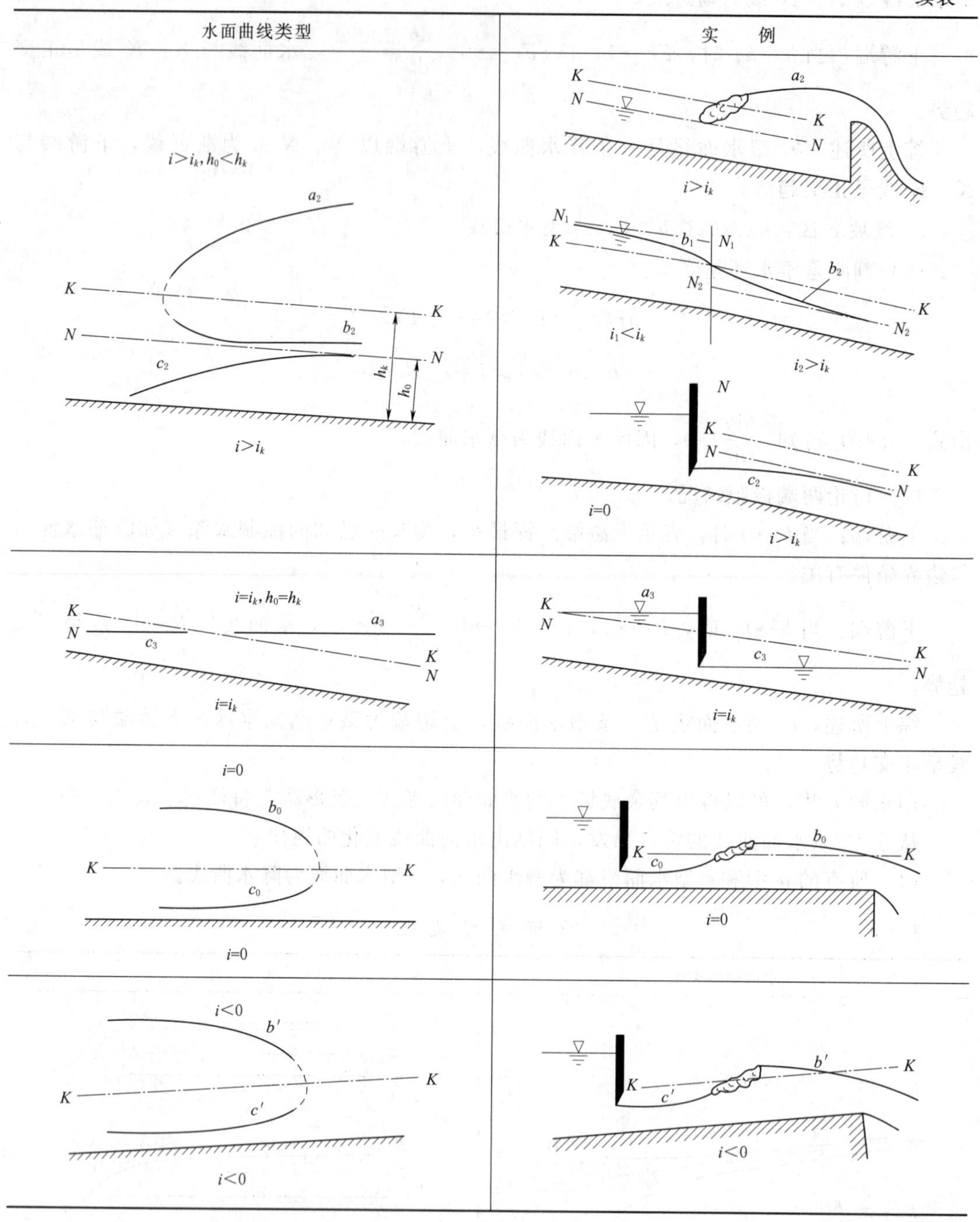

（2）除 a_3、c_3 型水面线外，其他类型的水面线当 $h\to h_0$ 时，均以 $N—N$ 线为渐近线；当 $h\to h_k$ 时，均与 $K—K$ 线呈正交趋势。与 $K—K$ 线呈正交趋势只是说明水面线在接近 $K—K$ 线时相当陡峻，即 $K—K$ 线附近的水流由于流态转变而不再属于渐变流。

两段底坡不同渠道中的水面线衔接时，可能有下列情况产生：

1）由缓流向急流过渡，产生水跌。

2）由急流向缓流过渡，产生水跃（临界坡除外）。

3）由缓流向缓流过渡，只影响上游，下游仍为均匀流。

4）由急流向急流过渡，只影响下游，上游仍为均匀流。

5）临界坡中的流动形态，视其相邻底坡的陡缓而定其急缓流。如上游相邻底坡为缓坡，则视为由缓流过渡到缓流，只影响上游。

6）平坡和反坡均可视为缓坡。

4.6.5　水面线定性分析的步骤

（1）绘出底坡线。

（2）绘出参考线 $K—K$、$N—N$ 线，并标于图上。

（3）确定控制断面和控制水深。控制断面是指位置确定水深已知的断面。如正坡渠道无穷远端为均匀流。底坡变化的转折断面，底坡变化处的水深多为临界水深。

（4）分析渠段内的水面曲线变化趋势，标出每段曲线的名称。

任务 4.7　棱柱体明渠恒定非均匀渐变流水面线定量计算

任务目标

1. 理解分段求和法的基本公式；
2. 掌握分段求和法的基本步骤；
3. 能进行简单的恒定非均匀渐变流水面线计算。

4.11
明渠非均匀流水面曲线定量计算

4.7.1　分段求和法的基本公式

在工程中，除对水面曲线进行定性分析外，往往需要明渠非均匀流断面上水深的沿程变化情况，即进行水面曲线的定量计算。

计算明渠恒定非均匀渐变流水面线的基本方法是分段法，它适用于各种流动情况。根据明渠恒定非均匀渐变流基本方程［式（4.48）］，得

$$\Delta s=\frac{\Delta E_s}{i-\overline{J}}=\frac{E_{sd}-E_{su}}{i-\overline{J}} \tag{4.50}$$

式中　E_s——断面比能，对于坡角较小的底坡，$E_s=h+\frac{\alpha v^2}{2g}$；

下标 d——下游断面；

下标 u——上游断面。

流段内的平均水力坡降 $\overline{J}$ 是流段内非均匀流的沿程水头和流段长度的比值。但目前没有非均匀流沿程水头损失计算的关系式，只能近似采用均匀流关系式计算：

$$\overline{J}=\frac{\overline{v}^2}{\overline{C}^2\overline{R}}$$

$$\overline{v}^2=\frac{1}{2}(v_u^2+v_d^2),\ \overline{C}^2=\frac{1}{2}(C_u^2+C_d^2),\ \overline{R}=\sqrt{\frac{1}{2}(R_u^2+R_d^2)} \tag{4.51}$$

以上是用均匀流理论计算非均匀渐变流的水力坡度 $\overline{J}$。实践证明：只要能将非均匀流

分成若干较小的流段，则在一个非均匀流小段中的水力坡度，近似用均匀流计算是完全可以的，且分段越小，计算的成果越接近于水流的实际，精度也越高。如果采用手算，分段过小会加大计算的工作量，但目前一般都用Excel或编制计算程序进行计算，所以分段的大小不是太大的问题。一般来说分段原则是：在不影响计算精度的情况下，分段可以大些；水面曲线变化慢的，分段可长些，水面曲线变化快的，分段宜短些；在非棱柱体渠道中，每段的断面形状、面积应尽可能相差不大，应在底坡有变动处分段。

可以看出，在流量、断面形状和尺寸、底坡及糙率一定的情况下，公式包含了上下游水深及 Δl 三个因素。计算中只要知道其中两个，便可求出第三个。不管哪种类型的问题，解法的共同点是：首先按精度要求分段，然后从渠道一端水深已知的断面——控制断面，逐段向另一端计算，并将各段的水深连接起来，就得到整个渠道非均匀流的水面曲线。

式（4.50）称为分段求和法的基本公式，此公式也适用于非棱柱体渠道。

4.7.2　分段求和法的计算步骤

1. 棱柱体渠道计算

棱柱体水面计算类型一般有两类：①已知两端水深，求流段距离；②已知一端水深和流段距离，求另一端水深。

针对类型①，具体步骤如下：

（1）判别水面曲线的类型。计算正常水深 h_0、临界水深 h_k，再根据已知控制断面水深，判断其水面曲线类型。

（2）根据水面曲线的变化趋势及非均匀流水面曲线两端的已知水深，在计算段上取 n 个断面，在两端断面水深之间，设一系列水深，应用式（4.50）列表分别计算出各流段的长度 Δs。求得水面曲线全流程的总长度为 $s=\sum_{i=1}^{n}\Delta s$。

（3）绘制水面曲线，根据水面曲线计算表中各断面的水深及相应的渠段长度，按一定的比例绘出水面曲线。

针对类型②，其计算步骤总体和类型①类似，不同之处为当计算的流段总距离 s' 接近实际流段距离 s 时，采用假定的水深 h 较难得到 $s'=s$。此时可采用Excel软件单变量求解距起始计算断面 s 距离处所对应的水深 h。

2. 非棱柱体渠道计算

非棱柱体渠道水面曲线的计算类型一般是已知水面曲线的首端水深（或末端水深）和非均匀流渠段长度，求末端水深（或首端水深），绘制水面曲线。具体步骤如下：

（1）非棱柱体明渠水面曲线计算式，通常将整个流段 s 分为 n 等分，即取 $\Delta s=\dfrac{s}{n}$，n 为分段数目。

（2）从已知断面开始，假定另一断面水深，由式（4.50）求出流段长度 $\Delta s'$，若 $\Delta s'=\Delta s$，则假定的水深值即为所求。

（3）以该断面水深为已知水深，计算出另一断面的水深，依此类推，直至整个流段计算完成。若 $\Delta s'\neq\Delta s$，则需要重新假定水深，重新计算流段长度 $\Delta s'$，直至 $\Delta s'=\Delta s$ 为止。整个计算过程需要逐段试算，计算烦琐程度与分段数目有关系。

【例 4.10】 一长直的棱柱体明渠，断面为梯形，底宽 $b=15\text{m}$，边坡系数 $m=3$，糙率 $n=0.014$，底坡 $i=0.00015$，通过的流量 $Q=100\text{m}^3/\text{s}$，渠道全长为 10000m，明渠末端的水深 $h=5.2\text{m}$。试计算明渠的水面曲线。

解： 本题为棱柱体渠道水面计算类型②。

（1）用 Excel 软件采用单变量求解得到 $h_0=2.94\text{m}$。

（2）计算临界水深 h_k。

$$h_k'=\sqrt[3]{\frac{Q^2}{gb^2}}=\sqrt[3]{\frac{100^2}{9.8\times15^2}}=1.66(\text{m})$$

$$\sigma_n=\frac{m}{b}h_k'=\frac{3}{15}\times1.66=0.332$$

$$h_k=\left(1-\frac{\sigma_n}{3}+0.105\sigma_n^2\right)h_k'=\left(1-\frac{0.332}{3}+0.105\times0.332^2\right)\times1.66=1.52(\text{m})$$

（3）判断水面曲线类型。

$h_0=2.94\text{m}>h_k=1.52\text{m}$，故渠道底坡为缓坡，又由于明渠末端水深 $h=5.2\text{m}$，符合 $h>h_0>h_k$，渠道中发生 a_1 型壅水曲线。

（4）水面曲线的计算。

以已知 $h=5.2\text{m}$ 为控制断面水深，由此逐渐向上游推算，即可求相应流段的长度 Δs。按分段求和法的基本公式，借助 Excel 软件列表计算，见表 4.5。

表 4.5　　水面曲线计算表

断面	h /m	A /m²	χ /m	R /m	C /(m$^{\frac{1}{2}}$/s)	v /(m/s)	$\frac{\alpha v^2}{2g}$ /(m/s)	E_s /(m/s)	$\overline{V^2}$	$\overline{C^2}$	$\overline{R}$	$\overline{J}$	$i-\overline{J}$	Δs /m	s /m
1	5.2	159.1	47.9	3.32	87.25	0.628	0.020	5.220							
2	5	150.0	46.6	3.22	86.79	0.667	0.023	5.023	0.420	7572.7	3.27	0.00002	0.00013	1484	1484
3	4.8	141.1	45.4	3.11	86.30	0.709	0.026	4.826	0.473	7490.1	3.17	0.00002	0.00013	1516	3000
4	4.6	132.5	44.1	3.00	85.80	0.755	0.029	4.629	0.536	7405.2	3.06	0.00002	0.00013	1555	4555
5	4.4	124.1	42.8	2.90	85.28	0.806	0.033	4.433	0.610	7317.8	2.95	0.00003	0.00012	1609	6164
6	4.2	115.9	41.6	2.79	84.74	0.863	0.038	4.238	0.697	7227.5	2.84	0.00003	0.00012	1682	7846
7	4	108.0	40.3	2.68	84.18	0.926	0.044	4.044	0.801	7134.3	2.74	0.00004	0.00011	1782	9628
8	3.8	100.3	39.0	2.57	83.60	0.997	0.051	3.851	0.925	7037.788	2.626	0.00005	0.00010	1932.1	11560
9	3.96	106.4	40.0	2.66	84.07	0.939	0.045	4.005	0.870	7077.2	2.67	0.00005	0.00010	372	10000

从表格可以看出，当 $n=8$，$s'=11560\text{m}>s=10000\text{m}$，利用 Excel 软件进行单变量求解得到 $h=3.96\text{m}$ 时，$s=10000\text{m}$。

【小结】

1. 基本概念

河川渠道中，具有自由表面的水流，称为明渠水流。明渠水流又称为无压流或重力流。描述明渠几何特征的要素有断面形状参数和底坡。

4.12 明渠水流水力计算思维导图 Ⓟ

在流量、底坡、糙率一定的情况下，设计的过水断面面积最小，以节省工程量；或者在过水断面面积、底坡、糙率一定的情况下，设计的过水断面能使渠道通过的流量最大。凡是符合上述条件的过水断面称为水力最佳断面。

实际工程中采用的断面宽深比大于 β_m，比水力最佳断面宽浅得多，但其过水断面面积仍然十分接近水力最佳断面的断面面积，综合费用较少的断面称为实用经济断面。

设计中必须使渠道断面平均流速的大小控制在既不使渠道冲刷，又不使渠道淤积的允许范围内，这样的流速称为允许流速。

2. 明渠均匀流的特征及产生条件

明渠均匀流的特征：

(1) 过水断面的形状和尺寸沿程保持不变。

(2) 过水断面的流速分布沿程保持不变，故断面平均流速和流速水头沿程保持不变，但各流线上的流速未必相同。

(3) 总水头线、水面线和底坡线相互平行，水力坡度 J、水面坡度 J_p 和底坡 i 三者相等，即 $J=J_p=i$。

明渠均匀流产生的条件：

(1) 水流必须是恒定流，沿程没有流量流出和汇入。

(2) 渠道必须为底坡不变的正坡渠道。只有正坡明渠，才有可能使重力沿水流方向的分量与阻力相平衡，在平坡和逆坡明渠中均不可能形成均匀流。

(3) 明渠的粗糙程度沿程不变，这样才能保证水流周界阻力沿程不变。

(4) 渠道必须为长直棱柱体渠道，渠道中不存在任何阻碍水流运动的建筑物。

3. 明渠恒定均匀流的计算

(1) 已建渠道的水力计算。

流量 Q 的计算：$$Q=AC\sqrt{Ri} \text{ 或 } Q=K\sqrt{i} \text{ 或 } Q=\frac{A^{\frac{5}{3}}\sqrt{i}}{n\chi^{\frac{2}{3}}}$$

糙率 n 的计算：$$n=\frac{A^{\frac{5}{3}}\sqrt{i}}{Q\chi^{\frac{2}{3}}} \text{ 或 } n=R^{\frac{1}{6}}/C，C=\frac{Q}{A\sqrt{Ri}}$$

底坡 i 的计算：$$i=\left(\frac{nQ\chi^{\frac{2}{3}}}{A^{\frac{5}{3}}}\right)^2 \text{ 或 } i=\left(\frac{Q}{AC\sqrt{R}}\right)^2$$

(2) 新渠道的水力计算。

新渠道的水力计算主要任务是计算渠道的断面尺寸。

1) 已知 Q、i、m、n、b，求渠道的水深 h。

2) 已知 Q、i、m、n、h，求渠道的底宽 b。

3) 已知 Q、i、m、n 和宽深比 β，求 b、h。

4) 已知 Q、i、m、n 按水力最佳断面求 b、h。

5) 已知 Q、i、m、n 和限定断面的流速后，求 b、h。

对于前两种情况，采用 Excel 软件通过单变量进行求解。后三种情况采用公式求解。

4. 明渠水流流态判别

明渠水流独有的两种水流流态——缓流和急流。

(1) 用干扰波波速法判别。

$$v_w=\sqrt{gh}$$

$$\overline{h}=\frac{A}{B}$$

判别：$v<v_w$，水流为缓流；$v>v_w$，水流为急流；$v=v_w$，水流为临界流。

（2）用弗劳德数判别。

$$Fr=\frac{v}{v_w}=\frac{v}{\sqrt{g\overline{h}}}$$

判别：$Fr<1$，水流为缓流；$Fr>1$，水流为急流；$Fr=1$，水流为临界流。

（3）用断面比能法判别。

$$\frac{\mathrm{d}E_s}{\mathrm{d}h}=1-Fr^2$$

判别：$\frac{\mathrm{d}E_s}{\mathrm{d}h}>0$，水流为缓流；$\frac{\mathrm{d}E_s}{\mathrm{d}h}<0$，$Fr>1$，水流为急流；$\frac{\mathrm{d}E_s}{\mathrm{d}h}=0$，水流为临界流。

（4）用临界水深法判别。

矩形断面：
$$h_k=\sqrt[3]{\frac{\alpha Q^2}{gb^2}}=\sqrt[3]{\frac{\alpha q^2}{g}}$$

等腰梯形断面：
$$h_k=\left(1-\frac{\sigma_n}{3}+0.105\sigma_n^2\right)h_k'$$

判别：$h>h_k$，水流为缓流；$h<h_k$ 水流为急流；$h=h_k$，水流为临界流。

（5）用临界底坡法判别。临界底坡法适用于明渠均匀流。

$$i_k=\frac{gx_k}{\alpha C_k^2 B_k}$$

判别：$i<i_k$，$h_0>h_k$，明渠中的均匀流为缓流；$i>i_k$，$h_0<h_k$，明渠中的均匀流为急流；$i=i_k$，$h_0=h_k$，明渠中的均匀流为临界流。

5. 水跃和水跌

水跃是明渠水流由急流过渡到缓流，水面突然跃起的水力现象。水跌是明渠水流从缓流过渡到急流时，出现的水面连续急剧降落的水力现象。

（1）矩形断面水跃共轭水深的计算。

$$h_1=\frac{h_2}{2}\left(\sqrt{1+8\frac{q^2}{gh_2^3}}-1\right)=\frac{h_2}{2}(\sqrt{1+8Fr_2^2}-1)$$

$$h_2=\frac{h_1}{2}\left(\sqrt{1+8\frac{q^2}{gh_1^3}}-1\right)=\frac{h_1}{2}(\sqrt{1+8Fr_1^2}-1)$$

（2）矩形断面水跃长度的计算。

$$L_j=6.9(h_2-h_1)$$

$$L_j=10.8h_1(Fr_1-1)^{0.93}$$

（3）矩形断面水跃消能效率。

$$K_j=\frac{\Delta E}{E_1}\times 100\%$$

$$E_1=h_1+\frac{\alpha_1 v_1^2}{2g}$$

$$\Delta E=E_j+E_{jj}$$

$$E_j=\frac{h_1}{4\eta}[(\eta-1)^3-(\alpha_2-1)(\eta+1)]$$

$$E_{jj}=\frac{h_1}{4\eta}(\alpha_2-1)(\eta+1)$$

6. 棱柱体明渠恒定非均匀流水面线定性分析和定量计算

（1）底坡的分类：缓坡、陡坡、临界坡、平坡及负坡。

（2）两条重要的控制线：N—N 线和 K—K 线。

（3）水面曲线分区：实际水深 h 大于 h_0 和 h_k 的区域记作 a 区；实际水深 h 介于 h_0 和 h_k 两者之间的区域记作 b 区；实际水深 h 小于 h_0 和 h_k 的区域记作 c 区。

（4）水面曲线的规律：所有的 a 型和 c 型水面线都为壅水曲线，b 型水面线为降水曲线；除 a_3、c_3 型水面线外，其他类型的水面线当 $h\to h_0$ 时，均以 N—N 线为渐近线；当 $h\to h_k$ 时，均与 K—K 线呈正交趋势。

（5）两段底坡不同渠道中的水面线衔接时，可能有下列情况产生：

1）由缓流向急流过渡，产生水跌。

2）由急流向缓流过渡，产生水跃（临界坡除外）。

3）由缓流向缓流过渡，只影响上游，下游仍为均匀流。

4）由急流向急流过渡，只影响下游，上游仍为均匀流。

5）临界坡中的流动形态，视其相邻底坡的陡缓而定其急缓流。如上游相邻底坡为缓坡，则视为由缓流过渡到缓流，只影响上游。

6）平坡和反坡均可视为缓坡。

（6）水面线定性分析步骤：

1）绘出底坡线。

2）根据底坡类型绘出参考线 N—N 线和 K—K 线（必要时要通过计算确定 h_0 和 h_k）。

3）确定控制断面和控制水深。

4）根据控制水深所处区域，由水面曲线的变化规律，确定出整个渠段内的水面曲线变化趋势。

（7）水面线定量计算。

采用分段求和法计算：

$$s=\sum_{i=1}^{n}\Delta s$$

$$\Delta s=\frac{\Delta E_s}{i-\overline{J}}=\frac{E_{sd}-E_{su}}{i-\overline{J}}$$

式中 E_s——断面比能，对于坡角较小的底坡，$E_s=h+\frac{\alpha v^2}{2g}$；

下标 d——下游断面；

下标 u——上游断面。

$$\overline{J}=\frac{\overline{v}^2}{\overline{C}^2\overline{R}},\overline{v}^2=\frac{1}{2}(v_u^2+v_d^2),\overline{C}^2=\frac{1}{2}(C_u^2+C_d^2),\overline{R}=\sqrt{\frac{1}{2}(R_u^2+R_d^2)}$$

【应知】

一、填空题

1. 根据水流运动要素是否沿程发生变化可以分为明渠__________或__________。

2. 明渠均匀流形成的条件之一是水流应为__________，而且流量应沿程__________，即无支流的汇入或分出，渠道必须为底坡不变的__________渠道。

3. 在满足过流能力要求的前提下，设计的过水断面面积__________，以节省工程量；或者在底坡、糙率、过水断面面积一定的情况下，设计的过水断面能使渠道通过的流量__________。凡是符合上述条件的过水断面称为水力最佳断面。

4. 当渠道流速大于渠床所能承受的最大不冲流速时，渠道将遭受水流的__________而破坏。

5. 明渠非均匀流的运动要素如断面水深、__________、__________等沿程均有变化。

6. 明渠非均匀流可分为__________和__________两种类型。

7. 当明渠中流速等于干扰波传播速度，干扰波向上游传播的速度为__________，这种流动状态称为__________。

8. 水跃是明渠水流从__________状态过渡到__________状态时发生的水面突然跃起的局部水力现象。

9. 水跌是明渠水流从__________状态过渡到__________状态时出现的水面连续急剧降落的局部水力现象。

二、选择题

1. 当渠道底坡 $i>0$，称为（　　）。

A. 逆坡　　B. 平坡　　C. 正坡或顺坡　　D. 负坡

2. 梯形断面渠道水力最佳断面的水力半径等于水深的（　　）。

A. 1/3　　B. 1/2　　C. 1/4　　D. 1/5

3. 在工程常用的几何形状中，（　　）形状断面其湿周最小，过流能力最大。

A. 圆形　　B. 矩形　　C. 梯形　　D. 三角形

4. 渠道的允许流速应满足（　　）。

A. $v_{不淤}>v_{允许}>v_{不冲}$　　B. $v_{不淤}=v_{允许}=v_{不冲}$

C. 不确定　　D. $v_{不淤}<v_{允许}<v_{不冲}$

5. 在底坡相同的情况下，过流能力与流量模数成（　　）关系。

A. 反比　　B. 正比　　C. 二次函数　　D. 非线性

6. 对明渠均匀流而言，$i>i_k$，$h_0<h_k$，水流为（　　），对应的底坡为（　　）。

A. 缓流　缓坡　　B. 急流　缓坡　　C. 缓流　陡坡　　D. 急流　陡坡

7. 当跃前水深愈小，对应的跃后水深愈（　　）；反之跃前水深愈大，则跃后水深愈（　　）。

A. 小　小　　B. 大　大　　C. 大　小　　D. 小　大

8. 水跃函数曲线的上部 $h_2>h_k$ 属于（　　）；曲线的下部 $h_1<h_k$ 属于（　　）。

A. 急流　急流　　B. 缓流　缓流　　C. 急流　缓流　　D. 缓流　急流

【应会】

1. 某渠道全长为 50km，糙率 $n=0.025$，断面为矩形，底宽 $b=9$m，底坡 $i=1/10000$，设计流量 $Q=10\mathrm{m^3/s}$。校核当水深为 2m 时，能否满足通过设计流量的要求。

（参考答案：$Q=8.94\mathrm{m^3/s}$，不能满足）

2. 有一梯形断面的棱柱体灌溉渠道，底宽 $b=3.0$m，渠道为密实粗砂土，采用边坡系数 $m=1.5$，底坡 $i=0.0005$，采用糙率 $n=0.028$，渠中产生均匀流时水深 $h_0=1.0$m，试求渠道所通过的流量及相应的平均流速，已知渠中粗砂允许的不冲流速为 0.70m/s，校核是否引起冲刷。

（参考答案：$Q=2.78\mathrm{m^3/s}$，$v=0.62$m/s，不会引起冲刷）

3. 一梯形断面明渠，按均匀流设计，已知渠道底坡 $i=0.0016$，糙率 $n=0.025$，边坡系数 $m=1.5$，正常水深 $h_0=1.2$m，渠道底宽 $b=2.4$m。求渠道过水流量 Q 以及断面平均流速。

（参考答案：$Q=6.65\mathrm{m^3/s}$，$v=1.32$m/s）

4. 已知矩形渠道底宽 $b=8.0$m，底坡 $i=1/2500$，测得渠道为均匀流时的流量 $Q=20\mathrm{m^3/s}$，水深 $h=1.5$m，试计算渠道糙率 n 值。

（参考答案：$n=0.0127$）

5. 有一浆砌块石衬砌的矩形断面长直渠道，糙率 $n=0.025$，正常水深 $h_0=1.6$m，渠道底宽 $b=3.2$m，要求渠道过水流量 $Q=6\mathrm{m^3/s}$，试计算渠道底坡 i。

（参考答案：$i=0.00116$）

6. 某电站引水渠，采用梯形断面，并用浆砌块石衬砌，以减少渗漏损失，同时提高渠道的耐冲能力。已知边坡系数 $m=1$，选择粗糙系数 $n=0.025$，为使挖填方量最少，选用底坡 $i=1/800$，设计流量 $Q=70\mathrm{m^3/s}$，选定渠道底宽 $b=6$m。试确定渠道的正常水深 h_0。

（参考答案：$h_0=3.33$m）

7. 某矩形断面渠道，采用混凝土衬砌，$n=0.013$。根据地形条件选定渠道底坡 $i=1/1000$，设计流量 $Q=31\mathrm{m^3/s}$，初步拟定渠道正常水深 $h_0=3.5$m。试确定渠道底宽 b。

（参考答案：$b=3.35$m）

8. 某灌溉渠道，断面为梯形，设计要求输送流量 $Q=20.0\mathrm{m^3/s}$，渠道所在地区为红壤土，要求渠道壁面作整平措施，选用糙率 $n=0.023$，边坡系数 $m=1.5$。根据地形及供水点位置，底坡采用 $i=0.0005$，选定渠道底宽 $b=4$m，试设计该渠道正常水深 h_0。

（参考答案：$h_0=2.26$m）

9. 某渠道水流为均匀流，采用等腰梯形断面，已知边坡系数 $m=1.5$，底宽 $b=10\mathrm{m}$，糙率 $n=0.022$，底坡 $i=0.0009$，流量 $Q=50\mathrm{m}^3/\mathrm{s}$，试分别用干扰波波速法、弗劳德数法、断面比能法对水深的导数判别法、临界水深法和临界底坡法判别水流流态。

（参考答案：$h_0=2.079\mathrm{m}$，$v=1.833\mathrm{m/s}$，$v_w=4.057\mathrm{m/s}$，$Fr=0.452$，$\mathrm{d}E_s/\mathrm{d}h=0.796$，$h_k=1.279\mathrm{m}$，$i_k=0.0049$，缓流）

10. 棱柱体矩形水平明渠中有一水跃，已知流量 $Q=50\mathrm{m}^3/\mathrm{s}$，渠宽 $b=5\mathrm{m}$，跃前水深 $h_1=0.5\mathrm{m}$，试求：(1) 跃后水深 h_2；(2) 水跃的类型；(3) 水跃的长度；(4) 水跃的能量损失、消能效率。

（参考答案：$h_2=6.14\mathrm{m}$；$Fr_1=9.04$，强水跃；$L_j=37.5\mathrm{m}$；$\Delta E=14.63\mathrm{m}$，$K_j=70\%$）

11. 已知上、下游渠道断面形状、尺寸以及糙率均相同，并且为长直棱柱体明渠，试定性分析如图4.35所示的底坡变化情况下的渠道水面曲线。

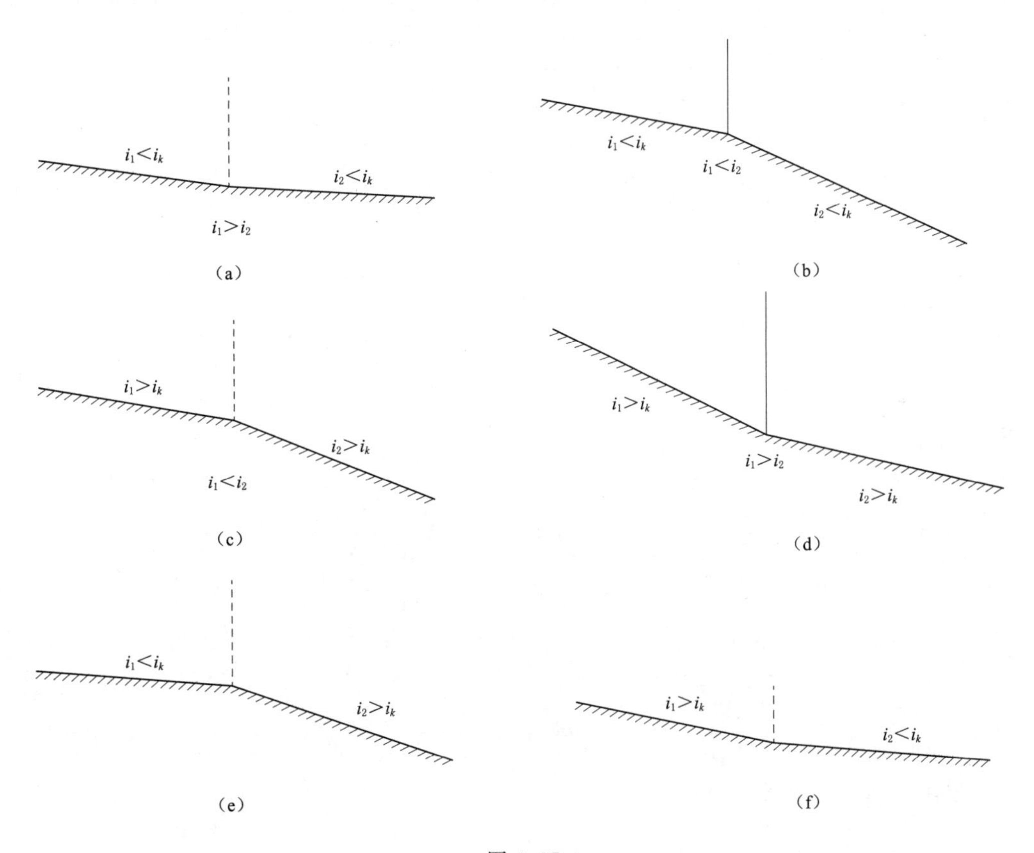

图4.35

12. 有一梯形断面渠道，底宽 $b=6\mathrm{m}$，边坡系数 $m=2$，糙率 $n=0.025$，底坡 $i=0.0016$，当通过流量 $Q=10\mathrm{m}^3/\mathrm{s}$ 时，渠道末端断面水深 $h=1.5\mathrm{m}$。试通过计算判定水面线类型并采用分段求和法列表计算水面线（提示：计算类型为已知两端水深，求流段距离）。

（参考答案：$h_0=0.963\text{m}$，$h_k=0.611\text{m}$，$i_k=0.00795$，缓坡。由于 $h>h_0>h_k$，可判定水面线为 a_1 型，水深在 0.97～1.5m，按 0.1m 增量计算，壅水长度约为 693m）

13. 某水库泄水槽为矩形断面，长度 $s=56\text{m}$，底宽 $b=5\text{m}$，浆砌块石护面，糙率 $n=0.025$，底坡 $i=0.25$，当泄水槽通过流量 $Q=30\text{m}^3/\text{s}$ 时，试通过计算判定水面线类型并采用分段求和法列表计算水面曲线。（提示：泄水槽进口水深为临界水深，计算类型为已知一端水深和流段距离，求另一端水深）

（参考答案：$h_0=0.524\text{m}$，$h_k=1.54\text{m}$，$h_0<h_k$，底坡为陡坡，水面线为 b_2 型，泄槽末端水深约为 0.53m）

项目5　堰流和闸孔出流

【知识目标】

1. 了解堰流与闸孔出流在水利水电工程中的应用；
2. 熟悉堰流、闸孔出流的水流特点；
3. 熟悉堰流、闸孔出流的分类；
4. 堰流、闸孔出流的流量计算公式及各种参数的确定方法。

5.1
项目导学Ⓣ

【能力目标】

1. 能根据工程资料判别各种堰流类型和闸孔出流类型；
2. 能进行实用堰流、宽顶堰流、闸孔出流的流量计算。

任务5.1　堰流、闸孔出流水流分析

任务目标

1. 了解堰流与闸孔出流水流的特点；
2. 能判断堰流和闸孔出流。

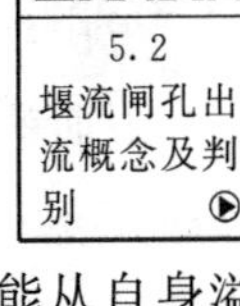

5.2
堰流闸孔出流概念及判别

5.1.1　堰流与闸孔出流水流的特点

水利水电工程中，为了引水或泄水，常常需要修建水闸、溢流坝等水工建筑物来控制和调节河渠的水位及流量。水力学中，将既能壅高上游水位，又能从自身溢水的建筑物称为堰。

装有闸门的堰上，可能发生堰流或闸孔出流。通过闸坝且不受闸门控制的水流，其水面线是一条光滑的降落曲线，这种水流称为堰流，如图5.1（a）、（b）、（c）所示；当水流受到闸门控制，闸孔上、下游的水面线不连续，这种水流称为闸孔出流，如图5.1（d）、（e）、（f）所示。可见，堰流和闸孔出流的区别主要在于闸门是否影响过堰水流自由表面的连续性。

5.1.2　堰流与闸孔出流的判别

在一定条件下，堰流和闸孔出流可相互转化。当闸孔出流的闸门开度 e 增大到一定程度时，闸前水面不与闸门底缘相接触，此时水流就由闸孔出流过渡至堰流。反之，如原水流为堰流，当闸门开度减小到能对水流起控制作用时，水流即过渡为闸孔出流。堰流、闸孔出流相互转化的条件除与闸门相对开度 e/H 有关外，还与闸底坎的形式等因素有关。闸底坎常见的形式有平顶堰和曲线堰。平顶堰如图5.1（a）、（b）、（d）、（e）所示；曲线堰如图5.1（c）、（f）所示。通常根据闸门相对开度 e/H 和闸底坎的形式来判断堰流和闸孔出流。其判别标准为：

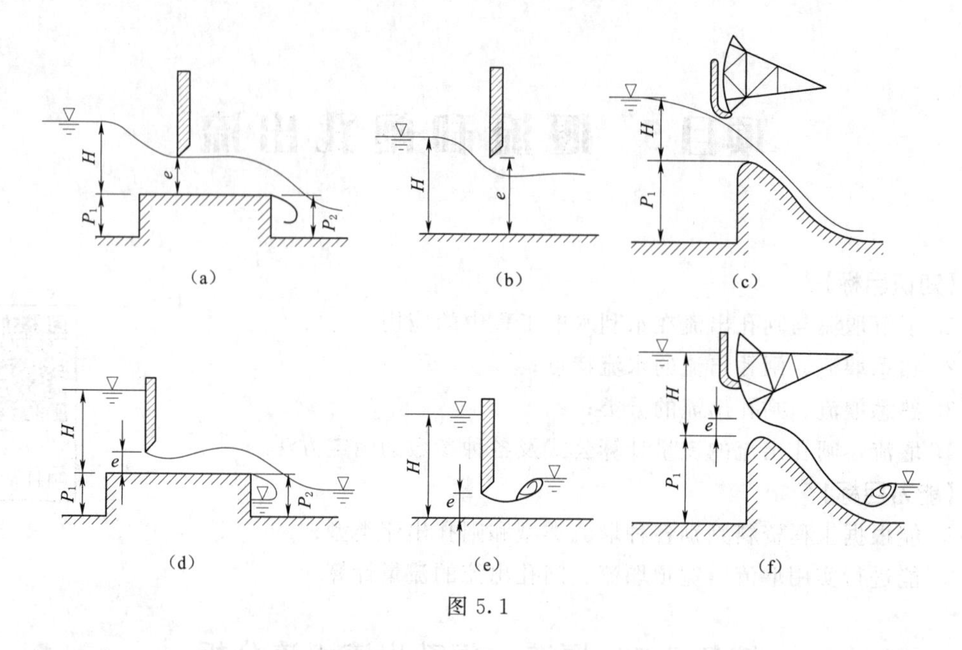

(a) (b) (c)
(d) (e) (f)

图 5.1

闸底坎为平顶堰：$\frac{e}{H}\leqslant 0.65$ 为闸孔出流，$\frac{e}{H}>0.65$ 为堰流。

闸底坎为曲线堰：$\frac{e}{H}\leqslant 0.75$ 为闸孔出流，$\frac{e}{H}>0.75$ 为堰流。

式中 e——闸门下缘到坎顶的距离，称为闸门开度；

H——上游水面到坎顶的距离，称为堰上水头。

下面就堰流和闸孔出流的水力计算分别加以介绍。

任务 5.2 堰流的类型和基本公式

任务目标

1. 理解堰流水流特点、能区分堰的类型及判别；
2. 理解堰流基本公式各参数的意义。

5.2.1 堰流的类型

实际工程中，受不同使用要求和施工条件的限制，常将堰做成不同的形状，如图 5.2 所示。根据堰顶厚度 δ 与堰上水头 H 的比值不同，将堰流分为薄壁堰流、实用堰流及宽顶堰流三种类型。

1. 薄壁堰流

当 $\delta/H<0.67$ 时，由于堰顶厚度 δ 较小，对过堰水舌形状没有影响，水舌下缘与堰顶呈线性接触，水面呈单一降落曲线，称为薄壁堰流。如图 5.2 (a) 所示。

2. 实用堰流

当 $0.67\leqslant\delta/H<2.5$ 时，由于堰顶加厚，过堰水流受到堰顶的约束和顶托，水舌与堰

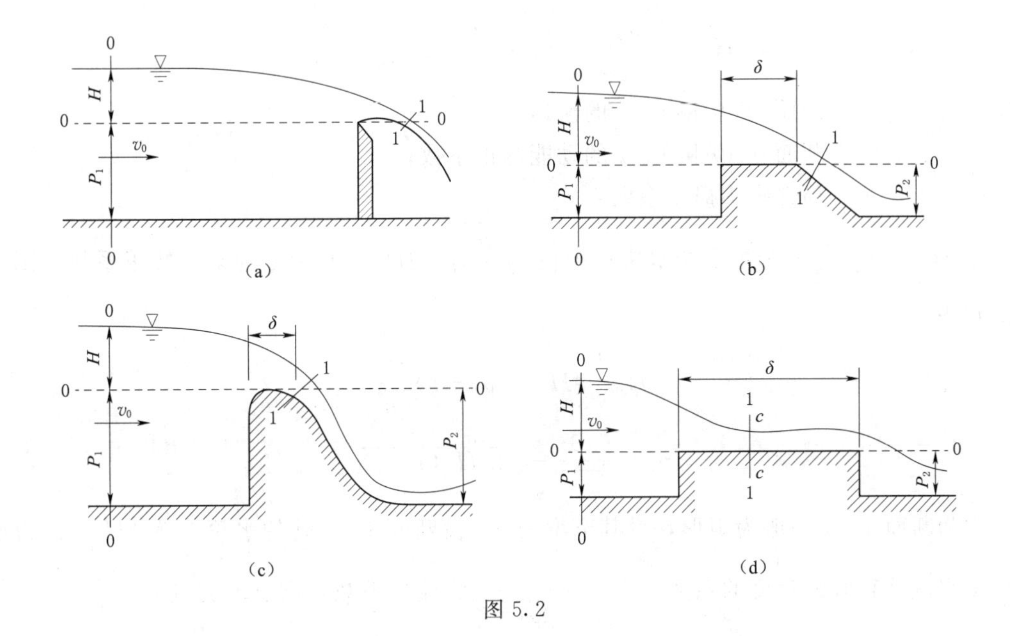

图 5.2

顶呈面接触，但水流主要在重力作用下自由跌落，称为实用堰流。工程中的实用堰有折线形［图 5.2 (b)］和曲线形［图 5.2 (c)］两种。

3. 宽顶堰流

当 $2.5 \leqslant \delta/H < 10$ 时，堰顶厚度对水流的顶托作用明显，水流在进口处有第一次跌落，形成收缩段面 c—c，然后水面几乎与堰顶保持平行，当下游水位较低时，流过堰顶的水流又会产生第二次跌落。此种水流称为宽顶堰流。如图 5.2 (d) 所示。

当 $\delta/H \geqslant 10$ 时，水流的主要特征不再属于堰流，而变为明渠水流。

此外，堰流还有自由出流与淹没出流、有侧收缩与无侧收缩之分。当下游水位较低，不影响过堰流量时为自由出流，否则为淹没出流。当堰顶过流宽度与上游河渠宽度相同时，为无侧收缩出流；当堰顶过流宽度小于上游河渠宽度时，为有侧收缩出流。

5.2.2 堰流计算基本公式

应用能量方程推导堰流水力计算的基本公式。

如图 5.2 所示，取堰顶的水平面为基准面，第一个过水断面选在水面无明显下降的断面 0—0，该断面堰顶以上的水深 H 称为堰上水头，其断面平均流速 v_0 称为行近流速。试验表明，该断面距堰上游壁面的距离 $L=(3\sim5)H$。对于薄壁堰与实用堰，第二个过水断面选在基准面与水舌中线的交点所在的断面 1—1 处［图 5.2 (a)、(b)、(c)］。对于宽顶堰，第二个过水断面选在距进口距离约为 $2H$ 的堰上断面 1—1 处［图 5.2 (d)］。

断面 0—0 为渐变流断面，其测压管水头 $z+\dfrac{p}{\gamma}$ 为常数。断面 1—1 为急变流断面，其测压管水头 $z+\dfrac{p}{\gamma}$ 不为常数，故采用平均值 $\overline{\left(z_1+\dfrac{p_1}{\gamma}\right)}$ 表示其断面单位势能。列能量方程如下：

$$H+0+\frac{\alpha_0 v_0^2}{2g}=\overline{\left(z_1+\frac{p_1}{\gamma}\right)}+\frac{\alpha_1 v_1^2}{2g}+\frac{\zeta v_1^2}{2g}$$

式中　v_0、v_1——断面 0—0 和 1—1 的流速；

α_0、α_1——断面 0—0 和 1—1 的动能修正系数；

ζ——局部水头损失系数。

令 $H_0=H+\frac{\alpha_0 v_0^2}{2g}$为堰上全水头；令$\overline{\left(z_1+\frac{p_1}{\gamma}\right)}=\xi H_0$，其中 ξ 为某一修正系数，则上式可写为

$$H_0-\xi H_0=(\alpha_1+\zeta)\frac{v_1^2}{2g}$$

即

$$v_1=\frac{1}{\sqrt{\alpha_1+\zeta}}\sqrt{2gH_0(1-\xi)}$$

因为断面 1—1 一般为矩形，设其宽度为 b。设断面 1—1 处的水深 h 为 kH_0，k 为反映堰顶水流垂直收缩程度的系数。令 $\varphi=\frac{1}{\sqrt{\alpha_1+\zeta}}$为流速系数，则过堰流量为

$$Q=A_1 v_1=bkH_0\varphi\sqrt{2gH_0(1-\xi)}=\varphi k\sqrt{1-\xi}b\sqrt{2g}H_0^{\frac{3}{2}}$$

令 $m=\varphi k\sqrt{1-\xi}$称为堰的流量系数，则上式可写为

$$Q=mb\sqrt{2g}H_0^{\frac{3}{2}} \tag{5.1}$$

由上述推导过程可知，流量系数 $m=f(\varphi,\ k,\ \xi)$。不同类型、不同尺寸、不同水头的堰流，其流量系数 m 值各不相同。

当下游水位较高，影响到堰的泄流时，堰流为淹没出流，需考虑淹没的影响。解决的方法是给式（5.1）的右端乘一个小于 1 的淹没系数 σ_s。另外，实际工程中堰一般有边墩和闸墩，使得堰顶宽度小于上游河道或渠道的宽度，过堰水流在平面上受到横向约束，产生局部水头损失，减小过堰流量。因此，还要给式（5.1）的右端乘一个小于 1 的侧收缩系数 ε。

综上所述，堰流的实际水力计算基本公式为

$$Q=\sigma_s\varepsilon mnb\sqrt{2g}H_0^{\frac{3}{2}} \tag{5.2}$$

其中

$$H_0=H+\frac{\alpha_0 v_0^2}{2g}$$

式中　σ_s——淹没系数，$\sigma_s\leqslant1$，当堰流为自由出流时，$\sigma_s=1$；

ε——侧收缩系数，$\varepsilon\leqslant1$，当堰流无侧收缩时，$\varepsilon=1$；

m——流量系数；

n——堰孔数目；

b——单孔净宽；

H_0——堰上全水头。

堰流水力计算的主要类型：①计算堰流的流量 Q；②设计堰孔数目 n 和单孔堰宽 b；③计算堰上水头 H 和确定堰顶高程。无论进行哪种水力计算，关键问题是根据不同类型堰的几何边界条件和水流条件，确定相应的流量系数、淹没系数和侧收缩系数，再进行相

关水力计算。

任务5.3　堰流的水力计算

任务目标

1. 能进行薄壁堰流的水力计算；
2. 能进行实用堰流的水力计算；
3. 能区分有坎宽顶堰流和无坎宽顶堰流；
4. 能进行有坎宽顶堰流和无坎宽顶堰流的水力计算。

5.3.1　薄壁堰流水力计算

薄壁堰流具有稳定的水头流量关系，所以经常作为实验室和小型渠道量测流量之用。根据堰顶过水断面形状可分为矩形、三角形和梯形等。

1. 矩形薄壁堰流

在计算无侧收缩、自由出流矩形薄壁堰的过流能力时，为便于使用直接测得的堰上水头 H 计算流量，可将行近流速水头的影响计入流量系数 m_0 中，即

$$Q=m_0 b\sqrt{2g}H^{\frac{3}{2}} \tag{5.3}$$

其中

$$m_0=0.403+0.053\frac{H}{P_1}+\frac{0.0007}{H} \tag{5.4}$$

式中　m_0——包括行近流速影响在内的流量系数，其大小可由经验公式求得；

H——堰上水头；

P_1——上游堰高。

式（5.4）的适用范围为：$H \geqslant 0.025\text{m}$，$H/P_1 \leqslant 2$ 及 $P_1 \geqslant 0.3\text{m}$。

2. 直角三角形薄壁堰流

当所测流量较小（小于 $0.1\text{m}^3/\text{s}$）时，由于水头过小用矩形薄壁堰流测流将引起较大误差，故可改用直角三角形薄壁堰，如图5.3所示。其流量计算公式为

$$Q=1.4H^{\frac{5}{2}} \tag{5.5}$$

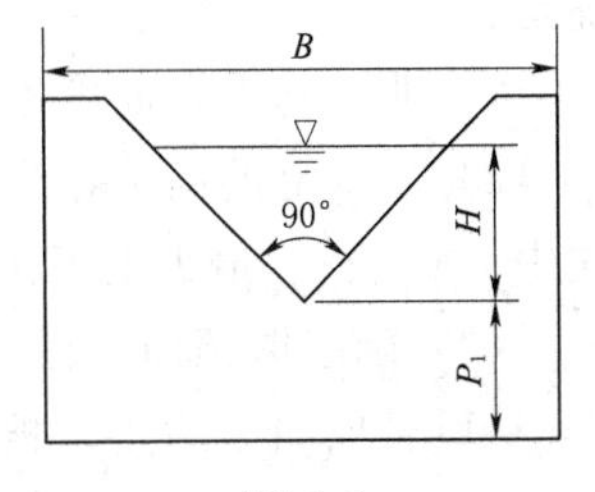

图5.3

式（5.5）的适用范围为 $0.05\text{m}<H<0.25\text{m}$。

薄壁堰流更多计算公式可参阅有关书籍。

5.3.2　实用堰流的水力计算

实用堰是水利水电工程中最常见的堰型之一，按其剖面形式主要可分为曲线形实用堰和折线形实用堰两大类。用混凝土修建的中、高溢流堰，堰顶常做成适合水流特点的曲线形，为曲线形实用堰；用条石或其他当地材料修建的中、低溢流堰，堰顶剖面常做成折线形，为折线形实用堰。实际采用较多的是曲线形实用堰，故重点介绍曲线形实用堰的水力计算。

1. 曲线形实用堰的剖面形状

曲线形实用堰的剖面形状如图5.4所示。一般由上游段 AB、堰顶曲线段 BC、下游

斜坡段 CD 和反弧段 DE 组成。上游 AB 段常做成垂直的，根据堰的稳定和强度要求，也可做成倾斜的或折线形。下游斜坡 CD 段的坡度主要依据堰的稳定和强度要求选定，一般 $m_c=0.65\sim0.75$；反弧段 DE 的作用是使下泄水流能够平顺地改变方向进入下游河道，减小对河床的冲刷，并有利于坝下游的消能。堰顶曲线段 BC 对过流能力的影响最大，是设计曲线形实用堰剖面的关键。国内外对实用堰剖面进行了大量的研究，其中最常用的是美国陆军工程兵团水道实验室提出的 WES 型。此外，还有克-奥剖面、长研Ⅰ型，长研Ⅱ型等。下面主要讨论 WES 剖面实用堰的形状及水力计算。

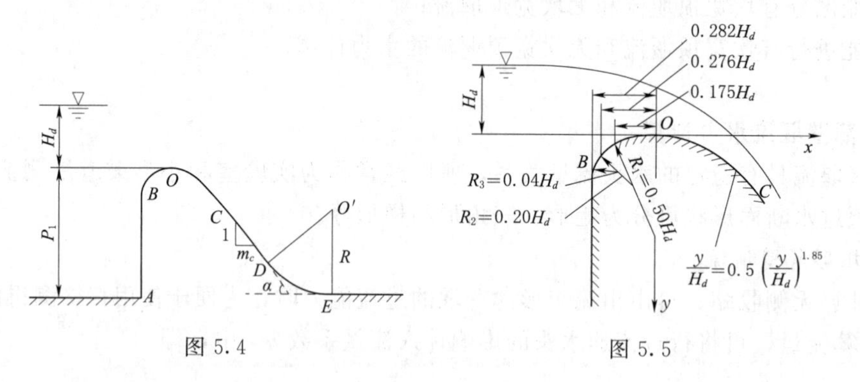

图 5.4　　　　图 5.5

WES 堰的剖面形状如图 5.5 所示。上游面垂直的 WES 堰的剖面设计步骤如下：

(1) 确定剖面设计水头 H_d，堰高 P_1、P_2（上、下游堰高可以不等），堰下游斜坡段的坡比 m_c 及其夹角 $a\left(\tan\alpha=\frac{1}{m_c}\right)$，反弧半径 R。

根据经验，一般 $P_1/H_d\geqslant1.33$ 的高堰设计水头 $H_d=(0.75\sim0.95)H_{\max}$；对于低堰设计水头，$H_d=(0.65\sim0.75)H_{\max}$。$H_{\max}$ 为最大水头；坡度主要依据坝体强度和稳定要求确定，一般取 $m_c=0.65\sim0.75$。反弧半径 R 结合消能形式统一考虑，一般按下列原则确定：

1）非岩基上，高度不大的坝，水头较大时，可取 $R=(0.5\sim1.0)(z_{\max}+H_d)$。

2）岩基上的高坝，当 $H<5$m 时，可取 $R=(0.25\sim0.5)(z_{\max}+H_d)$。

式中　$z_{\max}$——最大上下游水位差。

(2) 确定堰顶曲线段 BC。以堰顶最高点为坐标原点 O，Ox 水平轴以指向下游为正，Oy 铅垂轴以向下为正。根据图 5.5 的数据，绘出堰顶上游段 BO 的三段复合圆弧及垂直堰墙。

确定堰顶下游曲线段与直线段的切点 C 的坐标。可按下式计算：

$$x_C=\frac{1.096H_d}{m_c^{1.177}}$$

$$y_C=\frac{0.592H_d}{m_c^{2.177}}$$

由式 $\frac{y}{H_d}=0.5\left(\frac{x}{H_d}\right)^{1.85}$ 计算出堰顶曲线 OC 段的坐标，据此可点绘出堰面曲线。

(3) 确定下游直线段与反弧段的切点 D 的坐标。可按下式计算：

$$x_D = x_C + m_c(P_2 - y_C) + R\cot\left(\frac{180° - \alpha}{2}\right) - R\sin\alpha$$

$$y_D = P_2 - R + R\cos\alpha$$

(4) 反弧段与河床的切点 E 的坐标。可按下式计算：

$$x_E = x_C + m_c(P_2 - y_C) + R\cot\left(\frac{180° - \alpha}{2}\right)$$

$$y_E = P_2$$

(5) 反弧段圆心 O' 坐标，可按下式计算：

$$x_{O'} = x_E$$

$$y_{O'} = P_2 - R$$

2. WES 实用堰的水力计算

WES 实用堰的水力计算公式为式 (5.2)。其参数的取值分述如下。

(1) 流量系数 m。试验表明，WES 实用堰的流量系数 m 主要取决于上游堰高与设计水头之比 P_1/H_d，堰顶全水头与设计水头之比 H_0/H_d 以及堰的上游面坡度。对于上游面垂直的 WES 实用堰，根据试验得到的流量系数 m 关系曲线如图 5.6 所示。

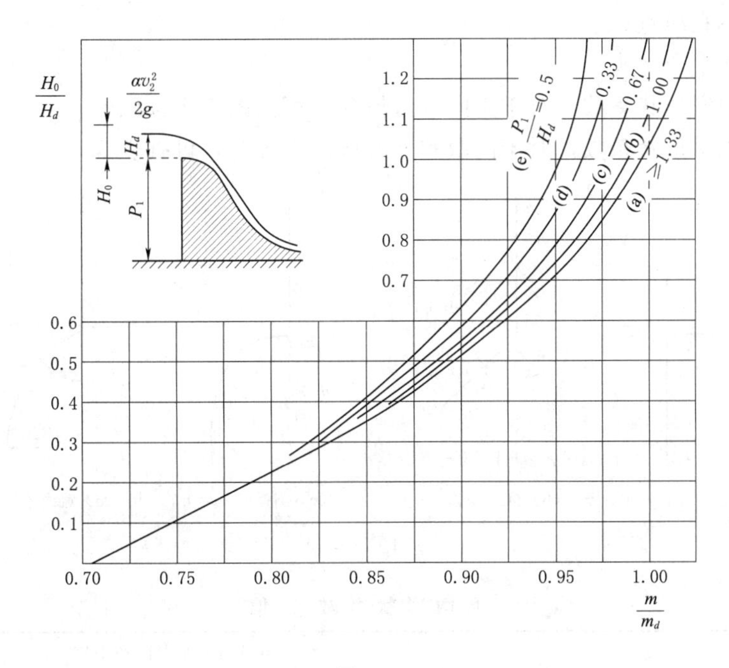

图 5.6

对上游面是垂直的 WES 剖面堰，若 $P_1/H_d \geqslant 1.33$ [图 5.6 曲线 (a)]，称为高堰。此时，因上游堰高较大，行近流速 $v_0 \approx 0$，设计流量系数 $m_d = 0.502$。当堰上水头 $H = H_d$ 时，$m = m_d$；$H \neq H_d$ 时，根据 H_0/H_d 通过查图 5.6 (a) 曲线求得 m/m_d，进而求得 m。

若 $P_1/H_d \leqslant 1.33$，为低堰。此时，流量系数不仅与 H_0/H_d 有关，还与 P_1/H_d 有

关。设计流量系数 m_d 不再为常数，而是随 P_1/H_d 变化，见式（5.6）：

$$m_d=0.4987\left(\frac{P_1}{H_d}\right)^{0.0241} \tag{5.6}$$

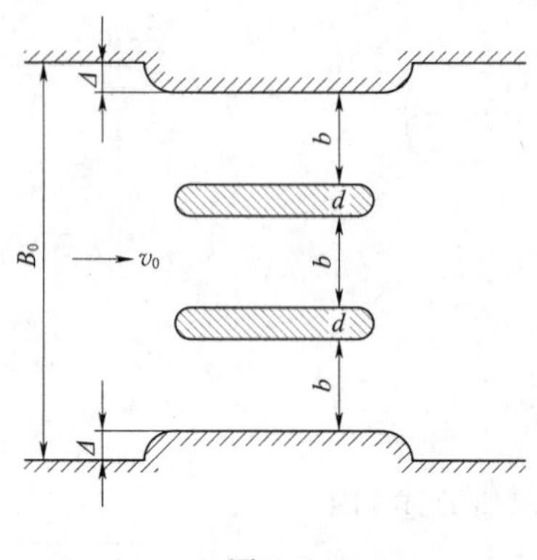

图 5.7

不同 P_1/H_d，其 m/m_d 可查图 5.6 对应的曲线确定，根据公式计算 m_d，从而再计算出流量系数 m。

（2）侧收缩系数 ε。如图 5.7 所示，一般溢流坝都有边墩，多孔溢流坝还设有闸墩，边墩和闸墩将使水流在平面上发生收缩，减小有效过流宽度，使堰的过流能力降低，水流发生侧收缩现象，计算时要考虑侧收缩的影响。

实践证明：侧收缩系数 ε 与边墩、闸墩头部的形式、闸孔的尺寸和数目、堰上全水头 H_0 有关。可用下面的经验公式计算：

$$\varepsilon=1-0.2[\zeta_k+(n-1)\zeta_0]\frac{H_0}{nb} \tag{5.7}$$

式中　n——堰孔孔数；

b——单孔净宽；

H_0——堰上全水头；

ζ_k——边墩形状系数，对于正向进水情况，可按图 5.8 选取；

ζ_0——闸墩形状系数，对于闸墩和上游堰面平齐时，可查表 5.1。

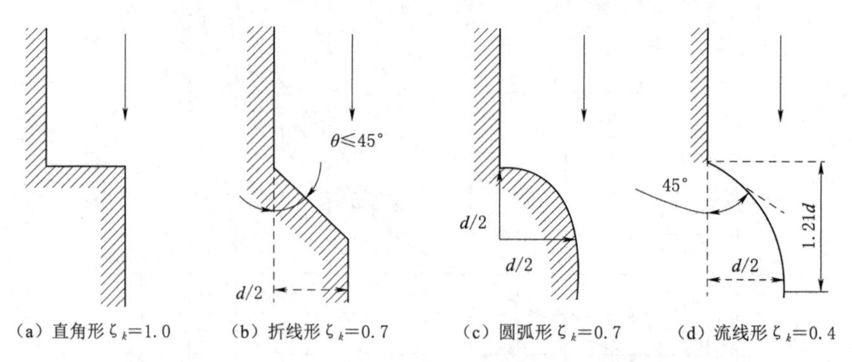

（a）直角形 $\zeta_k=1.0$　（b）折线形 $\zeta_k=0.7$　（c）圆弧形 $\zeta_k=0.7$　（d）流线形 $\zeta_k=0.4$

图 5.8

表 5.1　　闸墩形状系数 ζ_0 值

闸墩头部平面形状	闸墩形状	ζ_0（闸墩与上游堰面齐平）				
		$\frac{h_s}{H_0}\leqslant0.75$	$\frac{h_s}{H_0}=0.8$	$\frac{h_s}{H_0}=0.85$	$\frac{h_s}{H_0}=0.9$	$\frac{h_s}{H_0}=0.95$
矩形	d	0.8	0.86	0.92	0.98	1.00

续表

<table>
<tr><td rowspan="2">闸墩头部平面形状</td><td rowspan="2">闸墩形状</td><td colspan="5">ζ_0（闸墩与上游堰面齐平）</td></tr>
<tr><td>$\frac{h_s}{H_0} \leqslant 0.75$</td><td>$\frac{h_s}{H_0}=0.8$</td><td>$\frac{h_s}{H_0}=0.85$</td><td>$\frac{h_s}{H_0}=0.9$</td><td>$\frac{h_s}{H_0}=0.95$</td></tr>
<tr><td>楔形</td><td>d; $\theta \leqslant 90°$; d</td><td rowspan="2">0.45</td><td rowspan="2">0.51</td><td rowspan="2">0.57</td><td rowspan="2">0.63</td><td rowspan="2">0.69</td></tr>
<tr><td>半圆形</td><td>d/2; d</td></tr>
<tr><td>尖圆形</td><td>$r=1.71d$; 1.21d; 90°; d</td><td>0.25</td><td>0.32</td><td>0.39</td><td>0.46</td><td>0.53</td></tr>
</table>

注 h_s 为下游水位与堰顶的高程差。

注意：当 $\frac{H_0}{b}>1.0$ 时，按 $\frac{H_0}{b}=1.0$ 计算。

（3）淹没系数 σ_s。淹没系数 σ_s 综合反映下游水位及护坦对过流能力的影响。

试验表明：当下游堰高较大（$P_2/H_0 \geqslant 2$）且 $h_s/H_0 \leqslant 0.15$ 时，为自由出流，$\sigma_s=1$；而 $h_s/H_0>0.15$ 时，堰下游形成淹没水跃，过水能力减小形成淹没出流。当下游堰高较小（$P_2/H_0<2$）时，即使下游水位低于堰顶，过堰水流受下游护坦的影响，堰的过流能力也会降低形成淹没出流。这两种情况淹没系数 σ_s 可以查图 5.9 得到。

【例 5.1】 某溢流坝，坝上游设计水位为 259m，堰顶高程 252.4m，坝址处上下游河床底高程为 215m。坝剖面采用上游面垂直的 WES 堰。溢流坝分三孔，每孔宽度 12m，中间闸墩头部采用尖圆形，边墩采用圆弧形。试计算：上游水位 254.8m，下游水位不超过堰顶时，通过溢流坝的流量。

解：

1）根据题意，该堰为 WES 堰，属于实用堰。所以流量计算可采用式（5.2）。

先准备基础数据 P_1、P_2、H、H_d。

$$P_1=P_2=252.4-215=37.4(\text{m})$$

$$H=254.8-252.4=2.4(\text{m})$$

$$H_d=259-252.4=6.6(\text{m})$$

2）判断是否为高堰，并求 H_0、m。

$$P_1/H_d=37.4/6.6=5.67>1.33$$

为高堰，则行近流速 $v_0 \approx 0$，$H_0=H=2.4\text{m}$，$m_d=0.502$。

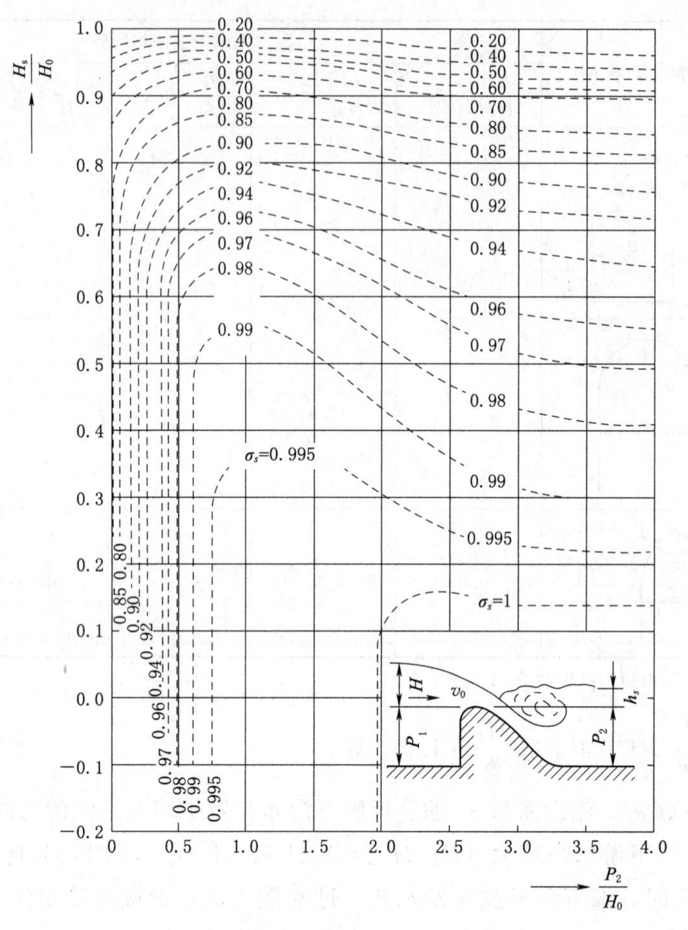

图 5.9

$$\frac{H_0}{H_d}=\frac{2.4}{6.6}=0.364$$

查图 5.6 曲线（a）得 $m/m_d=0.86$，故 $m=0.86\times0.502=0.432$。

3）求侧收缩系数 ε。

圆弧形边墩，查图 5.8 得 $\zeta_k=0.7$。

尖圆形闸墩，下游水位不超过堰顶，$h_s<0$，$h_s/H_0<0.75$，查表 5.1，$\zeta_0=0.25$。

侧收缩系数按式（5.7）计算：

$$\begin{aligned}\varepsilon&=1-0.2[\zeta_k+(n-1)\zeta_0]\frac{H_0}{nb}\\&=1-0.2\times[0.7+(3-1)\times0.25]\times\frac{2.4}{3\times12}\\&=0.984\end{aligned}$$

4）求淹没系数 σ_s。

下游水位不超过堰顶，且 $P_2/H_0>2$，为自由出流，$\sigma_s=1$。

5）求流量 Q。

将上述流量系数、侧收缩系数、淹没系数代入堰流计算公式［式（5.2）］计算流量：

$$
\begin{aligned}
Q &= \sigma_s \varepsilon m n b \sqrt{2g} H_0^{\frac{3}{2}} \\
&= 1 \times 0.984 \times 0.432 \times 3 \times 12 \times \sqrt{2 \times 9.8} \times 2.4^{\frac{3}{2}} \\
&= 252.1(\mathrm{m^3/s})
\end{aligned}
$$

5.3.3　宽顶堰流的水力计算

宽顶堰流是实际工程中一种极为常见的水流现象。各类水闸、隧洞进口、涵洞进口、桥孔、施工围堰等，其水流都属于宽顶堰流。根据宽顶堰按有无底坎可分为有坎宽顶堰和无坎宽顶堰两类。

若上游堰高 $P_1>0$，水流在垂直方向上产生收缩，在进口附近产生水面跌落，称为有坎宽顶堰流，如图 5.10（a）所示。

若上游堰高 $P_1=0$，但由于平面上存在侧向收缩，仍然导致水流在进口附近形成水面跌落，产生宽顶堰的水流状态，称为无坎宽顶堰流，如图 5.10（b）、（c）所示。

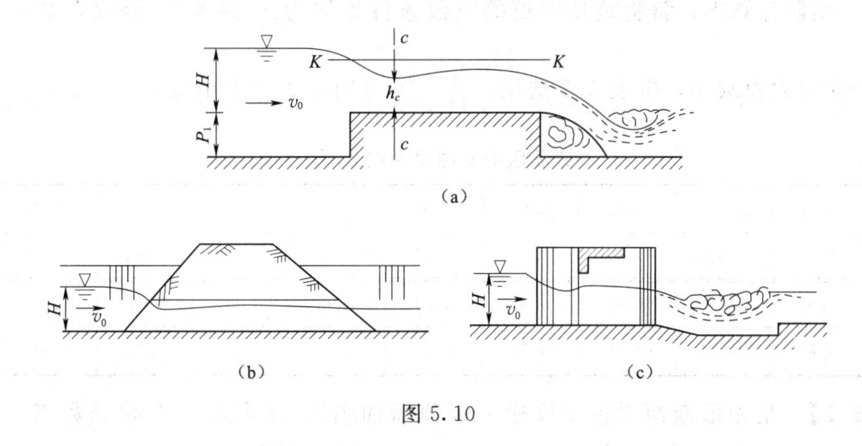

图 5.10

1. 有坎宽顶堰流的水力计算

有坎宽顶堰流的水力计算公式同 WES 堰流，采用式（5.2），但它们的参数选取有所不同。

（1）流量系数 m。有坎宽顶堰流的流量系数 m 取决于堰顶的进口形式和堰的相对高度 P_1/H，可由经验公式计算求得。

5.5
有坎宽顶堰流水力计算

1）堰顶进口为直角，如图 5.10（a）所示。

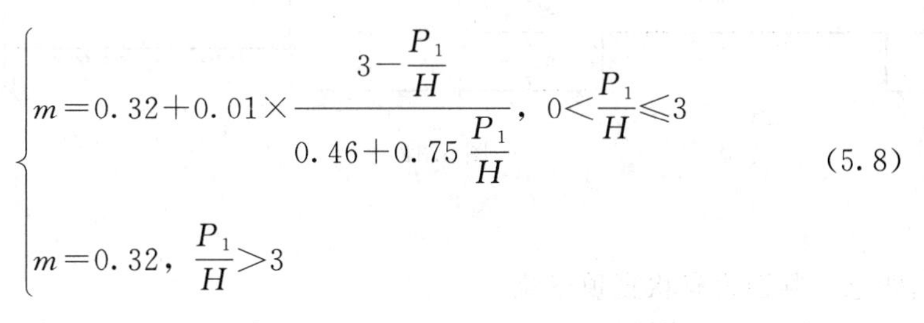

$$
\begin{cases}
m = 0.32 + 0.01 \times \dfrac{3 - \dfrac{P_1}{H}}{0.46 + 0.75\dfrac{P_1}{H}}, & 0 < \dfrac{P_1}{H} \leqslant 3 \\
m = 0.32, & \dfrac{P_1}{H} > 3
\end{cases}
\tag{5.8}
$$

2）堰顶进口为圆角，如图 5.11 所示。

$$
\begin{cases}
m=0.36+0.01\times\dfrac{3-\dfrac{P_1}{H}}{1.2+1.5\dfrac{P_1}{H}}, & 0<\dfrac{P_1}{H}\leqslant 3 \\
m=0.36, & \dfrac{P_1}{H}>3
\end{cases}
\tag{5.9}
$$

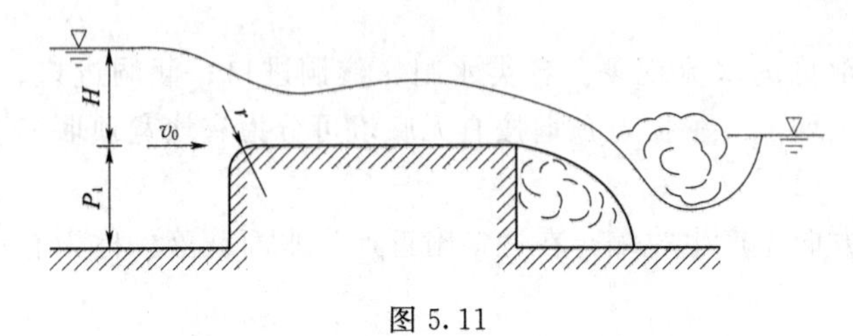

图 5.11

通过理论推导，可证明宽顶堰流量系数的最大值 $m_{\max}=0.385$。

（2）侧收缩系数 ε。侧收缩系数 ε 计算同 WES 堰流，按式（5.7）计算。

（3）淹没系数 σ_s。试验证明，宽顶堰的淹没条件是 $h_s\geqslant(0.75\sim0.85)H_0$。实际计算中，常将宽顶堰流的淹没条件近似为 $\dfrac{h_s}{H_0}>0.8$。淹没系数 σ_s 随相对淹没度 $\dfrac{h_s}{H_0}$ 的增大而减小，按表 5.2 选用。$\dfrac{h_s}{H_0}<0.8$ 时，为自由出流，$\sigma_s=1.0$。

表 5.2　　宽顶堰流的淹没系数 σ_s 值

h_s/H_0	0.80	0.81	0.82	0.83	0.84	0.85	0.86	0.87	0.88	0.89
σ_s	1.00	0.995	0.99	0.98	0.97	0.96	0.95	0.93	0.90	0.87
h_s/H_0	0.90	0.91	0.92	0.93	0.94	0.95	0.96	0.97	0.98	
σ_s	0.84	0.82	0.78	0.74	0.70	0.65	0.59	0.50	0.40	

【例 5.2】 某矩形断面渠道上修建一宽顶堰如图 5.12 所示。上游渠宽 $B_0=5.0\text{m}$，堰宽 $B=3.0\text{m}$，下游水位超过堰顶 $h_s=1.5\text{m}$，上下游堰高 $P_1=P_2=1.0\text{m}$，边墩头部为矩形，堰顶进口为直角，堰上水头 $H=2.0\text{m}$，堰前行近流速 $v_0=0.5\text{m/s}$，试求过堰流量。

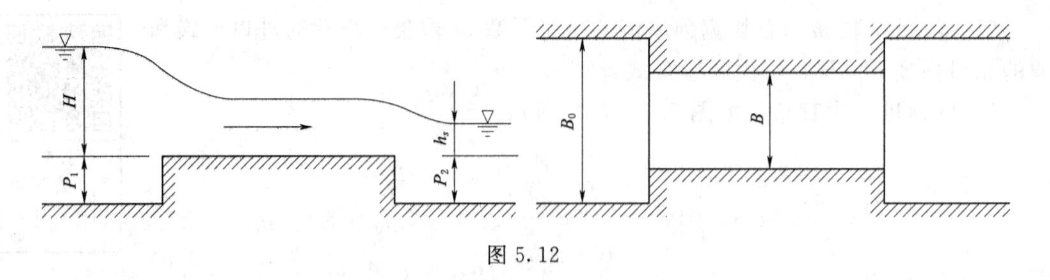

图 5.12

解：

1）根据题意，判别为有坎宽顶堰流。

2）求流量系数 m。因堰顶进口为直角，且 $P_1/H=0.5<3$，故流量系数可按

式（5.8）计算：

$$m=0.32+0.01\frac{3-\dfrac{P_1}{H}}{0.46+0.75\dfrac{P_1}{H}}=0.32+0.01\times\frac{3-0.5}{0.46+0.75\times0.5}=0.35$$

3）求侧收缩系数 ε。边墩头部为矩形，查图5.8得 $\zeta_k=1.0$。

单孔无闸墩：

$$\zeta_0=0$$

$$H_0=H+\frac{\alpha v_0^2}{2g}=2+\frac{1\times0.5^2}{2\times9.8}=2.01(\text{m})$$

侧收缩系数 ε 按式（5.7）计算：

$$\varepsilon=1-0.2[\zeta_k+(n-1)\zeta_0]\frac{H_0}{nb}=1-0.2\times[1+(1-1)\times0]\times\frac{2.01}{1\times3.0}=0.866$$

4）淹没系数 σ_s。

$$h_s/H_0=1.5/2.01=0.75<0.8$$

故为自由出流，$\sigma_s=1$。

5）求流量 Q。按式（5.2）计算流量：

$$Q=\sigma_s\varepsilon mnb\sqrt{2g}H_0^{\frac{3}{2}}=1\times0.866\times0.35\times1\times3\times\sqrt{2\times9.8}\times2.01^{\frac{3}{2}}=11.47(\text{m}^3/\text{s})$$

2. 无坎宽顶堰流的水力计算

5.6 无坎宽顶堰流水力计算

无坎宽顶堰流的水力计算仍然可采用式（5.2），但由于无坎宽顶堰流本身就是由于侧向收缩产生的，故不再单独考虑侧收缩系数，而将其影响一并考虑在流量系数里，即令 $m'=m\varepsilon$，m' 为包含侧收缩影响的流量系数。此时，无坎宽顶堰的水力计算公式可表示为

$$Q=\sigma_s m'nb\sqrt{2g}H_0^{\frac{3}{2}} \tag{5.10}$$

（1）流量系数 m'。流量系数 m' 的计算分单孔宽顶堰和多孔宽顶堰。

对于单孔宽顶堰，流量系数根据进口翼墙的形式及平面收缩程度查表确定。常见的三种翼墙形式如图5.13所示，相应的流量系数见表5.3。

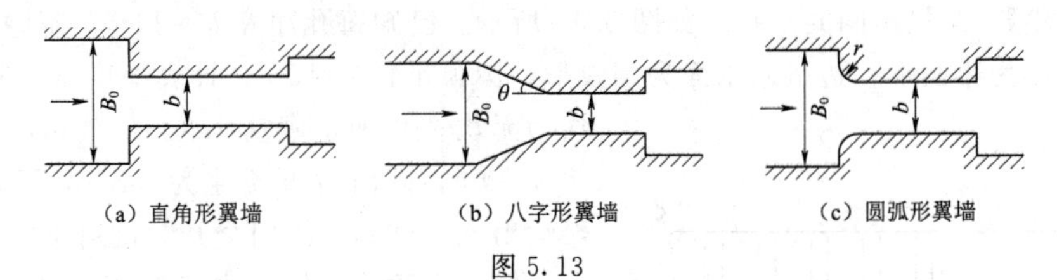

（a）直角形翼墙　（b）八字形翼墙　（c）圆弧形翼墙

图5.13

表5.3　无坎宽顶堰流的流量系数值 m'

$\frac{b}{B_0}$	直角形翼墙	八字形翼墙			圆弧形翼墙			
		$\cot\theta$			$\frac{r}{b}$			
		0.5	1.0	2.0	0.1	0.2	0.3	≥0.5
0.0	0.320	0.343	0.350	0.353	0.342	0.349	0.354	0.360

续表

$\frac{b}{B_0}$	直角形翼墙	八字形翼墙			圆弧形翼墙			
		$\cot\theta$			$\frac{r}{b}$			
		0.5	1.0	2.0	0.1	0.2	0.3	≥0.5
0.1	0.322	0.344	0.351	0.354	0.344	0.350	0.355	0.361
0.2	0.324	0.346	0.352	0.355	0.345	0.351	0.356	0.362
0.3	0.327	0.348	0.354	0.357	0.347	0.353	0.357	0.363
0.4	0.330	0.350	0.356	0.358	0.349	0.355	0.359	0.364
0.5	0.334	0.352	0.358	0.360	0.352	0.357	0.361	0.366
0.6	0.340	0.356	0.361	0.363	0.354	0.360	0.363	0.368
0.7	0.346	0.360	0.364	0.366	0.359	0.363	0.366	0.370
0.8	0.355	0.365	0.369	0.370	0.365	0.368	0.371	0.373
0.9	0.367	0.373	0.375	0.376	0.373	0.375	0.376	0.378
1.0	0.385	0.385	0.385	0.385	0.385	0.385	0.385	0.385

对于多孔宽顶堰，流量系数取边孔流量系数和中孔流量系数的加权平均值。

$$m'=\frac{m_m(n-1)+m_s}{n} \tag{5.11}$$

式中　n——堰孔数目；

m_m——中孔流量系数，中孔流量系数查表5.3，此时$\frac{b}{B_0}=\frac{b}{b+d}$；

m_s——边孔流量系数，边孔流量系数查表5.3，此时$\frac{b}{B_0}=\frac{b}{b+2\Delta}$；

Δ——边墩边缘线与上游引水渠水边线之间的距离。如图5.7所示。

(2) 淹没系数。无坎宽顶堰流的淹没判定条件及其淹没系数的确定参照有坎宽顶堰流确定。

【例5.3】 某拦河闸共9孔，如图5.14所示。已知每孔净宽$b=14$m，闸墩厚度$d=3.5$m，头部为半圆形，边墩迎水面为圆弧形，圆弧半径$r=5$m，计算厚度$\Delta=3$m。闸底坎为无坎宽顶堰，闸前水位18.00m，闸底坎高程6.00m，闸前行近流速为3m/s，下游水位不影响出流，试确定闸门全开时过闸流量。

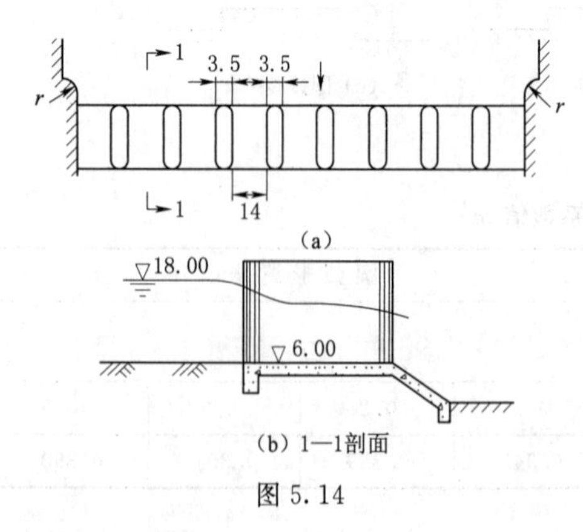

图5.14

解：由题意可知，水流属于无坎宽顶堰流。按式(5.10)计算。

1) 流量系数m'。要求多孔宽顶堰的流量系数，先分别求中孔流量系数和边孔流量系数。

中孔流量系数m_m：按圆弧翼墙对待，由$\frac{r}{b}=\frac{3.5/2}{14}=0.125$及$\frac{b}{B_0}=\frac{b}{b+d}=\frac{14}{3.5+14}=$

0.8，查表5.3并内插可得 $m_m=0.36575$。

边孔流量系数 m_s：按圆弧翼墙对待，由 $\frac{r}{b}=\frac{5}{14}=0.357$ 及 $\frac{b}{B_0}=\frac{b}{b+2\Delta}=\frac{14}{14+2\times3}=$ 0.7，查表5.3并内插可得 $m_s=0.36714$。

加权平均后的流量系数按式（5.11）计算：

$$m'=\frac{m_m(n-1)+m_s}{n}=\frac{0.36575\times(9-1)+0.36714}{9}=0.365904$$

2）淹没系数 σ_s。下游水位不影响出流，故为自由出流，$\sigma_s=1$。

3）堰上全水头。

$$H_0=H+\frac{\alpha v_0^2}{2g}=12+\frac{1\times3^2}{2\times9.8}=12.459(\text{m})$$

4）求流量 Q。按式（5.10）计算流量：

$$Q=\sigma_s m' nb\sqrt{2g}H_0^{\frac{3}{2}}=1\times0.3659\times9\times14\times\sqrt{2\times9.8}\times12.459^{\frac{3}{2}}=8976.36(\text{m}^3/\text{s})$$

任务5.4　闸孔出流的水力计算

任务目标

1. 理解影响闸孔出流流量的因素；
2. 能进行宽顶堰上闸孔出流的水力计算；
3. 能进行曲线堰上闸孔出流的水力计算。

5.7 闸孔出流水力计算

水利水电工程中的水闸，闸底坎一般为宽顶堰或曲线形实用堰，闸门形式主要有平板闸门［图5.15（a）］和弧形闸门［图5.15（b）］两种。当堰上有闸门时，水流可能为堰流，也可能为闸孔出流。闸底坎为平顶堰时，$\frac{e}{H}\leqslant0.65$ 为闸孔出流；闸底坎为曲线堰时，$\frac{e}{H}\leqslant0.75$ 为闸孔出流。

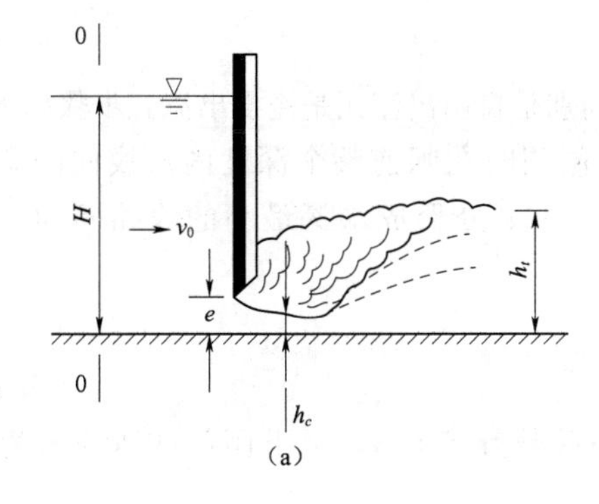

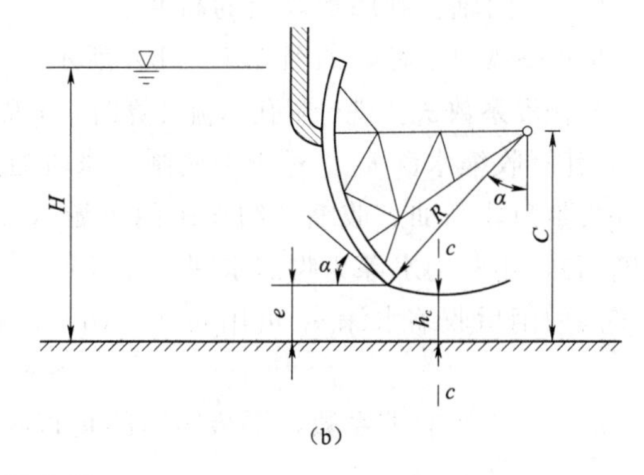

图5.15

5.4.1　宽顶堰上的闸孔出流

1. 宽顶堰上闸孔出流基本公式

应用能量方程和连续性方程推导可得到闸孔出流的基本计算公式：

$$Q=\sigma_s \mu nbe\sqrt{2gH_0} \tag{5.12}$$

其中

$$H_0=H+\frac{\alpha_0 v_0^2}{2g}$$

式中　σ_s——淹没系数，自由出流时，$\sigma_s=1$，淹没出流时，$\sigma_s<1$，需计算确定；

μ——流量系数，根据闸门形式及闸底坎形式的不同而不同，采用经验公式计算；

n——闸孔数；

b——单孔宽度；

e——闸门下缘到坎顶的距离，为闸门开度；

H_0——为闸前全水头。

式（5.12）是闸孔出流水力计算的一般公式。闸孔出流的过流能力 Q 与闸前水头 H、闸门开度 e、闸门形式、闸底坎形式以及出流是否淹没等因素有关。

闸孔出流水力计算的基本类型包括：①求流量 Q；②求作用水头 H；③求所需闸孔数目 n 和单孔净宽 b；④求闸门开度 e。

2. 宽顶堰上闸孔出流计算参数

（1）流量系数 μ。

1）平板闸门：

$$\mu=0.60-0.176\frac{e}{H} \tag{5.13}$$

适用范围：

$$0.1<\frac{e}{H}<0.65$$

2）弧形闸门：

$$\mu=\left(0.97-0.81\frac{\alpha}{180°}\right)-\left(0.56-0.81\frac{\alpha}{180°}\right)\frac{e}{H} \tag{5.14}$$

适用范围：

$$25°<\alpha\leqslant 90°,\quad 0<\frac{e}{H}<0.65$$

$$\alpha=\arccos\frac{C-e}{R} \tag{5.15}$$

式中　C——门轴在闸底坎以上的高度；

R——弧门半径，如图 5.15（b）所示。

（2）淹没系数 σ_s。进行闸孔出流计算时，应先判别是自由出流还是淹没出流。步骤如下：

1）计算收缩水深 h_c。对于平底闸，水流通过闸门时在闸前整个深度内流线向闸孔趋近，并发生急剧弯曲、收缩，约在闸门下游 $(0.5\sim1)e$ 处形成水深最小的收缩断面（渐变流断面），相应的水深为收缩水深 h_c。

平底闸闸后收缩水深 h_c 可用式（5.16）计算：

$$h_c=\varepsilon_2 e \tag{5.16}$$

式中　ε_2——垂直收缩系数，平板闸门的垂直收缩系数查表 5.4，弧形闸门的垂直收缩系数查表 5.5；

e——闸门开度。

表 5.4 平板闸门的垂直收缩系数值

$\frac{e}{H}$	0.10	0.15	0.20	0.25	0.30	0.35	0.40	0.45	0.50	0.55	0.60	0.65	0.70	0.75
ε_2	0.615	0.618	0.620	0.622	0.625	0.628	0.630	0.638	0.645	0.650	0.660	0.675	0.690	0.705

表 5.5 弧形闸门的垂直收缩系数值

$\alpha/(°)$	35	40	45	50	55	60	65	70	75	80	85	90
ε_2	0.789	0.766	0.742	0.720	0.698	0.678	0.662	0.646	0.635	0.627	0.622	0.620

2）计算收缩水深 h_c 相共轭的跃后水深 h''_c。

$$h''_c=\frac{h_c}{2}\left(\sqrt{1+\frac{8q^2}{gh_c^3}}-1\right) \tag{5.17}$$

3）判断闸后水跃形式。

当 $h_t<h''_c$ 时，水跃在收缩断面的下游发生，这种形式的水跃称为远驱水跃或远离式水跃。

当 $h_t=h''_c$ 时，水跃正好在收缩断面产生，这种形式的水跃称为临界水跃。

当 $h_t>h''_c$ 时，水跃在收缩断面的上游发生，这种形式的水跃称为淹没水跃。

4）计算淹没系数 σ_s。当闸后发生远驱水跃或临界水跃时，闸孔发生自由出流，淹没系数 $\sigma_s=1$。当闸后发生淹没水跃时，闸孔发生淹没出流。淹没系数 σ_s 与潜流比 $\frac{h_t-h''_c}{H-h''_c}$ 有关，查图 5.16 确定。

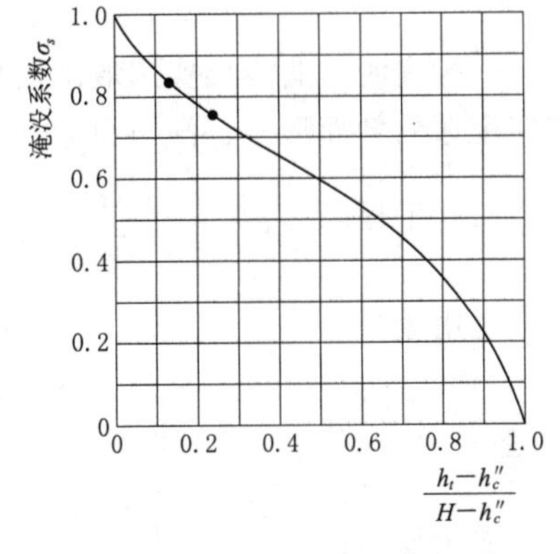

图 5.16

【例 5.4】 如图 5.15（b）所示，单孔弧形闸门自由出流，闸门宽 $b=5$m，弧形闸门半径 $R=5$m，$C=3.5$m，闸门开度 $e=0.6$m，闸前水深 $H=3$m，不计行进流速，试计算过闸流量 Q。

解：

判别出流形式：$\frac{e}{H}=\frac{0.6}{3}=0.2<0.65$，属于闸孔出流。根据图 5.15（b），为宽顶堰上闸孔出流。

$$\alpha=\arccos\frac{C-e}{R}=\arccos\frac{3.5-0.6}{5}=\arccos 0.58=54.6°$$

弧形闸门的流量系数可按式（5.14）计算：

$$\mu=\left(0.97-0.81\frac{\alpha}{180°}\right)-\left(0.56-0.81\frac{\alpha}{180°}\right)\frac{e}{H}$$

$$=\left(0.97-0.81\times\frac{54.6°}{180°}\right)-\left(0.56-0.81\times\frac{54.6°}{180°}\right)\times\frac{0.6}{3}$$

$$=0.66$$

不计行进流速，则 $v_0=0$，$H_0=H=3$m

自由出流时 $\sigma_s=1$

过闸流量： $Q=\sigma_s\mu nbe\sqrt{2gH_0}=1\times0.66\times1\times5\times0.6\times\sqrt{2\times9.8\times3}=15.2(\text{m}^3/\text{s})$

5.4.2　曲线堰上的闸孔出流

图5.17为曲线堰上闸孔出流。曲线堰上闸孔出流一般不会发生淹没出流。从图中看到，只有当下游水位超过堰顶时，才会影响到闸孔出流能力，闸孔出流才会由自由出流变为淹没出流。

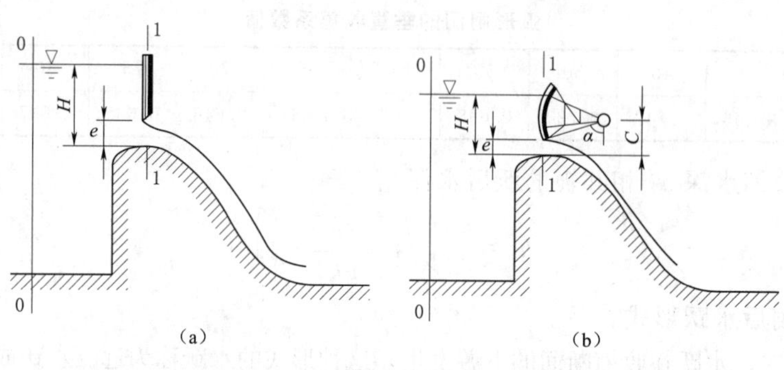

图5.17

1. 自由出流的曲线堰闸孔出流计算公式

$$Q=\mu nbe\sqrt{2gH_0} \tag{5.18}$$

试验表明，曲线形实用堰闸孔出流的流量系数 μ 与闸门相对开度、闸门型式、曲线形实用堰的剖面形式、闸门在堰顶上的位置等因素有关。流量系数 μ 可用经验公式计算。

（1）平板闸门：

$$\mu=0.745-0.274\frac{e}{H} \tag{5.19}$$

适用范围：

$$0.1<\frac{e}{H}<0.75$$

（2）弧形闸门：

$$\mu=0.685-0.19\frac{e}{H} \tag{5.20}$$

适用范围：

$$0.1<\frac{e}{H}<0.75$$

重要工程应通过专门的模型试验确定流量系数值。

2. 淹没出流的曲线堰闸孔出流计算公式

对于低坝实用堰上的闸孔出流，当下游发生淹没水跃且水跃淹没闸孔出口，影响到闸孔的泄流量时，则认为发生了淹没出流。近似计算时，可按式（5.21）计算：

$$Q=\mu nbe\sqrt{2g(H_0-h_s)} \tag{5.21}$$

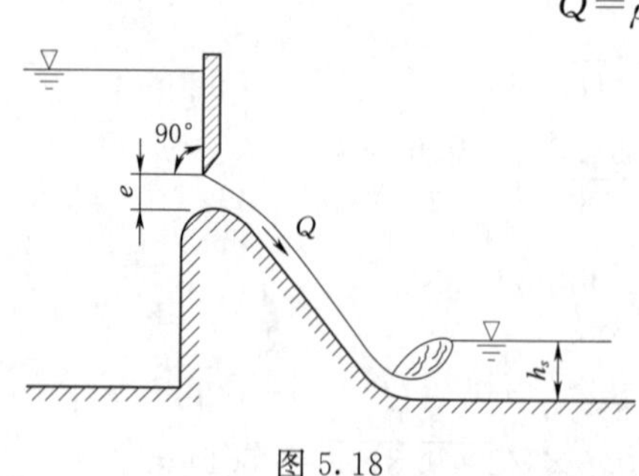

图5.18

式中　h_s——堰顶以上的下游水深；

μ——曲线堰上闸孔出流的流量系数，根据闸门型式选择式（5.19）或式（5.20）。

【例5.5】 如图5.18所示，曲线形实用堰上的单孔平板闸孔泄流，闸门为平板门，$b=4$m。当闸门开度 $e=1$m 时，其泄流量 $Q=24.3\text{m}^3/\text{s}$，行近流速略去不计，试求堰上水头 H。

解：首先应判断水流为堰流还是闸孔出流。由于 H 未知，所以先假设闸门相对开度 $\frac{e}{H}<0.75$，水流为闸孔出流。

由于水头 H 未知，所以流量系数 μ、H_0 不能直接计算，因此采取试算的方法。即假定不同的 H，计算对应的流量 Q 是否与题目里所给的 Q 接近。当两者接近时，即为所求的 H。

(1) 设 $H=5$m，则曲线堰上平板门的流量系数按式（5.19）计算：

$$\mu=0.745-0.274\frac{e}{H}=0.745-0.274\times\frac{1}{5}=0.690$$

下游水位低于堰顶，$\sigma_s=1$。行近流速略去不计，即取 $H_0=H$，下同。

由式（5.18）可求得流量

$$Q_1=\mu nbe\sqrt{2gH_0}=0.69\times4\times1\times\sqrt{2\times9.8\times5}=27.331(\text{m}^3/\text{s})$$

大于已知流量，需重新假定 H，计算 Q。

(2) 设 $H=4$m，则曲线堰上平板门的流量系数为

$$\mu=0.745-0.274\frac{e}{H}=0.745-0.274\times\frac{1}{4}=0.677$$

可求得流量

$$Q_2=\mu nbe\sqrt{2gH_0}=0.677\times4\times1\times\sqrt{2\times9.8\times4}=23.961(\text{m}^3/\text{s})$$

计算结果偏小，重新假定 H，计算 Q。

(3) 设 $H=4.1$m，则曲线堰上平板门的流量系数为

$$\mu=0.745-0.274\frac{e}{H}=0.745-0.274\times\frac{1}{4.1}=0.677$$

可求得流量

$$Q_3=\mu nbe\sqrt{2gH_0}=0.678\times4\times1\times\sqrt{2\times9.8\times4.1}=24.317(\text{m}^3/\text{s})$$

与已知流量相符，水头 $H=4.1$m 即为所求。

此时，需再验证一开始的闸孔出流假定是否成立。$\frac{e}{H}=\frac{1}{4.1}=0.244<0.75$，确为闸孔出流，原假定正确。因此，$H=4.1$m。

【小结】

1. 堰流和闸孔出流的分类

闸底坎为平顶堰：$\frac{e}{H}\leqslant0.65$ 时为闸孔出流；$\frac{e}{H}>0.65$ 时为堰流。

闸底坎为曲线型堰：$\frac{e}{H}\leqslant0.75$ 时为闸孔出流；$\frac{e}{H}>0.75$ 时为堰流。

5.8 堰流和闸孔出流水力计算思维导图 Ⓟ

2. 堰流的分类

$\delta/H<0.67$，薄壁堰流；$0.67\leqslant\delta/H<2.5$，实用堰流；$2.5\leqslant\delta/H<10$，宽顶堰流。

3. 堰流计算

(1) 薄壁堰流，流量计算公式（略）。

(2) 实用堰流和有坎宽顶堰流流量计算公式：$Q=\sigma_s \varepsilon mnb\sqrt{2g}H_0^{\frac{3}{2}}$。

(3) 无坎宽顶堰流流量计算公式：$Q=\sigma_s m'nb\sqrt{2g}H_0^{\frac{3}{2}}$。

4. 闸孔出流

(1) 宽顶堰上闸孔出流流量计算公式：$Q=\sigma_s \mu nbe\sqrt{2gH_0}$。

(2) 曲线堰上闸孔出流流量计算公式：自由出流，$Q=\mu nbe\sqrt{2gH_0}$；淹没出流，$Q=\mu nbe\sqrt{2g(H_0-h_s)}$。

【应知】

一、填空题

1. 水力学中，把既能壅高上游水位，又能从自身溢水的建筑物称为＿＿＿＿＿。

2. 当堰顶部的闸门完全开启，使过堰水流完全不受闸门控制而从坎顶自由下泄，这时的水流称作＿＿＿＿＿。

3. 工程上通常根据堰顶厚度 δ 与堰上水头 H 的比值及堰的水力特性，将堰流分为＿＿＿＿＿、＿＿＿＿＿和＿＿＿＿＿。

4. 水流由急流过渡到缓流，发生＿＿＿＿＿，而水跃发生的位置随着下游水深 h_t 而变化。根据水跃位置对过流能力的影响可将闸孔出流分为＿＿＿＿＿出流和＿＿＿＿＿出流两种。

5. 宽顶堰上平板闸门的出流，当水流出闸后，收缩断面水深 h_c 通常要比临界水深 h_k ＿＿＿＿＿，所以流态为＿＿＿＿＿。

6. 宽顶堰闸孔自由出流的流量系数 μ 取决于闸底坎＿＿＿＿＿、闸门＿＿＿＿＿和闸门开度 e/H。

7. WES 实用堰流量系数主要取决于＿＿＿＿＿、＿＿＿＿＿以及堰上游面的坡度。

二、选择题

1. 闸底坎为平顶堰时，（　　）为堰流。

A. $\frac{e}{H}\leqslant 0.65$　　B. $\frac{e}{H}>0.65$　　C. $\frac{e}{H}\leqslant 0.75$　　D. $\frac{e}{H}>0.75$

2. 当 $\delta/H<0.67$ 时，由于堰壁厚度 δ 较小，对过堰水舌形状没有影响，称为（　　）。

A. 宽顶堰流　　B. 实用堰流　　C. 薄壁堰流　　D. 不确定

3. 堰顶进口为直角比圆角的流量系数（　　）。

A. 小　　B. 大　　C. 相等　　D. 不确定

4. 当 $P_1/H_d\leqslant 1.33$ 时称为低堰，此时上游行近流速加大，流量系数 m 随 P_1/H_d 减小而（　　）。

A. 增大　　B. 不变　　C. 减少　　D. 不相关

5. 当所测流量较小时，用（　　）薄壁堰流测流由于水头过小将引起较大误差，故可改用（　　）薄壁堰。

A. 矩形　直角三角形　B. 直角三角形　矩形　C. 矩形　梯形　D. 梯形　矩形

6. 实用堰流的流量与堰上全水头的（　　）次幂成正比。

A. 1　　B. 2/3　　C. 1/2　　D. 3/2

【应会】

1. 某 WES 剖面堰，堰宽 $B=15\text{m}$，无闸墩，边墩头部为圆弧形，上下游堰高 P_1 和 P_2 均为 4m，下游水深 h_t 为 2m，设计水头 H_d 为 3.5m，试求堰顶水位 H 为 3m 时的过堰流量。

（参考答案：$Q=175\text{m}^3/\text{s}$）

2. 某水库的溢洪道采用堰顶上游为三圆弧段的 WES 型实用堰剖面，如图 5.19 所示。堰顶高程为 340.0m，上、下游河床高程均为 315.0m，设计水头 $H_d=10.0\text{m}$。溢洪道共 5 孔，每孔宽度 $b=10.0\text{m}$，闸墩墩头形状为半圆形，边墩为圆弧形。求当水库水位为 347.3m，下游水位为 342.5m 时，通过溢洪道的流量。设上游水库断面面积很大，行进流速 v_0 近似取 0。

（参考答案：$m/m_d=0.956$，$\varepsilon_1=0.927$，$\sigma_s=0.985$，$Q=1915\text{m}^3/\text{s}$）

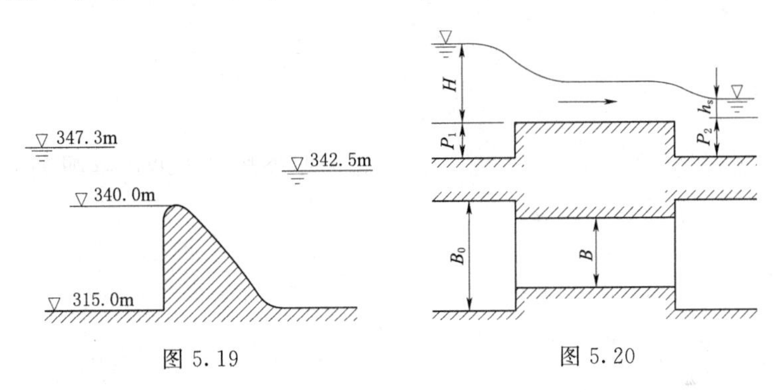

图 5.19　　图 5.20

3. 某矩形断面渠道上修建一宽顶堰如图 5.20 所示。上游渠宽 $B_0=5.0\text{m}$，堰宽 $B=2.0\text{m}$，下游水位超过堰顶 $h_s=0.8\text{m}$，上下游堰高 $P_1=P_2=1.0\text{m}$，边墩头部为矩形，堰顶进口为直角，堰上水头 $H=1.8\text{m}$，堰前行近流速 $v_0=0.4\text{m/s}$，试求过堰流量。

（参考答案：$Q=6.13\text{m}^3/\text{s}$）

4. 某水利枢纽设平底冲沙闸，用弧形闸门控制流量，如图 5.21 所示。闸孔宽度 $b=10\text{m}$，弧门半径 $R=15\text{m}$，门轴离开坎顶的高度 $C=10\text{m}$，闸前作用水头 $H=12\text{m}$。试计算闸门开度 $e=2\text{m}$ 时，下游水深分别为 $h_t=2.5\text{m}$ 和 $h_t=8\text{m}$ 情况下的过闸流量 Q（不计行近流速的影响）。

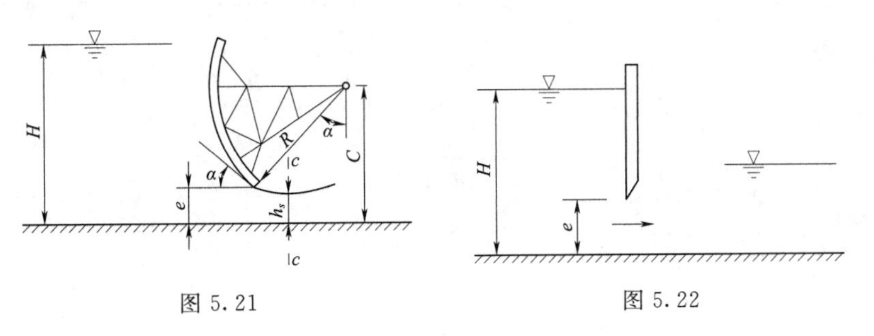

图 5.21　　图 5.22

（参考答案：$Q=202\mathrm{m}^3/\mathrm{s}$，$Q=157.9\mathrm{m}^3/\mathrm{s}$）

5. 某水闸如图 5.22 所示。闸底板与渠底齐平，无闸墩，闸孔宽度 $B=2.5\mathrm{m}$，闸门开度 $e=0.5\mathrm{m}$，闸前水深 $H=5.0\mathrm{m}$，不计闸前行近流速水头，按自由出流计算过闸流量 Q。

（参考答案：$Q=7.68\mathrm{m}^3/\mathrm{s}$）

6. 某水库溢流坝为曲线形实用堰，堰顶共分 5 孔，设弧形闸门，单孔净宽 $b=8.0\mathrm{m}$，各孔均匀开启，开度 $e=1.2\mathrm{m}$，不计闸前行近流速水头。试求堰顶水头 $H=4.5\mathrm{m}$ 时，为自由出流，求通过闸孔的流量。（参考答案：$Q=285.8\mathrm{m}^3/\mathrm{s}$）

项目6　衔接与消能的水力计算

【知识目标】

1. 熟悉泄水建筑物下游的水流特征及消能的主要形式；
2. 理解不同消能措施的消能机制；
3. 掌握不同消能形式的适用条件；
4. 熟悉建筑物下游三种水跃衔接形式及消能水跃的选择。

6.1
项目导学 Ⓣ

【能力目标】

1. 掌握收缩断面的水深计算方法；
2. 掌握是否建消能工的判别方法；
3. 了解底流消能的三种工程措施。掌握挖深式消力池的计算方法；
4. 熟悉挑流型衔接消能的计算方法。

任务6.1　泄水建筑物下泄水流与消能方式

任务目标

1. 了解泄水建筑物下游水流的特点；
2. 熟悉泄水建筑物下游水流消能主要形式。

6.2
泄水建筑物下游水流衔接形式的判别 ▶

6.1.1　下泄水流的特点

为了达到灌溉、发电、防洪等兴利目标，往往要在河渠上建造水闸、挡水坝等水工建筑物，用来调节河渠的水位和流量。但这些水工建筑物的兴建，必然会改变天然河流原有的水流状态，主要表现在以下两个方面：

（1）修建挡水建筑物之后，必然壅高上游水位，使挡水建筑物上游积聚较大的水流能量（主要是势能），而挡水建筑物又不可能将上游源源不断的来水全部拦蓄在水库以内，必然要从溢洪道、泄洪洞、坝身泄水孔等泄水建筑物泄出一部分水流，在泄水工程中，上游水流积聚的势能必将转化为动能，使下泄水流具有较高的流速。具有较大乃至巨大能量的下泄水流在自然衔接的过程中，如不设法消除部分能量，必然会严重冲刷河床、河岸，危及建筑物的安全。

（2）由于水利水电工程枢纽布置的要求和为了节省工程造价，建筑物泄水宽度一般小于原有河床宽度，这就使得下泄流量相对集中，单宽流量较大，可能使下游水流在平面上形成回流、波浪、折冲水流等不良的流动情况，影响枢纽的正常运行。而下游河道，一般来讲，在正常流动情况下，水流分布比较均匀，流速较小。如此一来，就产生了从泄水建筑物泄出的高速集中水流如何顺利地衔接过渡到下游正常流动情况这一问题，即泄水建筑物下泄水流的衔接与消能问题。

泄水建筑物下游水流衔接与消能的主要任务就是在确保闸坝安全、工程费用较省而又合乎流态要求的条件下，设计消除余能的具体方式。通过采取一定的工程措施，利用有效的衔接方式，使下泄水流挟带的余能在较短的距离内转化为热能、声能逸散于空气之中，避免冲刷河床岸坡，保证水工建筑物的安全。

6.1.2　泄水建筑物下游水流消能主要形式

实现消能的方式之一是依靠水流内部的相互摩擦和碰撞，促使水流分散掺气。因为水流内部相对运动越是急剧紊乱，消能效果就越好。因此，工程实际中常常利用下泄水流形成大的漩滚来消能。另外，水流扩散之后，即使射入下游河道的水量分散，也使能量分散。水流掺气之后密度减小，对河床的冲刷作用也会相应地减弱。根据这样一个原则，工程实践中形成了一些有较好消能效果的衔接消能方式。常见的衔接消能方式有底流型衔接消能、挑流型衔接消能、面流型衔接消能三种。

1. 底流型衔接消能

当水流由急流向缓流转变时会产生水跃现象。水跃能够消除大量的动能。而泄水建筑物泄出的高速水流在较短距离内，有控制地通过水跃转变为缓流，消除余能，与下游河道的正常水流衔接起来。由于这种方式的衔接与消能过程中，主流位于底部，因此称为底流型衔接消能。如图 6.1 所示。底流型衔接消能多用于中、低水头级下游地质条件较差的泄水建筑物的消能。

2. 挑流型衔接消能

利用泄流本身的动能，在建筑物的出流部位利用挑流鼻坎将水股抛射在离建筑物较远的下游，使得对河床的冲刷位置离建筑物较远，不致影响建筑物的安全，泄流的余能一部分在空中消散，利用水流掺气而消减机械能；大部分则在水股跃入下游冲坑时，在冲坑两侧形成水滚而消除。这种消能方式称为挑流型衔接消能，如图 6.2 所示。挑流型衔接消能多用于高水头且下游河床地质条件好的泄水建筑物下游的消能。

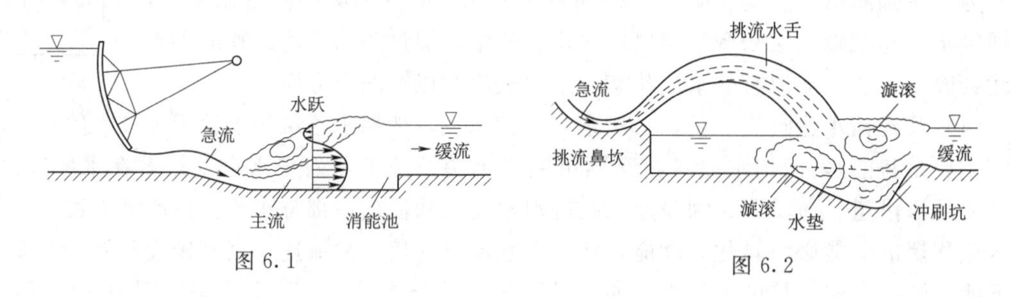

图 6.1　　图 6.2

3. 面流型衔接消能

当建筑物下游水深较大并且比较稳定时，可在建筑物出流部位采用低于下游水位的导流坎，将下泄的高速水流送入下游河道水流表层，在河床与表层高流速水流间形成漩滚区，以消减能量，把主流与河床隔开，减轻对河床的冲刷，并消除余能。由于主流位于面层，故称为面流型衔接消能，如图 6.3 所示。这种消能形式要求下游具有较高和较稳定的水位，一般用于有排冰、漂木等要求的泄水建筑物。

实际工程中采用的衔接消能形式除上述三种基本形式外，还有戽流式消能、孔板式消能、数轴式消能等形式，这些消能形式一般是基本消能方式的结合或者是在工程具体条件下的发展应用，需要根据每个工程的泄流条件、工程运用要求以及下游河道的地形、地质条件，进行综合分析研究决定。重要的水利水电工程往往需要进行水工模型试验，确定消能方式。本项目介绍最常用的底流型衔接消能和挑流型衔接消能的水力计算，其他形式可参阅相关的水力学资料。

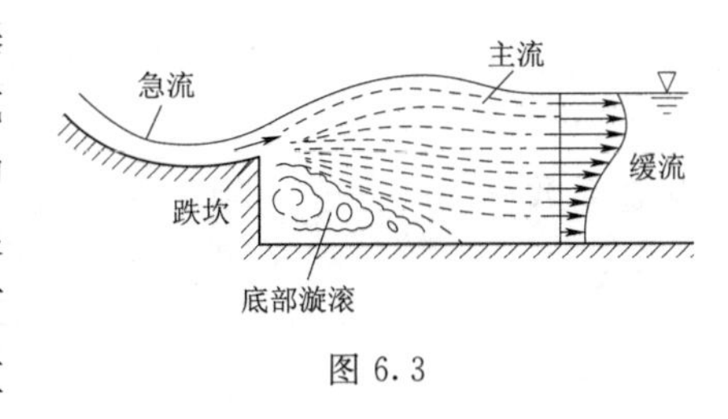

图 6.3

任务 6.2　底流型衔接消能的水力计算

任务目标

1. 掌握泄水建筑物下游收缩断面水深的计算方法；
2. 掌握泄水建筑物下游水流衔接与判别；
3. 掌握挖深式消力池的深度 d 和长度 L_k 的计算。

闸、坝等泄水建筑物下泄水流经过 c—c 收缩断面，通常以水跃的形式与下游水流衔接。水跃发生在收缩断面前后的位置不同，则发生不同的水跃衔接形式，而水跃衔接形式决定了是否需要采取消能措施，判断会发生哪一种水跃形式与收缩断面水深 h_c 有关，所以底流式衔接与消能的水力计算步骤为：

（1）计算收缩断面水深 h_c。

（2）由 h_c 计算 h_c'' 并判别水流衔接形式，判断是否需要进行消能。

（3）如需进行消能，则进行消力池的设计。

6.2.1　收缩断面水深 h_c 的计算

以图 6.4 所示的溢流坝为例，沿溢流面下泄的水流，势能不断地转化为动能，水深减小，流速增大，到达下游坝趾断面形成水深最小、流速最大的 c—c 收缩断面，其水深称为收缩水深，以 h_c 表示。

建立收缩断面水深计算的基本方程。选下游收缩断面最低点作基准面，对断面 0—0 和 c—c 列能量方程，得

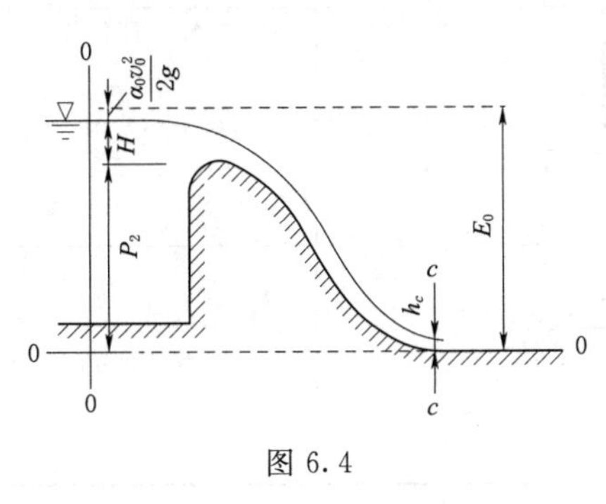

图 6.4

$$P_2+H+\frac{\alpha_0 v_0^2}{2g}=h_c+\frac{\alpha_c v_c^2}{2g}+\zeta\frac{v_c^2}{2g}$$

一般情况下，上游断面 0—0 的运动要素为已知，$E_0=P_2+H+\frac{\alpha_0 v_0^2}{2g}=P_2+H_0$，表示的是以收缩断面最低点为基准面的上游总水头。则上式可写为

$$E_0 = h_c + (\alpha_c + \zeta)\frac{v_c^2}{2g}$$

令流速系数 $\varphi = \frac{1}{\sqrt{\alpha_c + \zeta}}$，则上式可表示为

$$E_0 = h_c + \frac{v_c^2}{2g\varphi^2}$$

将 $v_c = \frac{Q}{A_c}$ 代入上式可得

$$E_0 = h_c + \frac{Q^2}{2g\varphi^2 A_c^2} \tag{6.1}$$

收缩断面一般是矩形断面，$A_c = bh_c$，取单宽流量计算，则式（6.1）可改写为

$$E_0 = h_c + \frac{q^2}{2g\varphi^2 h_c^2} \tag{6.2}$$

式（6.2）是由溢流堰导出的公式，对闸孔出流也完全适用。

从式（6.2）可以看到，收缩水深 h_c 取决于 E_0、q、φ。堰高 P_1 一般是给定的，单宽流量 q、堰上水头 H_0 可用堰流公式计算，根据关系式 $E_0 = P_2 + H_0$ 可求出 E_0。流速系数 φ 主要取决于堰顶入口部分的局部水头损失和水流流经溢流面时的沿程水头损失、局部水头损失，数值大小与堰型、堰高及入流条件，影响因素复杂，可查表 6.1 确定或采用经验公式估算。

表 6.1　　泄水建筑物出流的流速系数 φ

序号	建筑物泄流方式	图形	φ
1	堰顶有闸门的曲线实用堰	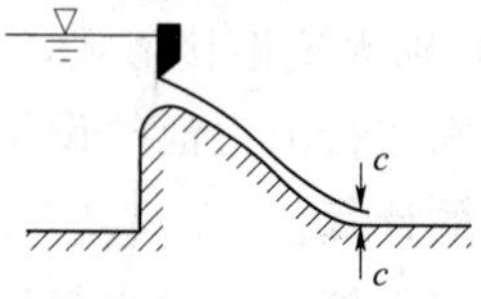	0.85～0.95
2	无闸门的曲线实用堰：(1) 溢流面长度较短 (2) 溢流面长度中等 (3) 溢流面较长	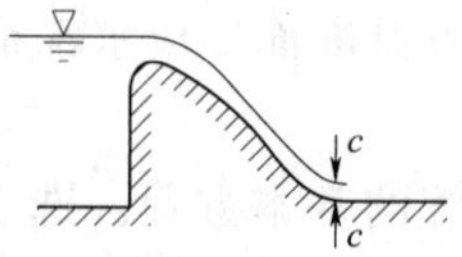	1.00 0.95 0.90
3	平板闸门下闸孔出流	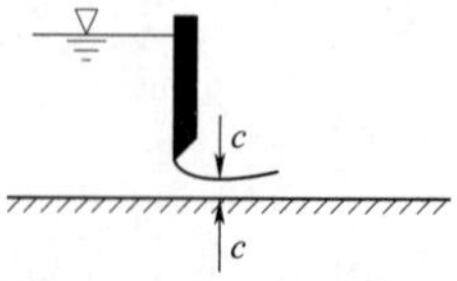	0.97～1.00
4	折线实用断面（多边形断面）堰	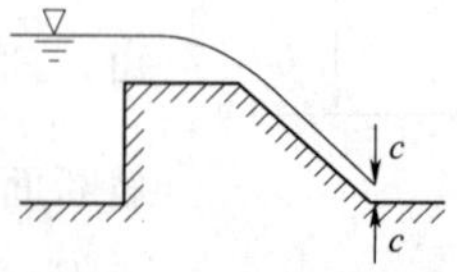	0.80～0.90

续表

序号	建筑物泄流方式	图　形	φ
5	宽顶堰		0.85～0.95
6	跌水		1.00
7	末端设闸门的跌水		0.97～1.00

对于坝前无明显掺气，且 $P_1/H<30$ 的曲线形实用堰，可以采用

$$\varphi=1-0.0155\frac{P_1}{H} \tag{6.3}$$

对于高坝，可以采用

$$\varphi=\left(\frac{q^{\frac{2}{3}}}{s}\right)^{0.2} \tag{6.4}$$

式中　s——坝上游库水位至出流收缩断面底部的高程差，m；

q——单宽流量，$m^3/(s\cdot m)$。

从式（6.2）可以看出，求 h_c 要求解三次方程式。对于矩形断面，可以采用迭代法，迭代公式为

$$h_{ci+1}=\frac{\dfrac{q}{\varphi\sqrt{2g}}}{\sqrt{E_0-h_{ci}}} \tag{6.5}$$

式中　$\dfrac{q}{\varphi\sqrt{2g}}$——常数，可事先求出；

i——迭代次数。

迭代法求收缩断面水深的计算步骤为：

（1）计算 $\dfrac{q}{\varphi\sqrt{2g}}$ 和 E_0。

（2）取初值 $h_{c1}=0$ 代入式（6.5）计算 h_{c2}，将 h_{c2} 代入式（6.5）计算得到 h_{c3}。

（3）比较 h_{c2} 和 h_{c3}，如两者近似相等，则 h_{c3} 即为所求 h_c。若两者不相等，则将 h_{c3} 代入式（6.5）求得 h_{c4}，再进行比较，直至两者近似相等为止。

对平顶堰上闸孔出流，闸后收缩水深也可按式（5.14），即 $h_c=\varepsilon_2 e$ 确定。

【例 6.1】 某单孔溢流坝，坝址河道上下游断面可近似看作矩形。已知溢流宽度等于原河道宽度，下游水位不超过堰顶。通过溢流坝的单宽流量就是 $q=11.5\text{m}^3/(\text{s}\cdot\text{m})$，流量系数 $m=0.49$，上、下游坝高相等，$P_1=P_2=10\text{m}$，溢流坝流速系数 $\varphi=0.95$。试计算坝趾断面收缩水深 h_c。

解：为计算收缩断面水深 h_c，应先求出 E_0。$E_0=P_2+H_0$，P_2 已知，所以先求 H_0。

1）计算 H_0。H_0 为堰前水头，可由堰流公式确定。

由 $Q=\sigma_s\varepsilon mnb\sqrt{2g}H_0^{\frac{3}{2}}$，得 $q=\dfrac{Q}{nb}=\sigma_s\varepsilon m\sqrt{2g}H_0^{\frac{3}{2}}$。

由溢流宽度等于原河道宽度，得 $\varepsilon=1$；由下游水位不超过堰顶，得 $\sigma_s=1$，由题意 $m=0.49$，则

$$H_0=\left(\frac{q}{\sigma_s\varepsilon m\sqrt{2g}}\right)^{\frac{2}{3}}=\left(\frac{11.5}{1\times1\times0.49\times\sqrt{2\times9.8}}\right)^{\frac{2}{3}}=3.039(\text{m})$$

2）计算 E_0、$\dfrac{q}{\varphi\sqrt{2g}}$。

$$E_0=P_2+H_0=10+3.039=13.039(\text{m})$$

$$\frac{q}{\varphi\sqrt{2g}}=\frac{11.5}{0.95\times\sqrt{2\times9.8}}=2.734$$

3）迭代。流速系数 φ 取 0.95，将 q、φ、E_0 等值代入式（6.5），建立迭代公式。

$$h_{ci+1}=\frac{\dfrac{q}{\varphi\sqrt{2g}}}{\sqrt{E_0-h_{ci}}}=\frac{2.734}{\sqrt{13.039-h_{ci}}}$$

取初值 $h_{c1}=0\text{m}$，则由上式得

$$h_{c2}=\frac{2.734}{\sqrt{13.039-0}}=0.757(\text{m})$$

$$h_{c3}=\frac{2.734}{\sqrt{13.039-0.757}}=0.780(\text{m})$$

$$h_{c4}=\frac{2.734}{\sqrt{13.039-0.780}}=0.781(\text{m})$$

h_{c4} 与 h_{c3} 十分接近，所以取 $h_c=0.78\text{m}$。

6.2.2 泄水建筑物下游水流衔接分析

1. 判别是否发生水跃

若泄水建筑物收缩断面处发生急流，下游水流为缓流，从急流向缓流过渡，则下游渠道发生水跃。因此，判断泄水建筑物下游水跃发生的条件为：$h_c<h_k<h_t$。

对于矩形断面，临界水深 h_k 的公式见式（4.27）。

2. 计算 h_c 的共轭水深 h_c''

共轭水深 h_c'' 可按水跃方程计算，即

$$h_c''=\frac{h_c}{2}\left[\sqrt{1+8\frac{q^2}{gh_c^3}}-1\right]\tag{6.6}$$

3. 判别建筑物下游水流衔接形式

工程中，一般用 h_t 与 h''_c 之比来表示水跃的淹没程度，该比值称为水跃的淹没系数，用 σ_j 来表示，即 $\sigma_j=\dfrac{h_t}{h''_c}$。

比较 h''_c 和下游河槽水深 h_t 之间的大小判别水跃发生情况，有以下三种水跃衔接形式：

（1）$h''_c=h_t$，$\sigma_j=1$ 称为临界水跃［图 6.5（a）］。

（2）$h''_c>h_t$，$\sigma_j<1$ 称为远驱水跃［图 6.5（b）］。

（3）$h''_c<h_t$，$\sigma_j>1$ 称为淹没水跃［图 6.5（c）］。

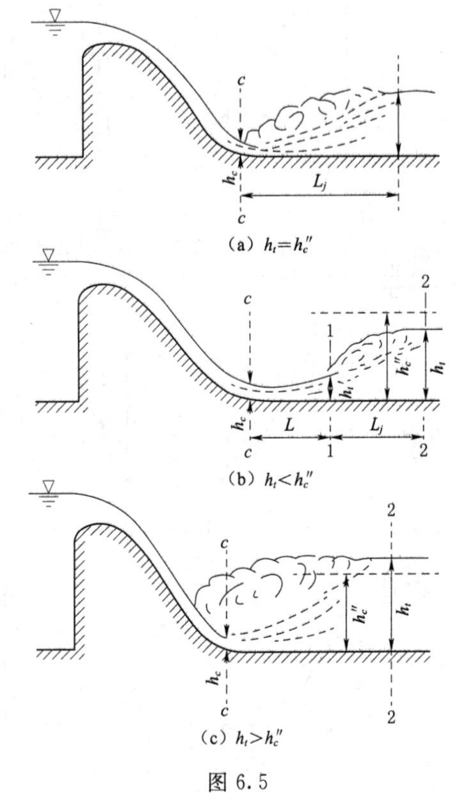

图 6.5

上述三种水跃衔接形式都能通过水跃消能。当发生临界水跃衔接时，消能效率较高，但临界水跃很不稳定；当发生远驱水跃衔接时，建筑物下游自收缩断面至水跃跃前断面仍为急流，流速大，对河床与河岸的冲刷能力强，要求保护的范围大，会增大工程的投资；发生淹没水跃衔接时，若淹没度较大，则跃前断面的弗劳德数将减小，水跃消能率会降低，水跃消能段的长度也会有所增大。

【例 6.2】 已知条件同［例 6.1］，当下游河道中水深 $h_t=4.0$m 时，判别溢流坝下游水流衔接状况。

解： 首先计算临界水深。由矩形断面临界水深公式可得

$$h_k=\sqrt[3]{\frac{\alpha q^2}{g}}=\sqrt[3]{\frac{1\times 11.5^2}{9.8}}=2.381(\text{m})$$

根据［例 6.1］可知 $h_c=0.78$m，由于 $h_c<h_k$，收缩断面水流为急流；下游水深 $h_t>h_k$，水流为缓流。据此可判定收缩断面下游有水跃发生。

计算收缩水深相共轭的跃后水深 h''_c：

$$h''_c=\frac{h_c}{2}\left(\sqrt{1+8\frac{q^2}{gh_c^3}}-1\right)=\frac{0.78}{2}\times\left(\sqrt{1+8\times\frac{11.5^2}{9.8\times 0.78^3}}-1\right)=5.51(\text{m})$$

根据题意，$h_t=4$m，则 $h_t<h''_c$，可判别溢流坝下游发生远驱水跃。

6.2.3　底流型消能池设计

当泄水建筑物下游为临界水跃或远驱水跃衔接时，通过设置消能池，可迫使水跃变为稍有淹没的水跃，从而缩短下游急流段长度，达到在最短距离内集中消除余能的目的。其中，消能池是控制水跃并利用水跃消除余能的水工建筑物。根据水跃衔接方式的分析可

知，局部增大下游水深将促使远驱水跃变为淹没水跃。为了达到这一目的，工程中常采用如下措施：

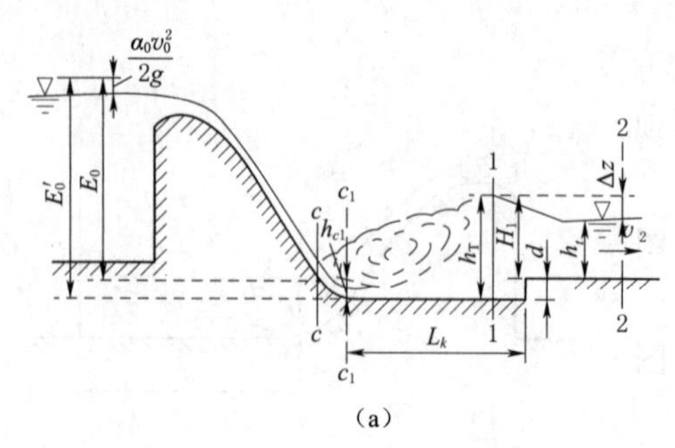

(a)

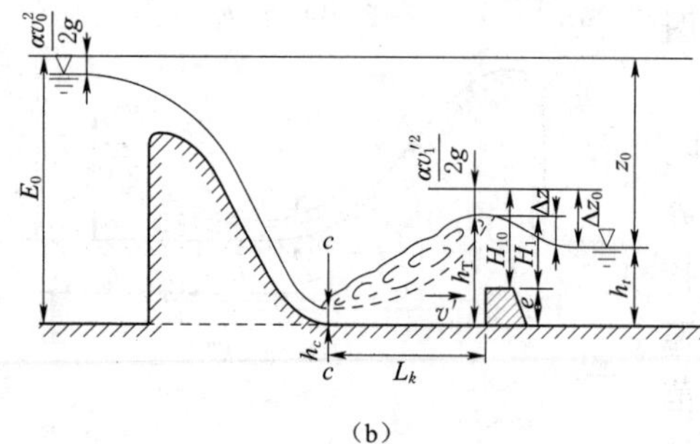

(b)

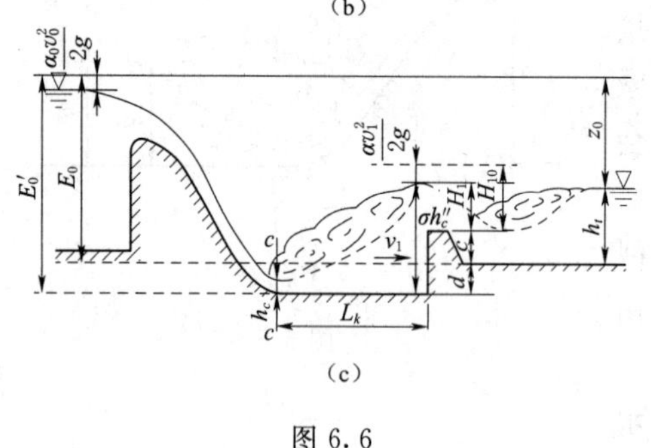

(c)

图 6.6

(1) 降低护坦高程，形成消力池，这种消力池称为挖深式消力池。如图 6.6 (a) 所示。

(2) 在护坦末端设置消力坎以抬高水位，使坎前形成消力池，称为消力坎式消力池。如图 6.6 (b) 所示。

(3) 既降低护坦高程又建造消力坎形成的综合消力池，称为综合式消力池。如图 6.6 (c) 所示。

下面以入口到出口都是等宽的矩形断面挖深式消力池为例介绍消力池设计的过程。

挖深式消力池设计的主要任务是确定消力池的深度 d 和长度 L_k。

1. 池深 d 的确定

降低护坦高程形成消能池后，池中水流情况如图 6.6 (a) 所示。

为使消能池内产生稍有淹没的水跃，则消能池末端水深应为

$$h_T=\sigma_j h''_{c1} \tag{6.7}$$

式中　σ_j——水跃淹没系数，一般取 $\sigma_j=1.05\sim1.10$；

h''_{c1}——护坦高程降低后收缩水深 h_{c1} 相共轭的跃后水深。

形成消能池后，水跃将发生在池内，离开消能池的水流，由于竖向收缩，水面将跌落一个 Δz 值。由几何关系可知：

$$h_T=d+H_1=d+h_t+\Delta z \tag{6.8}$$

将式 (6.7) 代入式 (6.8) 中，可得到消能池池深计算公式：

$$d=\sigma_j h''_{c1}-(h_t+\Delta z) \tag{6.9}$$

式中，h''_{c1}、Δz 都是未知量，故需建立 h''_{c1} 及 Δz 的关系式。

先看 h''_{c1} 的计算。由水跃共轭方程可知：

$$h''_{c1}=\frac{h_{c1}}{2}\left(\sqrt{1+8\frac{q^2}{gh_{c1}^3}}-1\right) \tag{6.10}$$

而 h_{c1} 可由收缩水深公式求得

$$h_{ci+1}=\frac{\dfrac{q}{\varphi\sqrt{2g}}}{\sqrt{E_{01}-h_{ci}}} \tag{6.11}$$

其中
$$E_{01}=E_0+d \tag{6.12}$$
式中 E_{01}——挖深后以下游渠底为基准面的总水头。

因此，h''_{c1}是一个与 d 有关的数。

再来推求消能池出口水面跌落值 Δz。

对消能池出口上游断面 1—1 及下游断面 2—2 列能量方程，以通过断面 2—2 底部的水平面为基准面，则得到

$$H_1+\frac{\alpha_1 v_1^2}{2g}=h_t+\frac{\alpha_2 v_2^2}{2g}+\zeta\frac{v_2^2}{2g}$$

$$\Delta z=H_1-h_t=\frac{v_2^2}{2g\varphi'^2}-\frac{\alpha_1 v_1^2}{2g}$$

其中
$$\varphi'=\frac{1}{\sqrt{a_2+\zeta}}$$
式中 φ'——消能池流速系数，取决于消能池出口处的顶部形式。

令 $\alpha_1=1$，并将 $v_2=\frac{q}{h_t}$、$v_1=\frac{q}{\sigma_j h''_{c1}}$代入上式，则得

$$\Delta z=\frac{q^2}{2g\varphi'^2 h_t^2}-\frac{q^2}{2g(\sigma_j h''_c)^2} \tag{6.13}$$

联立式（6.9）、式（6.10）、式（6.12）、式（6.13）可求解四个未知数 h''_c、h_T、Δz 和 d。因为池深 d 与其他变量是复杂的隐函数关系，只能利用试算法求解。

具体步骤如下：

（1）初步估算 d，取 $d=\sigma_j h''_c-h_t$。

（2）计算 E_{01}，$E_{01}=E_0+d$。

（3）计算挖深后的收缩断面水深 h_{c1}：由 $h_{ci+1}=\dfrac{\dfrac{q}{\varphi'\sqrt{2g}}}{\sqrt{E_{01}-h_{ci}}}$迭代计算得到 h_{c1}。

（4）计算 h''_{c1}：$h''_{c1}=\dfrac{h_{c1}}{2}\left(\sqrt{1+8\dfrac{q^2}{gh_{c1}^3}}-1\right)$。

（5）计算 Δz：$\Delta z=\dfrac{q^2}{2g\varphi'^2 h_t^2}-\dfrac{q^2}{2g\ (\sigma_j h''_{c1})^2}$。

（6）计算 σ_j：$\sigma_j=\dfrac{d+h_t+\Delta z}{h''_{c1}}$。

（7）若 σ_j 在 1.05～1.10 的范围内，则消力池深度 d 满足要求；否则调整 d，重复（2）～（7）的步骤，直到满足要求为止。

注意：这里 h_{c1}和式（6.10）迭代时采用的 h_{c1}不一样。这里的 h_{c1}为经过多次迭代后的挖深后的收缩断面水深。

2. 池长 L_k 的确定

消能池长度必须保证水跃不越出池外。由于消力池长度不够，水跃一旦越出池外便会冲刷下游河床；若消力池过长，则会增加工程费用，造成浪费。试验表明，消能池中水跃

的长度要比无升坎阻挡的完全水跃缩短（20%～30%），故从收缩断面算起的消能池长度为

$$L_k = L_1 + (0.7 \sim 0.8) L_j \tag{6.14}$$

式中　L_j——平底自由水跃长度；

　　　L_1——从堰坎到收缩断面的距离。可视出流方式，参阅相应的水力学教材。对于曲线型实用堰 $L_1 = 0$。

【例 6.3】 已知条件同［例 6.2］，取消能池出口流速系数 $\varphi' = 0.95$。试设计挖深式消能池的尺寸。

解：（1）确定池深 d。

1）取 $\sigma_j = 1.05$，初步估算 d。

$$d = \sigma_j h_c'' - h_t = 1.05 \times 5.51 - 4 = 1.79(\text{m})$$

2）计算 E_{01}。

$$E_{01} = E_0 + d = 13.039 + 1.79 = 14.829(\text{m})$$

3）计算挖深后的收缩断面水深 h_{c1}。

$$h_{ci+1} = \frac{\dfrac{q}{\varphi\sqrt{2g}}}{\sqrt{E_{01} - h_{ci}}} = \frac{\dfrac{11.5}{0.95 \times \sqrt{2 \times 9.8}}}{\sqrt{14.829 - h_{ci}}} = \frac{2.734}{\sqrt{14.829 - h_{ci}}}$$

则　$h_{c1} = 0, h_{c2} = 0.7099, h_{c3} = 0.7276, h_{c4} = 0.7281, h_{c5} = 0.7281$

因此，挖深后的收缩断面水深 $h_{c1} = 0.728$。

4）计算 h_{c1}''。

$$h_{c1}'' = \frac{h_{c1}}{2}\left(\sqrt{1 + 8\frac{q^2}{g h_{c1}^3}} - 1\right) = \frac{0.728}{2} \times \left(\sqrt{1 + 8 \times \frac{11.5^2}{9.8 \times 0.728^3}} - 1\right) = 5.736(\text{m})$$

5）计算 Δz。

$$\Delta z = \frac{q^2}{2g\varphi'^2 h_t^2} - \frac{q^2}{2g(\sigma_j h_{c1}'')^2} = \frac{11.5^2}{2 \times 9.8 \times 0.95^2 \times 4^2} - \frac{11.5^2}{2 \times 9.8 \times (1.05 \times 5.736)^2} = 0.281(\text{m})$$

6）计算 σ_j。

$$\sigma_j = \frac{d + h_t + \Delta z}{h_{c1}''} = \frac{1.79 + 4 + 0.281}{5.736} = 1.058$$

7）σ_j 在 1.05～1.10 间，所以消力池深度 d 满足要求。为方便施工，深度 $d = 1.8$m。

（2）确定池长 L_k。

$$L_k = L_1 + (0.7 \sim 0.8) L_j$$

$$Fr_{c1} = \sqrt{\frac{\alpha q^2}{g h_{c1}^3}} = \sqrt{\frac{1.0 \times 11.5^2}{9.8 \times 0.728^3}} = 5.91$$

$$L_j = 10.8 h_{c1} (Fr_{c1} - 1)^{0.93} = 10.8 \times 0.728 \times (5.91 - 1)^{0.93} = 34.5(\text{m})$$

$$L_k = L_1 + (0.7 \sim 0.8) L_j$$

对于曲线形实用堰：　$L_1 = 0$

$$L_k = 0.75 L_j = 0.75 \times 34.5 = 25.9(\text{m})$$

对 L_k 取整，则 $L_k = 26$m。

3. 消能池设计流量的选择

上面讨论的池深及池长设计都是针对某一个给定的流量及相应的下游水深，但建成的消能池必须在不同的流量情况下工作。为使所设计的消能池在不同流量情况下，都能形成稍许淹没的水跃，就必须选择一个恰当的设计消能池尺寸的设计流量。

从 $d=\sigma_j h''_{c1}-h_t$ 可以看到，池深 d 随着 $(h''_{c1}-h_t)$ 的增大而增大。所以可以认为，相当于 $(h''_{c1}-h_t)_{\max}$时的流量 q 即为消能池池深的设计流量。据此求得的池深 d 应该是各种流量下所需消能池深度的最大值。实践表明，消能池池深 d 的设计流量不一定是建筑物所通过的最大流量。实际计算时，应在给定的流量范围内，找出 $(h''_{c1}-h_t)_{\max}$时的流量，以此作为池深的设计流量。

池长的设计流量一般选用建筑物通过的最大流量，其原因是水跃长度随流量的增大而增大。

任务6.3　挑流型衔接消能的水力计算

任务目标

1. 了解挑流型衔接消能的特点；
2. 熟悉挑流型衔接消能的水力计算。

6.4
挑流消能的水力计算

挑流型衔接消能就是在泄水建筑物的末端修建挑流鼻坎，利用下泄水流所挟带的巨大动能，将水流挑射至远离建筑物的下游，从而达到消除余能的目的，如图6.7所示。挑流型衔接消能是中高水头泄水建筑物采用较多的一种消能方式。挑入空中的水舌，由于失去固体边界的约束，在紊动、掺气以及空气阻力作用下，消耗部分动能。而其余大部分动能则在水舌落入下游冲刷坑后被消除。水舌落入下游水体之后，与下游水体发生碰撞，水舌继续扩散，流速逐渐减小，入水点附近则形成两个巨大的漩滚，主流与漩滚之间发生强烈的动量变换及剪切作用。潜入河底的主流则冲刷河床形成冲刷坑。要求冲刷坑的发展不能危及建筑物的安全，即冲刷坑与建筑物之间必须要有足够长的距离。

挑流型衔接消能水力计算的主要任务是：按已知的水力条件选定适宜的挑坎型式，确定挑坎的高程、反弧半径和挑射角，计算挑流射程和下游冲刷坑深度。

6.3.1　挑流射程的计算

挑流射程是指挑坎末端至冲刷坑最深点之间的水平距离。从图6.7可以看到

$$L=L_0+L_1-L'$$

式中　L_0——挑坎出口断面中心点到水舌轴线与下游水面交点间的水平距离，即空中射程；

L_1——水舌轴线与下游水面交点到冲刷坑最深点之间的水平距离，即水下射程；

L'——挑坎出口断面中心点到挑坎下游端的水平距离，一般可忽略不计。

这样一来，挑流射程可表示为

$$L\approx L_0+L_1 \tag{6.15}$$

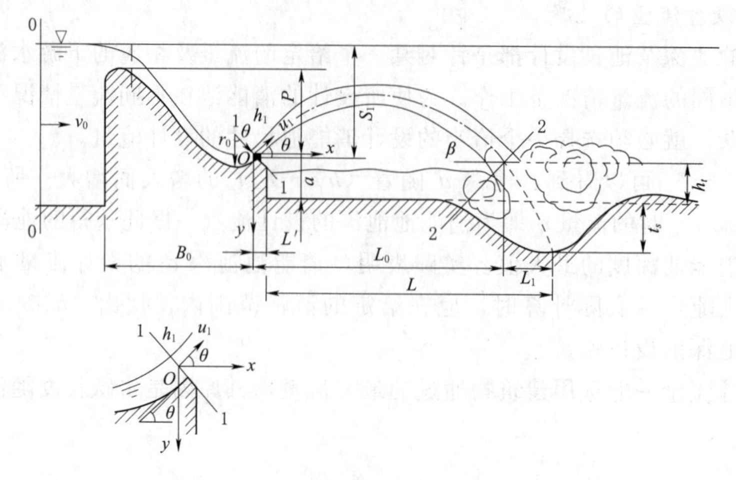

图 6.7

1. 空中射程 L_0 的计算

$$L_0=\frac{u_1^2\cos\theta\sin\theta}{g}\left[1+\sqrt{1+\frac{2g\left(a-h_t+\dfrac{h_1}{2}\cos\theta\right)}{u_1^2\sin^2\theta}}\right]$$

对于高坝 $S_1\gg h_1$，忽略 h_1 后，上式简化为

$$L_0=\varphi^2 S_1\sin2\theta\left[1+\sqrt{1+\frac{a-h_t}{\varphi^2 S_1\sin^2\theta}}\right] \tag{6.16}$$

式中 φ——坝面流速系数；

S_1——上游水面至挑坎顶部的高差；

θ——挑角；

a——鼻坎高，挑坎顶部与下游渠底的高差；

h_t——未受冲刷的下游水深。

工程上常常采用原型观测资料整理得到的经验公式计算流速系数 φ。

经验公式（一）：

$$\varphi=\sqrt{1-\frac{0.055}{K_E^{0.5}}} \tag{6.17}$$

$$K_E=\frac{q}{\sqrt{g}z^{1.5}}$$

式中 K_E——流能比；

q——单宽流量；

z——上下游水位差。

该式适用范围为 $K_E=0.004\sim0.15$。当 $K_E>0.15$ 时，取 $\varphi=0.95$。

经验公式（二）：

$$\varphi=1-\frac{0.0077}{\left(\dfrac{q^{2/3}}{S_0}\right)^{1.15}} \tag{6.18}$$

式中　S_0——坝面流程。

S_0 近似按以下公式计算：

$$S_0=\sqrt{P^2+B_0^2}$$

式中　P——挑坎顶端以上的坝高，m；

B_0——溢流面的水平投影长度，m。

该式适用范围为 $\left(\frac{q^{2/3}}{S_0}\right)=0.025\sim0.25$。当 $\frac{q^{2/3}}{S_0}>0.25$ 时，可取 $\varphi=0.95$。

2. 水下射程 L_1 的计算

$$L_1=\frac{t_s+h_t}{\sqrt{\tan^2\theta+\frac{a-h_t}{\varphi^2 S_1\cos^2\theta}}} \tag{6.19}$$

式中　t_s——冲刷坑深度。

6.3.2　冲刷坑深度估算与稳定校核

当水舌跌入下游河道时，主流潜入下游河底，主流前后形成两个大漩滚而消除一部分能量。当潜入下游河底的水舌所具有的冲刷能力仍然大于河床的抗冲能力时，河床被冲刷，从而形成冲刷坑。随着冲刷坑深度的增加，水垫的消能作用加大，水舌冲刷能力降低。直至水舌的冲刷能力与河床的抗冲能力达到平衡时，冲刷坑才趋于稳定。即冲刷坑的深度取决于水流的冲刷能力与河床的抗冲能力两方面因素。水舌的冲刷能力主要与单宽流量、上下游水位差、下游水深的大小以及水舌空中分散、掺气的程度和水舌的入水角等因素有关。而河床的抗冲能力则与河床的组成、河床的地质条件有关。对于砂、卵石河床，其抗冲能力与散粒体的大小、级配和单位体积的重量有关。对于岩石河床，抗冲能力主要取决于岩基节理的发育程度、地层的产状和胶结的性质等因素。

1. 冲刷坑深度估算

由于影响因素的多样性和地质条件的复杂性，冲刷坑深度的计算只能依据经验公式。对于岩石河床，计算冲刷坑深度的经验公式为

$$t_s=k_s q^{0.5} z^{0.25}-h_t \tag{6.20}$$

式中　t_s——冲刷坑深度，m；

z——上下游水位差，m；

h_t——冲刷坑后的下游水深，m；

q——单宽流量，$m^3/(s\cdot m)$，指水舌落入下游水面时的单宽流量值；

k_s——反映岩基特性的系数，表6.2列出了 k_s 参考值。

表6.2　岩基构造特性及系数 k_s 值

岩基构造特性描述	岩基类型	k_s 值
节理很发育、裂隙很杂乱、岩石成碎块状，裂隙内部分为黏土充填，包括松软结构、松散结构和破碎带	Ⅳ	1.5～2.0
节理较发育、岩石成块状，部分裂隙为黏土充填	Ⅲ	1.2～1.5
节理发育、岩石成大块状，裂隙密闭，少有充填	Ⅱ	0.9～1.2
节理不发育，多为密闭状，延展不长，岩石呈巨块状	Ⅰ	0.8～0.9

对于砂卵石河床，冲刷坑深度估算公式参阅有关书籍。

2. 冲刷坑稳定校核

冲刷坑是否会危及建筑物的基础，这与冲刷坑深度及河床基岩节理裂隙、层理发育情况有关。一般用冲刷坑后坡 i 来判断，即

$$i=\frac{t_s}{L_0+L_1} \tag{6.21}$$

i 值越大，坝身越不安全。根据工程实践经验，许可的最大临界坡 i_c 值，一般取 $i_c=\frac{1}{2.5}\sim\frac{1}{5}$。当 $i<i_c$ 时，认为冲刷坑不会危及坝身的安全。

6.3.3　挑坎形式及尺寸选择

常见的挑坎有连续式［图 6.8 (a)］及差动式［图 6.8 (b)］两种。连续式挑坎的优点是施工简便，比相同条件下的差动式挑坎射程远。差动式挑坎的特点是将水流分成上下两层、垂直方向有较大的扩散，可以减轻对河床的冲刷，但流速高时易产生空蚀。

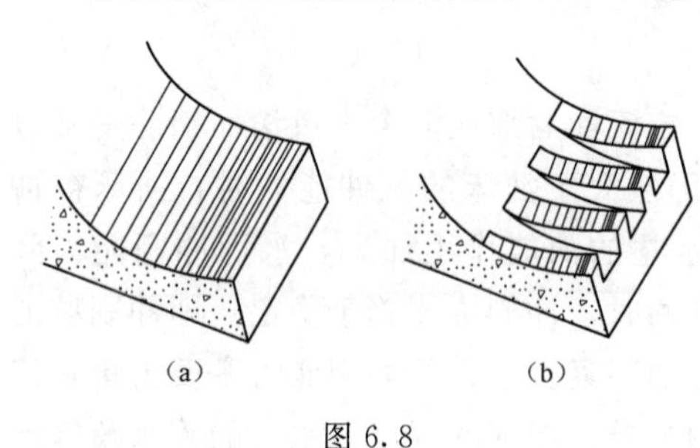

图 6.8

下面简略介绍连续式挑坎尺寸的选择。

挑坎尺寸包括挑坎高程，反弧半径 r_0 及挑角 θ。

1. 挑坎高程

挑坎高程越低，出口断面流速越大，射程越远。同时，挑坎高程低，工程量也小，可以降低造价。但是，当下游水位较高并超过挑坎一定程度时，水流挑不出去，达不到挑流型衔接消能的目的。所以，工程设计中常使挑坎最低高程等于或略低于下游最高尾水位。这时，由于挑流水舌将水流推向下游，因此，紧靠挑坎下游的水位仍低于挑坎高程。

2. 反弧半径 r_0

水流在挑坎反弧段内运动时所产生的离心力，将使反弧段内动水压强增大。反弧半径越小，离心力越大，挑坎内水流的压能增大，动能减小，射程也减小。因此，为保证有较好的挑流条件，反弧半径 r_0 至少应大于反弧最低点水深 h_c 的 4 倍。一般设计时，多采用 $r_0=(6\sim10)h_c$。

3. 挑角 θ

按质点抛射运动考虑，当挑坎高程与下游水位同高时，挑角越大（$\theta<45°$），空中射程 L_0 越大。但挑角 θ 增大，入水角 β 也增大，水下射程 L_1 减小。同时，入水角增大后，冲刷坑深度增加。另外，随着挑角增大，开始形成挑流的流量，即所谓起挑流量也增大。当实际通过的流量小于起挑流量时，由于动能不足，水流挑不出去，而在挑坎的反弧段内形成漩滚。然后，沿挑坎溢流而下，在紧靠挑坎下游形成冲刷坑，对建筑物威胁较大。所以，挑角不宜选得过大，一般在 15°～35°。

【例 6.4】　某水库溢流坝按 WES 曲线堰设计，末端设挑流鼻坎，挑角 $\theta=35°$。下泄

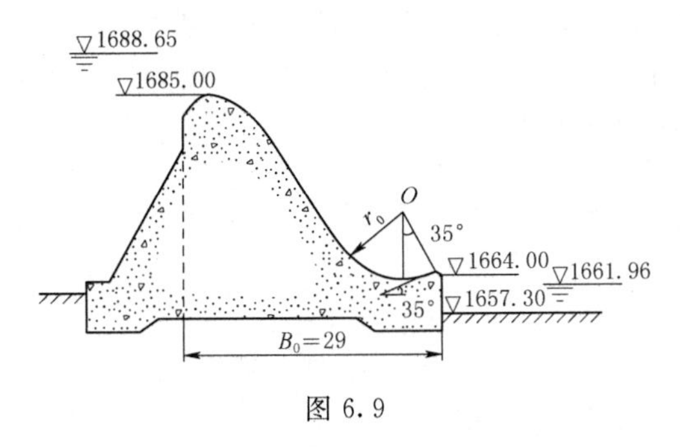

图 6.9

流量 450m³/s，上游水位 1688.65m，下游水位 1661.96m，下游河床高程 1657.30m，溢流宽度与挑坎宽度相同，b 为 30m，其余尺寸如图 6.9 所示。坝下游河床岩基为Ⅲ类，试计算挑流射程和冲刷坑深度。

解： 根据已知数据求得

$$h_t=1661.96-1657.30=4.66(\text{m})$$

$$a=1664.00-1657.30=6.7(\text{m})$$

$$q=\frac{Q}{b}=\frac{450}{30}=15[\text{m}^3/(\text{s}\cdot\text{m})]$$

$$S_0=\sqrt{P^2+B_0^2}=\sqrt{(1685.00-1664.00)^2+29^2}=35.8(\text{m})$$

$$z=1688.65-1661.96=26.69(\text{m})$$

$$S_1=1688.65-1664.00=24.65(\text{m})$$

按式（6.18）计算流速系数：

$$\varphi=1-\frac{0.0077}{(q^{2/3}/S_0)^{1.15}}=1-\frac{0.0077}{(15^{2/3}/35.8)^{1.15}}=0.941$$

对类岩基，取 $k_s=1.3$，按式（6.20）计算冲刷坑深度：

$$t_s=1.3\times15^{0.5}\times26.69^{0.25}-4.66=6.784(\text{m})$$

取 $\varphi=0.94$，按式（6.15）计算挑距：

$$L=0.94^2\times24.65\times\sin70°\times\left(1+\sqrt{1+\frac{6.7-4.66}{0.92^2\times24.65\times\sin^2 35°}}\right)$$

$$+\frac{6.784+4.66}{\sqrt{\tan^2 35°+\frac{6.7-4.66}{0.94^2\times24.65\times\cos^2 35°}}}=43.666+14.420=58.086(\text{m})$$

由于$\frac{t_s}{L}=\frac{6.784}{50.086}=\frac{1}{7.383}<\frac{1}{5}$，因此冲刷坑不会危及建筑物安全。

【小结】

1. 泄水建筑物下泄水流的特点：集中、高速。

6.5
衔接与消能的水力计算思维导图Ⓟ

2. 泄水建筑物下游水流的衔接与消能形式：底流型衔接消能、挑流型衔接消能、面流型衔接消能。

3. 收缩断面水深的计算方法——迭代法。

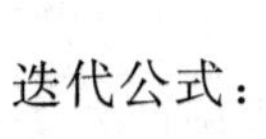

迭代公式：

$$h_{ci+1}=\frac{\frac{q}{\varphi\sqrt{2g}}}{\sqrt{E_0-h_{ci}}}$$

（1）计算$\frac{q}{\varphi\sqrt{2g}}$和 E_0。$E_0=P_2+H+\frac{\alpha_0 v_0^2}{2g}=P_2+H_0$。

(2) 取初值 $h_{c1}=0$，代入迭代公式计算 h_{c2}，将 h_{c2} 代入迭代公式计算得到 h_{c3}。

(3) 比较 h_{c2} 和 h_{c3}，如两者相等，则 h_{c3} 即为所求 h_c。若两者不相等，则将 h_{c3} 代入迭代公式求得 h_{c4}，再进行比较，直至两者近似相等为止。

4. 建筑物下游三种水跃衔接形式

(1) $h_c''=h_t$ 为临界水跃。

(2) $h_c''>h_t$ 为远驱水跃。

(3) $h_c''<h_t$ 为淹没水跃。

前两种水跃需要进行消能池设计。

5. 底流式消能的三种工程措施

(1) 挖深式消力池。

(2) 消力坎式消力池。

(3) 综合式消力池。

6. 挖深式消力池的计算内容为确定池深和池长

(1) 池深。

1) 初步估算 d，取 $d=\sigma_j h_c''-h_t$。

2) 计算 E_{01}，$E_{01}=E_0+d$。

3) 计算挖深后的收缩断面水深 h_{c1}：由 $h_{ci+1}=\dfrac{\dfrac{q}{\varphi'\sqrt{2g}}}{\sqrt{E_{01}-h_{ci}}}$ 迭代计算得到 h_{c1}。

4) 计算 h_{c1}''：$h_{c1}''=\dfrac{h_{c1}}{2}\left(\sqrt{1+8\dfrac{q^2}{gh_{c1}^3}}-1\right)$。

5) 计算 Δz：$\Delta z=\dfrac{q^2}{2g\varphi'^2h_t^2}-\dfrac{q^2}{2g(\sigma_j h_{c1}'')^2}$。

6) 计算 σ_j：$\sigma_j=\dfrac{d+h_t+\Delta z}{h_{c1}''}$。

7) 若 σ_j 在 1.05～1.10 的范围内，则消力池深度 d 满足要求，否则调整 d，重复 2)～7) 的步骤，直到满足要求为止。

(2) 池长。

$$L_k=L_1+(0.7\sim0.8)L_j$$

对于曲线形实用堰，$L_1=0$。

7. 挑流型衔接消能水力计算的主要任务是：按已知的水力条件选定适宜的挑坎型式，确定挑坎的高程、反弧半径和挑射角，计算挑流射程和下游冲刷坑深度。

【应知】

一、填空题

1. 泄水建筑物下游水流的衔接消能方式有__________、__________、__________等。

2. 利用__________的动能，在建筑物的出流部位利用挑流鼻坎将水股抛射在离建筑物较远的下游，称为挑流式衔接与消能。

3. 当 $h_t=h_c''$ 时，水跃由收缩断面 h_c 处开始发生，这种水跃衔接，称为__________水跃。当 $h_c''>h_t$ 时，形成__________水跃水流衔接，是一种不理想的水流衔接形式，而当 $h_c''<h_t$ 时，形成__________水跃水流衔接，则是一种理想的水流衔接形式。

4. 为形成理想的水跃衔接，常采取降低下游护坦高程而形成__________。也可以采取在护坦末端建造消力坎形成__________。

5. 挖深式消力池水力计算的主要任务就是计算消力池的__________及消力池的__________。

二、选择题

1. 临界式水跃是指（　　）。

A. $h_t>h_c''$　　B. $h_t=h_c''$　　C. $h_t<h_c''$　　D. 以上均不正确

2. 水跃的淹没程度系数 σ 应在（　　）范围，说明消力池深度较合适。

A. 1.05～1.1　　B. 1.0～1.05　　C. 0.95～1.0　　D. 1.1～1.15

3. 在池内形成淹没式水跃的条件是（　　）。

A. $h_c''>h_t$　　B. $h_c''=h_t$　　C. $h_c''<h_t$　　D. $h_c''\geqslant h_t$

4. 下面哪个不是挑流型衔接消能的水力计算主要内容？（　　）

A. 空中射程　　B. 冲刷坑深度　　C. 收缩断面水深　　D. 水下射程

5. 在挑流式消能计算中，挑流总射程 L 等于（　　）。

A. 空中射程　　B. 水下射程

C. 空中射程加上水下射程　　D. 空中射程减去水下射程

【应会】

1. 如图6.10所示单孔溢流坝，坝址河道上下游断面可近似看作矩形，护坦宽与堰宽相同。已知：坝高 $P_1=P_2=7$m，通过溢流坝的单宽流量就是 $q=8\text{m}^3/(\text{s}\cdot\text{m})$，流量系数 $m=0.49$，溢流坝流速系数 $\varphi=0.95$。当下游水深 $h_t=3.5$m 时，试计算坝趾断面收缩水深 h_c 和溢流坝下游水跃衔接形式，并设计一挖深式消能池。

（参考答案：$h_c=0.643$m，$h_c''=4.20$m，远驱式水跃。池深 $d=0.9$m，$L_k=19$m）

2. 某分洪闸如图6.11所示，底坎为曲线低堰，泄洪单宽流量 $q=10\text{m}^3/(\text{s}\cdot\text{m})$，流速系数 $\varphi=0.90$，上游堰顶水头 $H=5$m，上、下游堰高 $P=2$m，下游水深 $h_t=3$m。试设计降低护坦消能池的池深与池长。

（参考答案：$h_c=1017$m，$h_c''=4.0$m，远驱式水跃。池深 $d=1.2$m，$L_k=18$m）

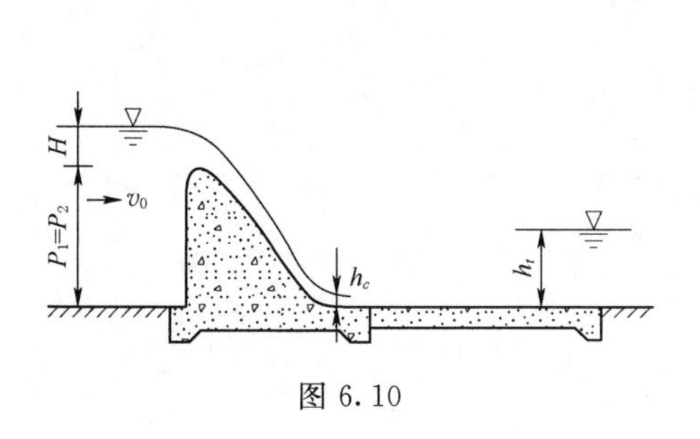

图6.10

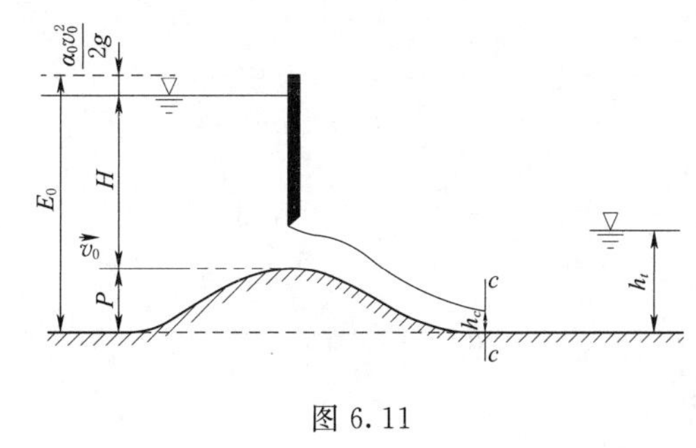

图6.11

3. 某电站溢流坝为3孔，每孔宽 b 为16m；闸墩厚4m；设计流量 Q 为6480m³/s；

相应的上、下游水位高程及河底高程如图 6.11 所示。今在坝末端设一挑坎，采用挑流型衔接消能。已知：挑坎末端高程为 218.5m；挑坎挑角 θ 为 25°；反弧半径 24.5m，下游河床为Ⅲ类岩基。试计算挑流射程和冲刷坑深度。

（参考答案：$L=142.9$m，$t_s=9.46$m）

下篇　工程水文篇

项目7　河川径流形成过程

【知识目标】

7.1
项目导学

1. 掌握水文循环的含义及分类；
2. 掌握河流与流域特征；
3. 掌握降雨、蒸发、下渗以及水量平衡原理。

【能力目标】

1. 会进行河道长度、河流比降、流域面积计算；
2. 会进行平均降雨量计算；
3. 能计算区域水量平衡。

任务7.1　自然界的水文循环

任务目标

7.2
水文循环

1. 掌握水文循环的概念；
2. 能对水文循环进行分类。

7.1.1　水文循环的概念

地球上的水以液态、固态和气态的形式分布于海洋、陆地、大气和生物机体中，这些水体构成了地球的水圈。水圈中的各种水体在太阳辐射作用下，不断地蒸发变成水汽进入大气，并随气流输送到各地。输送中，遇到适当的条件，凝结成云，在重力作用下降落到地面形成降水。降落的雨水，一部分被植物截留并蒸发；落到地面的雨水，一部分渗入地下，另一部分形成地面径流沿江河回归大海。渗入地下的水，有的被土壤和植物的根系吸收，然后通过蒸发或散发返回大气；有的渗透到较深的土层形成地下水，并以泉水或地下水流的形式渗入河流回归大海。水圈中的各种水体通过这种不断蒸发、输送、降落、下渗、地面和地下径流的循环往复过程，称为水文循环。水文循环中各种现象如图7.1所示。形成水文循环的外因是太阳辐射和重力作用，内因是水的三态转化。

7.1.2　水文循环的分类

水文循环可分为大循环和小循环。从海洋表面蒸发的水汽，被气流输送到大陆上空，

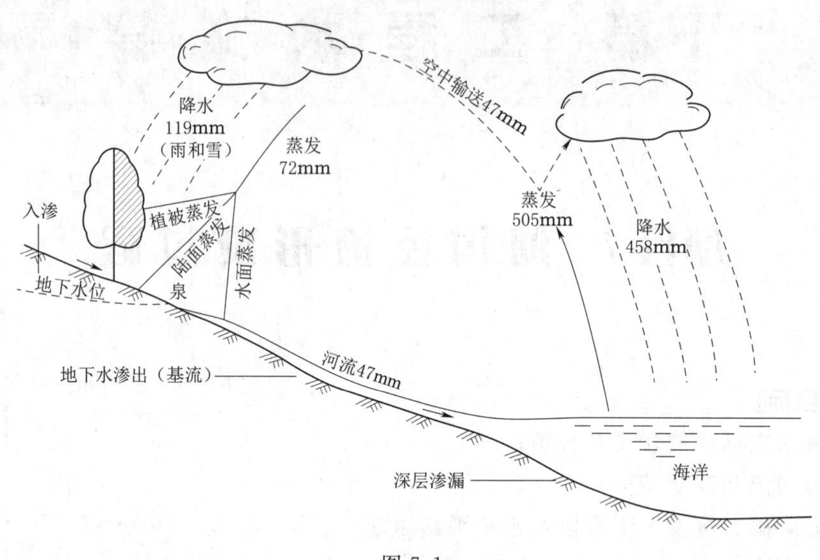

图 7.1

冷凝成降水后落到陆面。除其中一部分重新蒸发又回到空中外，大部分则从地面和地下汇入河流重返大海，这种海陆间的水分交换过程称为大循环。海洋表面蒸发的水分，在海洋上空凝结直接降落到海洋上，或陆地上的部分水蒸发成水汽冷凝后又降落到陆地上，这种局部的水文循环称为小循环。前者称为海洋小循环，后者称为内陆小循环。内陆小循环对内陆地区降水有着重要作用。因为距离海洋很远，从海洋直接输送到内陆的水汽不多，通过内陆局部地区的水文循环，使水汽逐步向内陆输送，这是内陆地区主要的水汽来源。由于水汽在向内陆输送过程中，沿途会逐渐损耗，故内陆距海洋越远，输送的水汽量越少，降水量越小。

水文循环是最重要、最活跃的物质循环之一，与人类有密切的关系，水文循环使得人类生产和生活不可缺少的水资源具有再生性。在水文循环过程中，水的物理状态、水质、水量等都在不断地变化，水通过蒸发、水汽输送、降水和径流四个环节进行着交换。由于大气环流机制和海陆分布决定了地球上水汽的运行规律，加之不同的地区地质构造、地貌、岩石土壤性质、植物覆盖、沼泽、湖泊等条件不同，水在自然界循环的路径和过程极其复杂且多变。有的地区湿润多雨，水量丰沛，有的则干旱少雨，河流干涸。同一地区，有时大雨滂沱，江河暴涨，有时却久旱不雨，江河枯竭，正是由于自然界的水文循环，才形成这种永无终止、千变万化的水文现象。

水文循环的途径及循环的强弱，决定了水资源的地区分布及时空变化。人类也可以通过农林措施与水利措施对水文循环产生影响。研究水文循环的目的，在于认识它的基本规律，揭示其内在联系，这对合理开发和利用水资源，抗御洪旱灾害、改造自然、利用自然都有十分重要的意义。

任务7.2 河流及流域

任务目标

1. 了解河流及其特征；
2. 会计算河流比降；
3. 了解流域及其特征；
4. 会计算流域面积。

7.3
河流及其特征

7.2.1 河流及其特征

河流是在一定地质和气候条件下形成的河槽与其中流动的水流的总称。河流是地球上水文循环的重要路径。流入海洋的河流称为外流河，如长江、黄河、海河等。流入内陆湖泊或消失于沙漠中的河流称为内流河，如新疆的塔里木河。人类依傍河流而生，通过利用和开发河流来谋求社会经济的发展。随着社会生产力的提高和科学技术的进步，人类对河流开发的力度越来越大，对河流资源的索取越来越多。但是在河流对人类贡献越来越大的同时，也引发了河流自身和周边环境的一系列问题，甚至影响到河流的基本功能和永续利用。为实现人类社会的可持续发展，必须在认识自然规律的基础上，努力做到人与河流的和谐发展。

河流有山区河流和平原河流之分：山区河流落差大，坡降陡，流速大，一旦发生洪水易暴涨暴落；平原河流落差小，坡降缓，流速小，一旦发生洪水退水慢，河槽相对稳定，但易淤积。

1. 河流分段

河流一般分为河源、上游、中游、下游、河口五段。河源是河流发源的地方，可以是溪涧、泉水、湖泊或沼泽等。上游直接连接河源，一般落差大，水流急，下切和侵蚀强，在该段形成的地貌多为急流险滩及瀑布；中游段的比降变缓，下切力减弱，而其向两侧的侵蚀力加强，河道弯曲，两岸常有滩地，河床较稳定；下游段的比降变得更为平缓，流速较小，常有浅滩、沙洲，淤积作用显著；河口是河流的终点，即河流注入湖泊、海洋或其他河流的地方。例如，1976年经考察后认为长江发源于唐古拉山主峰格拉丹东雪山西南侧，源头为沱沱河，河源至湖北宜昌为上游段，宜昌至江西湖口为中游段，湖口至入海处为下游段，河口处有崇明岛，江水最后流入东海。

2. 干流、支流和河长

干流和支流是一个相对的概念。在一个水系里面，一般以长度或水量最大的河流作为干流，注入干流的河流为一级支流，注入一级支流的河流为二级支流，依此类推。但干流划分有时根据过去的习惯来定，如岷江和大渡河，后者长度和水量都大于前者，但却把大渡河称为岷江的支流。

一条河流自河源到河口，沿着干流量取的弯曲长度称为河长，或者叫干流长度。对水库而言，干流长度是指自河源到坝址的弯曲长度。

3. 水系

由干流、支流、湖泊、沟溪等构成脉络相通的泄水系统称为水系，或称河系、河网。水系的名称通常以它的干流或注入的湖泊、海洋命名，如太湖水系、长江水系等。根据干支流分布状况，水系的形状有以下几种（图 7.2）。

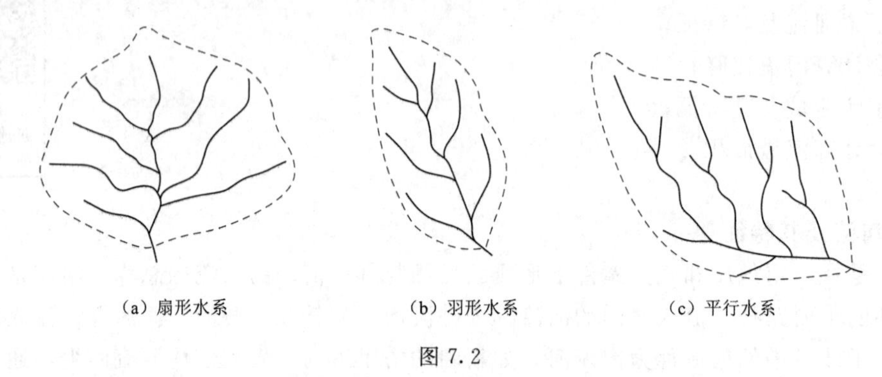

图 7.2

（1）扇形水系：干支路分布如扇骨状，如海河。

（2）羽状水系：河流的干流由上而下沿途左右汇入多条支流，形如羽毛状。

（3）平行水系：干流在某一河岸平行纳入多条支流，如淮河。

（4）混合水系：一般大的河流都为上述 2～3 种形状水系混合组成。

不同形状的河系，会产生不同的水情。

4. 河谷与河槽

两山之间狭长弯曲的洼地称为山谷，排泄水流的谷地称为河谷。由于地质构造和水力侵蚀作用不同，河谷的横断面可分为峡谷、广阔河谷和台地河谷三种类型。河谷底部过水部分称为河床或河槽。河槽横断面有单式断面和复式断面之分，如图 7.3 所示。河槽某处垂直于水流方向的横断面称过水断面。当水位涨落变化时，过水断面的形状和大小也随之发生变化。

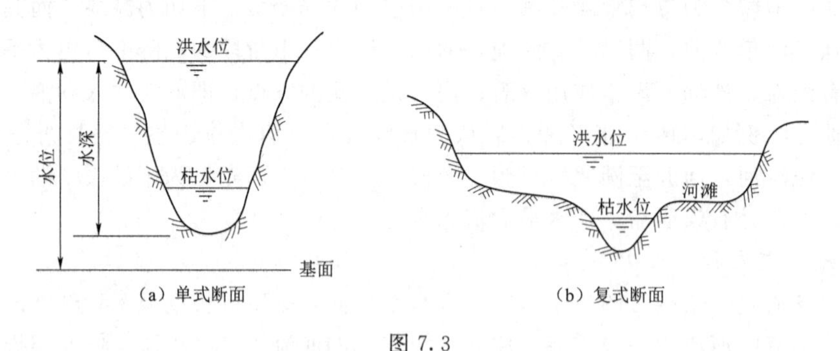

图 7.3

5. 河流的比降

河流的比降包括河道水面比降和河道纵比降。河段两断面的水面高差为水面落差，单位河长的水面落差叫水面比降；河源与河口处的河底高程差为总落差，单位河长的落差叫河道纵比降。

当河道纵断面呈折线或曲线时，可将河道按坡度转折点分段，如图 7.4 所示，再按式（7.1）计算河道平均比降 J：

$$J=[(Z_0+Z_1)L_1+(Z_1+Z_2)L_2+\cdots+(Z_{n-1}+Z_n)L_n-2Z_0L]/L^2 \tag{7.1}$$

式中　Z_0、Z_1、…、Z_n——自出口断面起，向上游沿河道底部各转折点高程，m；

L_1、L_2、…、L_n——两转折点间的距离，m；

L——河道弯曲长度，m。

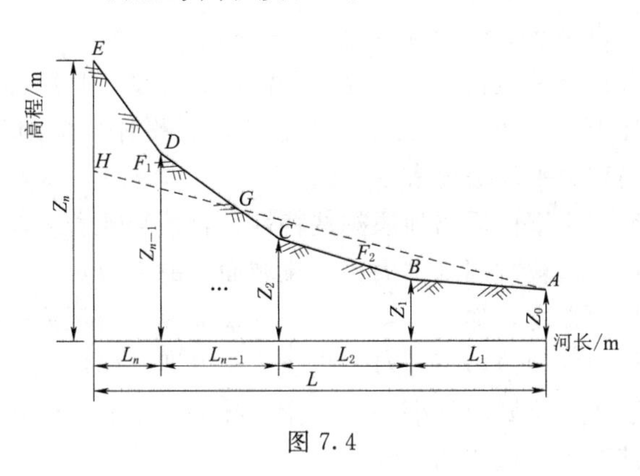

图 7.4

7.2.2　流域及其特征

在河流某一控制断面上，汇集地表水和地下水的区域，称为流域。对水库而言，其流域是指坝址以上河流的集水区域；如不指明断面时，流域是指河口断面以上整个河流的集水区域。

7.4
流域及其特征

1. 分水线与集水面积

相邻两流域的界线称为分水线。由分水线所包围的区域即为流域。分水线有地面分水线和地下分水线两种，地面分水线为流域四周的山脊线，即流域周围最高点的连线，起着划分地表径流的作用，也叫分水岭，如秦岭是长江与黄河的分水岭。地面分水线与地下分水线两者是否吻合，与岩层的构造和性质有关。当两者一致时称闭合流域，两者不一致时称非闭合流域，地面与地下分水线示意图如图 7.5 所示。

在地形图上绘出流域的分水线，分水线包围的面积，即为流域面积，以 F 表示，单位 km^2。在实际工作中，由于地下分水线难以确定，常以地面分水线包围的面积为集水面积，也称流域面积。山区河流的分水线，由地形图按水系的分布，勾绘山脊的连线。平原河流的下游部分，地面分水线在地形图上难以勾绘，需要通过实地勘察才能确定。流域面积大小是衡量河流大小的重要指标，在其他条件相同的情况下，流域面积的大小，决定河川径流的多少，所以一般河流的水量总是越往下游越丰富。

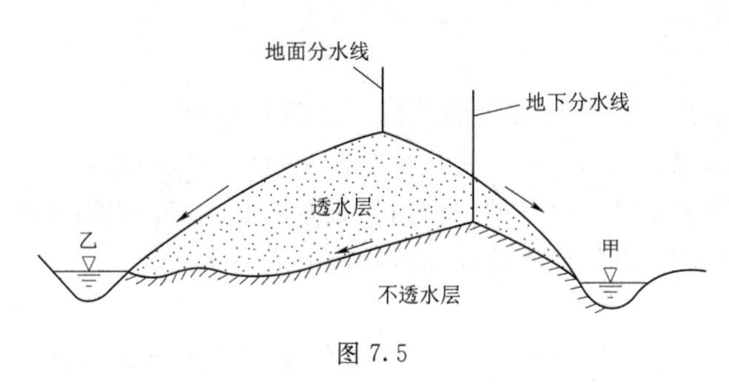

图 7.5

2. 流域的长度和平均宽度

流域长度是指流域的轴长，即以河口为中心作同心圆，在同心圆与流域分水线相交处绘出许多割线，各割线中点的连线即为流域长度 L，单位 km。当流域两岸分布较为对称时，则流域长度接近主河道长度。

流域平均宽度 B 可用 $B=(F/L)$ 计算。如两个流域的集水面积大小较接近，L 愈长，B 愈狭小，地表径流较难集中；L 愈短，B 愈宽，地表径流易于集中。

3. 流域的自然地理特征

地理位置。流域的地理位置可用流域的边界或流域中心经纬度表示。它反映了流域的气候与地理环境特性，也是水文区域性变化的一个标志。

气候条件。流域气候条件包括降水、蒸发、温度、湿度、日照等。

地形特征。流域地形特征可用高山、高原、丘陵、平原、盆地等划分流域地形的类别，也可用流域平均高程、平均坡度表示。

土壤与地质。流域内土壤性质与地质构造特性，直接影响着入渗率和河道输沙量。

地面植被。流域地面植被常用森林面积占流域面积的百分数，即森林覆盖率表示。如流域植被好，能增加地面糙度，加大入渗水量，延长地表径流汇流时间，延缓洪水历时。

湖泊与沼泽。流域内的湖泊与沼泽对河川径流起着调蓄作用。

人类经济活动因素。在流域内从事一切农业、林业、水利等经济活动时，均会对流域径流产生一定影响，甚至改变径流的时空分布。

任务 7.3 降水、蒸发与下渗

任务目标

1. 了解降水的成因和分类；
2. 会计算流域平均降雨量；
3. 了解水面蒸发、土壤蒸发、植物散发概念；
4. 了解下渗过程及其变化规律。

7.5
降水、蒸发与下渗

7.3.1 降水的基本概念

从云雾中降落到地面的液态水或固态水，如雨、雪、霰、雹、露、霜等称为降水。降水是气象要素之一，也是自然界水文循环和水量平衡的基本要素之一，降水量时空分布的变化规律，直接影响河川径流情势，所以在工程水文及水资源中必须研究降水，特别是降雨。

7.3.2 降水的形成与分类

1. 降水的形成

空中要有较多的凝结核才能形成降水，尤其比较大的暴雨，必须具备两个条件：一是大量的暖湿空气源源不断地输入雨区；二是这里存在使地面空气强烈上升的机制，如暴雨天气系统，使暖湿空气迅速抬升，上升的空气因膨胀做功而冷却，当温度低于露点后，水汽凝结为愈来愈大的云滴，上升气流不能浮托时，便形成降水。

2. 降水的分类

降水根据其不同的物理特征可分为液态降水和固态降水。大气中气流上升的方式不同，导致降水的成因亦不同。按照气流上升的特点，降水的成因可分为四个基本类型。

（1）对流。由于地面局部受热，下层湿度比较大的空气膨胀上升，与上层空气形成对流，动力冷却导致降水，多生在夏季酷热的午后，降水强度大、范围小、历时短，常常形成小流域的暴雨洪水。

（2）地形。近地面的暖湿空气运移过程中遇山脉阻挡时，将沿山坡抬升，由于动力冷却而导致降水，过山脉后，气流沿山坡下降。故迎风面降水多，背风面降水少，甚至出现干旱少雨区域，称雨影区。

（3）锋面。在较大范围内存在着水平方向物理性质，如温度、湿度等分布比较均匀的大范围空气，称为气团。气团可分为冷气团（温度低、湿度小）和暖气团（温度高、湿度大），冷暖气团相遇时，在它们接触处所形成的不连续面称为锋面，锋面与地面的相交地带称为锋。

锋面降水可分为冷锋降水和暖锋降水。当冷暖气团相遇时，冷气团沿锋面楔进暖气团，迫使暖气团上升，发生动力冷却而成雨，称为冷锋雨，如图7.6（a）所示，冷锋雨强度大，历时较短，雨区范围较小。若暖气团行进速度快，暖气团将沿界面爬升到冷气团之上，冷却致雨，称为暖锋雨，如图7.6（b）所示。暖锋雨强度小，历时长，雨区范围大。

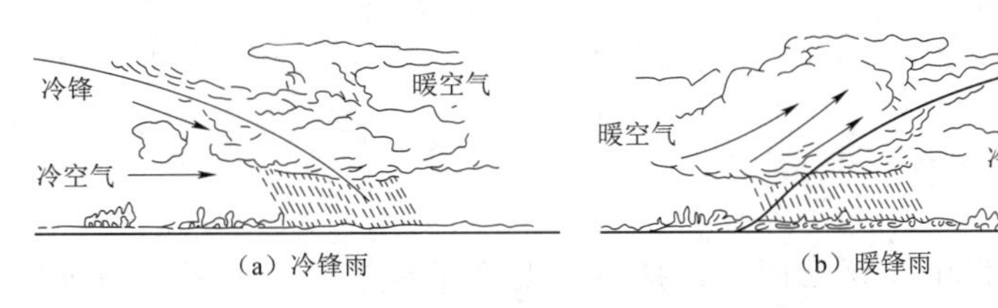

图7.6

（4）气旋。气旋是中心气压低于四周的大气涡旋。在北半球，气旋内的空气做逆时针旋转，并向中心辐合，引起大规模的上升运动，水汽因动力冷却而形成降水。按热力学性质分类，气旋可分为温带气旋和热带气旋两类，相应产生的降水称为温带气旋雨和热带气旋雨。

1）温带气旋雨。温带地区的气旋由锋面波动产生的，称为锋面气旋，一个发展成熟的锋面天气为：气旋前方是暖锋云系及伴随的连续性降水天气，气旋后方是狭窄的冷锋云系和降水天气，气旋中部是暖气团天气，有层云或毛毛雨。

2）热带气旋雨。热带气旋指发生在低纬度海洋上的强大而深厚的气旋性旋涡，如图7.7所示。根据国家标准《热带气旋等级》（GB/T 19201—2006），热带气旋按中心附近地面最大风速划分为六个等级，见表7.1。

表7.1　　热带气旋等级划分标准

热带气旋的等级	底层中心附近最大平均风速/(m/s)	底层中心附近最大风力/级
热带低压（TD）	10.8～17.1	6～7
热带风暴（TS）	17.2～24.4	8～9

续表

热带气旋的等级	底层中心附近最大平均风速/(m/s)	底层中心附近最大风力/级
强热带风暴（STS）	24.5～32.6	10～11
台风（TY）	32.7～41.4	12～13
强台风（STY）	41.5～50.9	14～15
超强台风（SUPERTY）	≥51.0	≥16

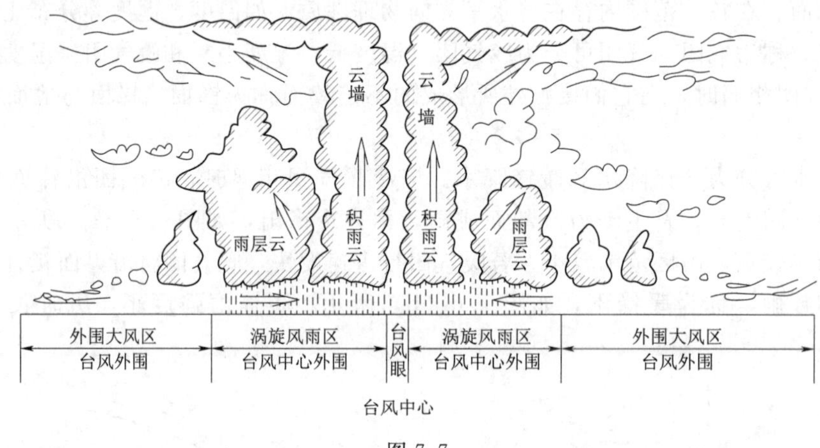

图 7.7

3. 台风

我国台风大多数发生在夏秋两季，是在西太平洋热带海面上形成的暖湿空气的旋涡团，旋涡的直径一般为 100～300km，其中心气压很低，内部空气高温、高湿，台风往往挟带狂风暴雨，破坏力极大。台风登陆后，遭遇山体、建筑物等障碍物，强度减弱，逐渐变为低气压，直至消亡。台风的特性指标如下：

（1）近中心最大风力。也称底层（距地面 10m 处）中心附近最大平均风速，这是衡量台风强弱的主要指标。

（2）台风中心气压。气压一般以百帕（hPa）表示，气压越低，表示台风强度越大。

（3）台风范围。台风结构分为台风眼区、旋涡区和外围区三部分，如图 7.7 所示。台风的旋涡区和外围区越大，风和降雨面积越大。通常用风圈和降雨等值线表示。

（4）台风移动速度。台风平均移动速度一般为 20～30km/h，台风转向时移动速度减慢，转向后加快，停滞或打转时最慢。

（5）台风移动路径。台风在西北太平洋生成后，在内力和外力的作用下，以各种复杂的路径移动，主要有西向、西北向、转向和特殊路径四种。

7.3.3 降水的性质和特征

降水的性质和特征用降水量、降水历时和降水时间、降水强度、降水面积四个基本要素表示。

1. 降水量

降水量是指一定时段内降落在某一点或某一流域面积上的水层深度，以 mm 为单位。

在表明降水量时一定要指明时段，如次降水量、日降水量等。

2. 降水历时和降水时间

降水历时是指一次降水自始至终所经历的实际时间；降水时间是根据需要人为划分的时段，如1h、3h、6h、12h、24h和1d、3d、5d等，用以计算各时段内的降水量。降水历时内的降水是连续的；而降水时间内的降水可能是连续的，也可能是间歇的。

3. 降水强度

降水强度是指在某一历时内的平均降落量，降水强度＝降水量/降水历时。它可以用单位时间内的降水深度表示（mm/min或mm/h），也可以用单位时间内的面积上的降水体积表示。降水强度是描述暴雨特征的重要指标，强度越大，雨越猛烈。计算时特别有意义的是相应于某一历时的最大平均降水强度，显然，所取的历时越短则求得的降水强度越大。降水强度也是决定暴雨径流的重要因素。

通常按降雨强度的大小将降雨分为小雨、中雨、大雨、暴雨、大暴雨和特大暴雨6种，我国气象部门一般采用的降水强度标准见表7.2。同样，雪的大小也按降水强度分类，降雪可分为小雪、中雪、大雪和暴雪等几个等级，见表7.3。

表7.2　降雨强度等级划分标准（内陆部分）　单位：mm

等级划分	24h降雨总量	12h降雨总量
小雨、阵雨	0.1～9.9	≤4.9
小雨—中雨	5.0～16.9	3.0～9.9
中雨	10.0～24.9	5.0～14.9
中雨—大雨	17.0～37.9	10.0～22.9
大雨	25.0～49.9	15.0～29.9
大雨—暴雨	33.0～74.9	23.0～49.9
暴雨	50.0～99.9	30.0～69.9
暴雨—大暴雨	75.0～174.9	50.0～104.9
大暴雨	100.0～249.9	70.0～139.9
大暴雨-特大暴雨	175.0～299.9	105.0～169.9
特大暴雨	≥250.0	≥140.0

表7.3　各类雪的降水量标准　单位：mm

种类	小雪	中雪	大雪	暴雪
24h降水量	＜2.5	2.5～4.9	5.0～9.9	
12h降水量	＜1.0	1.0～2.9	3.0～5.9	≥6.0

4. 降水面积

降水面积指降水笼罩的水平面积，以km^2计。

此外，降水中心、降水走向等降水要素对流域的降水也有较大的影响。

7.3.4　降雨的时空表示方法

为了反映一次降雨在时间上的变化及空间上的分布，常用以下图示方法。

1. 降雨过程线

表示降雨在时程上的分配，可用降雨强度过程线表示。常以时段降雨量为纵坐标，时段时序为横坐标，采用柱状图表示，如图 7.8 所示。至于时段的长短，可根据计算的需要选择，如分钟、小时、日、月等。降雨强度可以是瞬时的或时段平均的。瞬时降雨强度过程线是根据自记雨量计的观测记录整理绘制的，过程线下所包围的面积就是这次降雨的总雨量。时段平均降雨强度过程线则是根据雨量器按规定时段进行观测的雨量记录绘制的，过程线各时段内的矩形面积表示该时段内的降雨量。

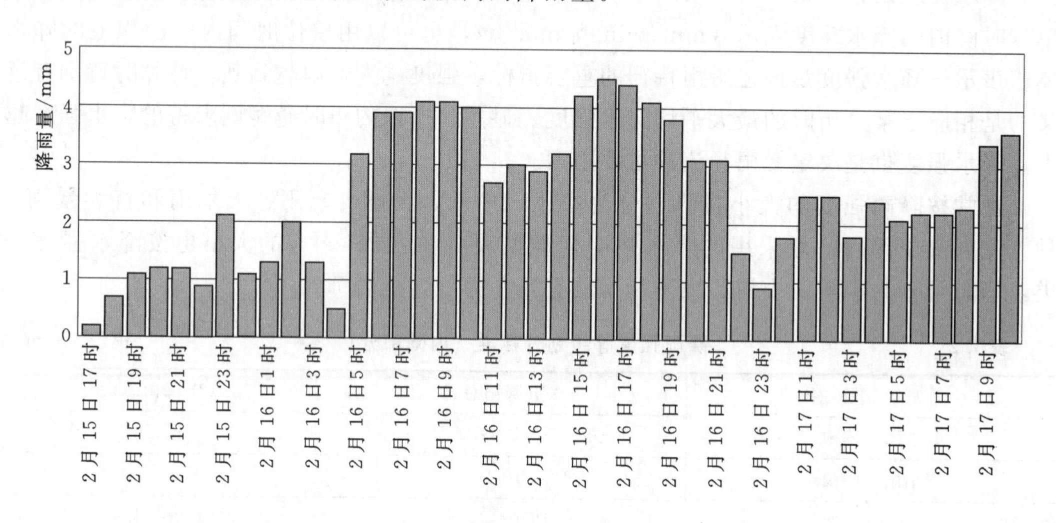

图 7.8　降雨过程柱状图

2. 降雨累积曲线

降雨过程也可用降雨量累积曲线表示。此曲线横坐标为时间，纵坐标代表自降雨开始到各时刻降雨量的累积值，如图 7.9 所示。自记雨量计记录纸上的曲线，即是降雨累积曲线。曲线上每个时段的平均坡度是各时段内的平均降雨强度。曲线上的斜率表示该瞬时的降雨强度。曲线坡度陡，降雨强度大；反之则小。若坡度等于零，说明该时段内没有降雨。

如果将相邻雨量站的同一次降雨累积曲线绘制在同一张图上，可用于分析降雨在时程上和空间上分布的变化特性。

3. 降雨量等值线图

降雨量等值线图是表示某一地区或流域的次降雨量或时段（如小时、日、月、年）降雨量地理分布的常用工具。

7.6
计算流域平均降雨量

它的具体做法是：在地形图上将各雨量站相同起讫时间内的时段雨量标注在相应的地理位置上，根据直线内插的原理，并考虑地形对降雨的影响，勾绘出等值线，如图 7.10 所示。

7.3.5　流域平均降雨量的计算

雨量站观测的降雨量只代表该站点的降雨量（或称点雨量），而形成河川径流的则是整个流域上的降雨量，对此，可用流域平均雨量（或称面雨量）

来反映。下面介绍三种常用的计算方法。

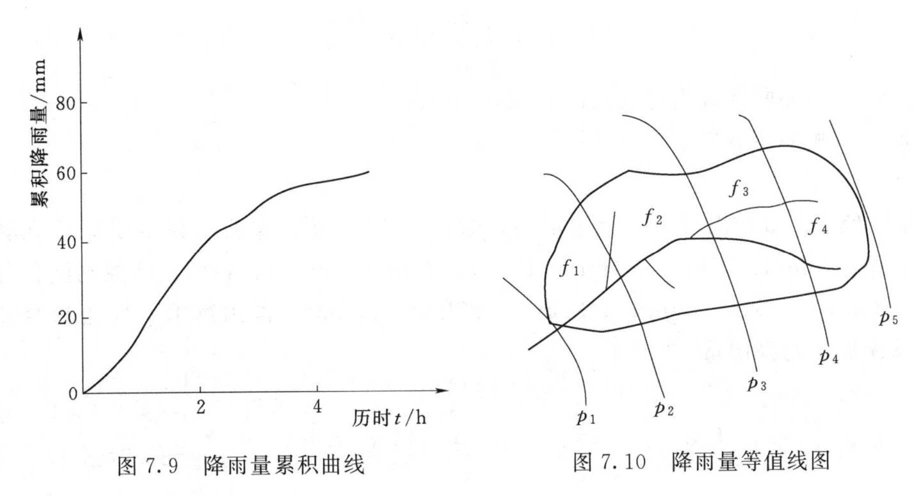

图 7.9 降雨量累积曲线

图 7.10 降雨量等值线图

1. 算术平均法

将流域内各站点同一时段内的降雨量进行算术平均。该方法适用于雨量站分布均匀、地形起伏变化不大的流域。

$$\overline{P}=\frac{1}{N}\sum_{i=1}^{n}P_i \tag{7.2}$$

式中 $\overline{P}$——某一指定时段的流域平均雨量，mm；

N——流域内的雨量站数；

P_i——流域内第 i 站指定时段的雨量，mm。

2. 泰森多边形法

该法假定流域上各点的雨量以其最近的雨量站的雨量为代表，因此需要采用一定的方法推求各雨量站在流域中代表的面积，这些站代表的面积图就称为泰森多边形，如图 7.11 所示。其做法是：①以雨量站为顶点，用直线（图 7.11 中的虚线）就近连接各站为互不重复的三角形。②作各连线的垂直平分线，它们与流域分水线一起组成 n 个多边形，每个多边形的面积，就是其中的雨量站代表的面积。

设第 i 站代表的面积为 f_i，第 i 站的降雨量为 P_i，则该法计算流域平均雨量的公式为

$$\overline{P}=\sum_{i=1}^{n}\frac{f_i}{F}P_i \tag{7.3}$$

式中 $\frac{f_i}{F}$——第 i 站代表面积占流域面积的比值，称权重。

该方法适用于雨量站分布不均匀、地形起伏变化比较大的流域，是生产实践中应用比较广泛的一种方法。

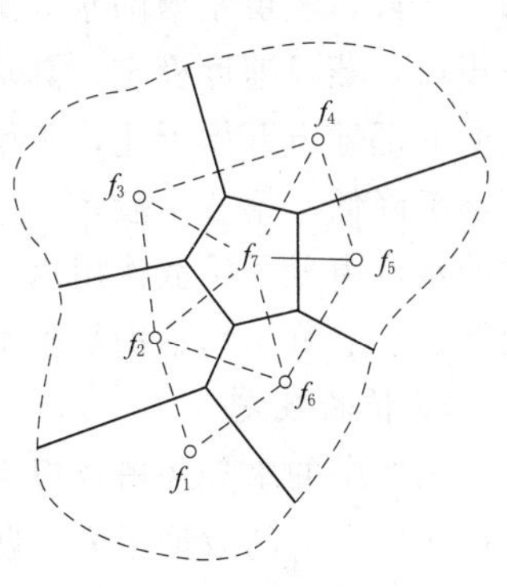

图 7.11

3. 等雨量线法

若流域内雨量站较多，地形起伏较大，能绘制出雨量等值线图时，宜采用等雨量线法计算流域平均降雨量，其

计算公式为

$$\overline{P}=\frac{1}{F}\sum_{i=1}^{n}p_{i}f_{i} \tag{7.4}$$

式中　f_i——相邻两条等雨量线间的面积，km^2；

　　　p_i——相邻两等雨量线值的平均，mm。

4. 计算实例

【例 7.1】 某流域内设有 7 个雨量站，如图 7.11 所示。某日各站的降雨量观测值分别为 15mm、20mm、25mm、14mm、18mm、45mm、50mm，各雨量站控制面积分别为 $35km^2$、$20km^2$、$25km^2$、$50km^2$、$30km^2$、$27km^2$、$18km^2$。试用算术平均法和泰森多边形法计算流域平均降雨量。

解：

算术平均法：$\overline{P}=\frac{1}{N}\sum_{i=1}^{n}P_{i}=\frac{15+20+25+14+18+45+50}{7}=26.7(mm)$

泰森多边形法：

$$F=\sum_{i=1}^{n}f_{i}=35+20+25+50+30+27+18=205(km^2)$$

$$\overline{P}=\frac{1}{F}\sum_{i=1}^{n}p_{i}f_{i}=\frac{1}{205}(15\times35+20\times20+25\times25+14\times50+18\times30+45\times27+50\times18)=23.9(mm)$$

7.3.6 蒸发

蒸发是水文循环及水量平衡的基本要素之一，对径流有直接影响。蒸发过程是水由液态或固态转化为气态的过程，是水分子运动的结果。流域的蒸发分为水面蒸发、土壤蒸发和植物散发三种。

1. 水面蒸发

水面蒸发是指江、河、水库、湖泊和沼泽等地表水体水面上的蒸发现象。水面蒸发是最简单的蒸发方式，属于饱和蒸发。影响水面蒸发的主要原因是温度、湿度、风速和气压等气象条件。

2. 土壤蒸发

土壤蒸发比水面蒸发要复杂得多，湿润的土壤，其蒸发过程一般可以分为三个阶段。第一阶段，表层土壤的水分蒸发后，能得到下层土壤的水分补充。这时土壤蒸发主要发生在表层，蒸发速度稳定，其蒸发量接近相同气象条件下的水面蒸发能力。第二阶段，土壤表面局部地方开始干化，土壤蒸发一部分在地表进行，另一部分发生在土壤内部。蒸发速度逐渐降低。第三阶段，当毛管水完全不能到达地表，土壤水分蒸发发生在土壤内部，蒸发的水汽由分子扩散作用逸入大气，蒸发速度缓慢。因土壤蒸发观测比较困难，而且精度较低，一般测站均不进行土壤蒸发观测。

3. 植物散发

土壤中的水分经植物根系吸收后，输送至叶面，逸入大气，称为植物散发。土壤水分消耗在散发上的数量很大，散发过程是一种生物物理过程。目前，我国植物散发的观测资料很少，散发量难以计算。

4. 流域总蒸发

流域总蒸发是流域内所有的水面、土壤以及植被蒸发与散发的总和。由于流域内气象条件与下垫面条件的变化复杂，要直接测出一个流域的总蒸发几乎是不可能的。目前采用的方法是从全流域综合角度出发，用水量平衡原理来推算流域总蒸发量。

7.3.7　下渗

下渗是指降落到地面上的雨水从地表渗入土壤的运动过程。作为降雨径流形成过程中的一项重要因素，下渗不仅直接影响到地面径流量的大小，也影响到土壤含水量及地下径流量的消长。

1. 下渗及其变化规律

当雨水落在干燥的土壤表面后，首先在土粒分子的作用下吸附在土粒周围，形成薄膜水。当薄膜水得到满足后，继续入渗的水分充填土粒间的空隙，且在表面张力的作用下产生毛管力，使水分向土隙细小的地方运动。当表层土壤的毛管水满足以后，继续入渗的水分首先使表层土壤饱和，这时，饱和层毛管力的方向向下，水分在毛管力作用下向下层渗透，同时空隙中的自由水在重力作用下沿空隙向下运动。如果地下水埋藏不深，重力水可补给地下水，形成地下径流。由此可见，下渗是在分子力、毛管力和重力的综合作用下进行的，开始三种力同时作用，入渗速度最大；随着土壤湿度增大，前两种力逐渐减小或消失，水分主要在重力作用下运动，入渗速率就趋于一个稳定的值。下渗是一个极为复杂的过程，不同的土壤，或同类土壤不同的水分条件下，其下渗过程都不相同。

2. 天然条件下的下渗

在天然条件下，降雨强度的时空变化很大，很不稳定，且有时不连续，因而实际的下渗过程也是不稳定且有时不连续的。在一次降雨过程中可能会出现降雨强度小于、大于或等于下渗能力的各种情况，只有当降雨强度超过或等于该时刻的下渗能力时，水分才按下渗能力下渗；否则，实际下渗率是达不到下渗能力的，而只能按降雨强度下渗。

影响下渗率和下渗过程的主要因素有土壤特性、土壤前期含水量、植被、地形和降雨特性等。即使是一个较小流域，以上这些因素在时空分布上也是不均匀的，因此流域各处的下渗过程及其特点也就不相同。

任务7.4　径流、水量平衡

任务目标

1. 理解径流形成的物理机制，掌握径流的表示和度量；
2. 了解水量平衡的基本概念。

7.7
径流的形成

7.4.1　径流形成过程

径流是指流域表面的降水或融雪沿着地面与地下汇入河川，并流出流域出口断面的水流。河川径流的来源是大气降水。降水的形式不同，径流形成的过程也不一样。一般可分为降雨径流和融雪径流。在我国，河流主要以降雨径流为主，冰雪融水径流只在局部地区或某些河流的局部地段发生。

根据径流途径的不同，可以把径流分为地面和地下径流。降雨开始后，除少量降落在水面直接形成径流外，一部分降雨被滞留在植物的枝叶上，称为植物截留，其余落到地面上的雨水向土中下渗，补充土壤含水量并逐步向下层渗透。下渗水如能到达地下水面便可以通过各种途径渗入河流，成为地下径流。地下径流可分为不同的组成部分。位于不透水层之上的冲积层中的地下水，它具有自由水面，称为浅层地下径流；位于两个不透水层之间的地下水称为深层地下水，其水源很远，流动缓慢，流量稳定，称为深层地下径流。两者都在河网中从上游向下游、从支流到干流汇集到流域出口断面，经历了一个流域汇流阶段。习惯上把上述径流形成过程，概化为产流过程和汇流过程两个阶段。但是，在径流形成过程中，由于降水、蒸发以及土壤含水量存在时间和空间上的不均匀性，从而使产流和汇流在流域中的发展也具有不均匀性和不同步性。

1. 产流过程

降雨开始时，一部分雨水被植物茎叶所截留。这一部分水量通过消耗与蒸发，回归大气中。其余落到地面的雨水，除下渗外，有一部分填充低洼地带或塘堰，称为填洼。这一部分水量，有的下渗，有的以蒸发形式被消耗。当降雨强度小于下渗能力时，降落在地面的雨水将全部渗入土壤；大于下渗能力时，雨水除按下渗能力入渗外，超出下渗能力的部分便形成地面径流，通常称为超渗雨。下渗的雨水，滞留在土壤中，除被土壤蒸发和植物散发而损耗掉外，其余的继续下渗，通过含气层、浅层透水层和深层透水层等产流场所形成壤中流、浅层地下径流和深层地下径流向河流补给水量，如图 7.12 所示。由此可见，产流过程与流域的滞蓄和下渗有着密切的关系。

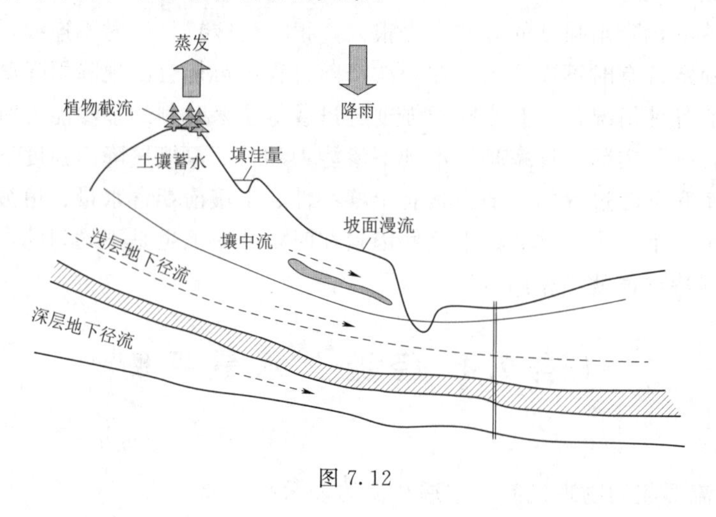

图 7.12

2. 汇流过程

降水形成的水流，从它产生的地点向流域出口断面的汇集过程，称为流域汇流。汇流可分为坡地汇流及河网汇流两个阶段。

(1) 坡地汇流。坡地汇流是指降雨产生的水流从它产生的地点沿坡地向河槽的汇集过程。坡地是产流的场所，包括坡面、表层和地下三种情况。坡面汇流习惯上被称作坡面漫流，是超渗雨沿坡面流往河槽的过程，坡面上的水流多呈沟状或片状，汇流路线很短，因此汇流历时也较短。暴雨的坡面漫流，容易引起暴涨暴落的洪水，这种水流被称为地面径流。表层汇流是雨水渗入土壤后，使表层土壤含水量达到饱和，后续下渗雨量沿该饱和层的坡度在土壤孔隙间流动，注入河槽的过程。这种水流称为壤中流或表层径流。表层径流的实际发生条件和表现形式比较复杂，在实际的水文分析工作中往往将它并入地面径流。重力下渗的水达到地下水面，并经由各种途径注入河流的过程称为地下汇流，这部分水流统称地下径流。由于地下往往存在不同特性的含水层，地下径流可分为浅层地下径流和深层地下径流。浅层地下径流通常是指冲积层地下水（也称潜水）所形成的径流，它在地表以下第一个常年含水层中，补给来源主要是大气降水和地表水的渗入。深层地下径流由埋藏在隔水层之间含水层中的承压水所形成，它的水源较远，流动缓慢，流量稳定，不随本次降雨而变化。

（2）河网汇流。河网汇流是指水流沿河网中各级河槽流至出口断面的汇集过程。显然，在河网汇流过程中，沿途不断有坡面漫流和地下水流汇入。对于比较大的流域，河网汇流时间长，调蓄能力大，当降雨和坡面漫流停止后，它产生的径流还会延长很长的时间。

7.4.2　径流的影响因素

径流的影响因素可分为三大类，即流域的气候因素、地理因素和人类活动因素。

1. 流域的气候因素

（1）降雨。降雨是径流形成的必要条件，降雨特性对径流的形成和变化起着重要的作用。在其他条件相同时，降雨量大，降雨历时长，降雨笼罩面积大，则产生的径流量也大。降雨强度越大，所产生的洪峰流量越大，流量过程线多呈尖瘦状。暴雨中心在下游，洪峰流量则较大，暴雨中心在上游，洪峰流量就小些。暴雨中心如由流域上游向下游移动，各支流洪峰流量相互叠加，使干流洪峰流量加大，反之则小。

（2）蒸发。蒸发是直接影响径流量的因素，蒸发量大，降雨的损失量就大，形成的径流量就小。对于一次暴雨形成的径流来说，虽然在径流形成过程中蒸发量的数值相对不大，甚至可以忽略不计，但流域在降雨开始时的土壤含水量直接影响着本次降雨的损失量，即影响着径流量。而土壤含水量与流域蒸发有密切的关系。

2. 流域的地理因素

（1）流域地形。流域地形特征包括地面高程、坡面倾斜方向及流域坡度等。流域地形一方面是通过影响气候，间接影响径流的特性，如山地迎风坡降雨量大，背风坡是气流下沉区，降雨量小。同时，山地高程较高时，气温较低，蒸发量较小，故降雨损失量较小。另一方面，流域地形还直接影响汇流条件，从而影响径流过程。例如：地形陡峻，河道比降大，则水流速度大，河槽汇流时间较短，洪水陡涨陡落，流量过程线多呈尖瘦形；反之则较为平缓。

（2）流域的大小和形状。流域本身具有调节水流的作用，流域面积越大，地面与地下蓄水容积越大，调节能力也越强。流域面积较大的河流，河槽下切较深，得到的地下水补给就较多；而流域面积小的河流，河槽下切往往较浅，因此地下水补给也较少。

流域长度决定了流域上的径流到达出口断面所需要的汇流时间。汇流时间越长，流量过程线愈平缓。流域形状与河系排列有密切关系：羽形排列的河系，各支流洪水可顺序而下，相遇的机会少，流量过程线较矮平；扇形排列的河系，各支流洪水较集中汇入干流，流量过程线往往较陡峻；平行状排列的河系，其影响与扇形排列的河系类似。

(3) 河道特性。如河道短、坡度大、糙率小，则水流速度大，河道输送水流能力大，径流容易排泄，流量过程线尖瘦；反之则较为平坦。

(4) 土壤、岩石和地质构造。流域土壤、岩石性质和地质构造与下渗量的大小有直接关系，从而影响产流和径流过程特性。

(5) 植被。植物被覆能阻滞地表水流，增加下渗。森林地区表层土壤容易透水，有利于雨水渗入地下，从而增大地下径流，减少地面径流，使径流趋于均匀。对于融雪补给的河流，由于森林内温度较低，能延长融雪时间，使春汛径流历时增长。

(6) 湖泊和沼泽。湖泊和沼泽对洪水能起一定的调节作用，在涨水期，它能拦蓄部分洪水，到退水期再逐渐放出。因此，它对削减洪峰起很大的作用，使径流过程变得平缓。

3. 人类活动因素

径流是自然环境的产物，人类社会的生活和生产活动改变了自然环境，因而会导致径流的量和质的变化。对径流量的影响主要是通过农、林、水利等措施致使蒸发与径流的比例、地面径流与地下径流的比例以及径流量的时空分布等情况发生变化。例如，农业措施（旱地改水田、坡地改梯田等）将使田间蓄水量增加，从而增加蒸发量，减少径流量；林牧措施（封山育林、植树造林、种植牧草等）将增加流域下渗，延缓地面径流，减少水土流失；水利水电工程措施（修建水塘、闸堰、水库等）除了改变蒸发与径流的比例外，还通过调节径流，使径流在时间和空间上进行再分配，尤其是跨流域引水或排水工程，对天然径流的影响更为明显。对水质的影响主要是人类生活和生产活动排放的废水和污水对水资源的污染使水质变坏。

人类活动除对径流的量和质产生影响外，还会对人类生存的环境产生广泛的影响。水利水电工程或其他措施，可以把恶劣的自然环境改造成满足人们需要的美好环境，也有可能破坏原有的生态平衡产生新的问题，例如修建水库，不仅可以调节径流，还会对水质、地貌、气候、地质以及生态环境要素产生不利于人类的影响。例如不合理地开采地下水资源，使地下水位急剧下降，水质恶化，造成地面下沉、浅层水井报废、树木枯萎、咸水入侵等问题；不合理地引水灌溉，在引水地区可产生土壤盐渍化、污染转移、疾病蔓延等问题，在引出地区则可能产生水源不足、污染加剧、破坏水域生态环境等问题。因此，在水利水电工程规划设计中，必须把保护环境和进行环境影响评价作为重要内容之一。

7.4.3　径流表示方法与度量单位

1. 流量 Q

单位时间内通过河流某一断面的水量称为流量，以 m^3/s 计。流量随时间的变化过程可用流量过程线来表示，它可由水文年鉴刊布的流量资料绘制。水文中常用的流量还有：日平均流量、月平均流量、年平均流量、多年平均流量及指定时段的平均流量。

2. 径流总量 W

径流总量 W 指历时 t 内流过某一断面的径流体积，也称总水量，以 m^3、万 m^3、亿 m^3 计。有时也用时段平均流量与时段的乘积表示，如 (m^3/s) · 月或 (m^3/s) · 日等。

3. 径流深 R

径流深 R 指将径流总量 W 平铺在流域面积 F 上的水深，以 mm 计。

$$R=\frac{W}{1000F}=\frac{\overline{Q}T}{1000F} \tag{7.5}$$

式中　W——时段 T 内的径流量，m^3；

$\overline{Q}$——时段 T 内的平均流量，m^3/s；

T——计算时段，s；

F——流域面积，km^2。

4. 径流模数 M

径流模数 M 指平均单位流域面积上的流量，以 $m^3/(s\cdot km^2)$ 计。

$$M=\frac{Q}{F} \tag{7.6}$$

随着对 Q 赋予的意义不同，径流模数也有不同的含义，如 Q 为洪峰流量，相应的 M 为洪峰流量模数；Q 为多年平均流量，相应的 M 为多年平均流量模数，等等。

5. 径流系数 α

某一时段的径流深 R 与该时段内流域平均降雨深度 P 之比称为径流系数，即

$$\alpha=\frac{R}{P} \tag{7.7}$$

因 $R<P$，所以 $\alpha<1$。

7.4.4　地球上的水量平衡

7.8
水量平衡

水文循环过程中，地球上对任一地区、任一时段进入的水量与输出的水量之差，必等于该区域内蓄水量的变化量，这就是水量平衡原理，它是工程水文及水资源中始终要遵循的一项基本原理。依此，可得任一地区、任一时段的水量平衡方程。

1. 对于某一时段

就全球的整个大陆，其方程为

$$P_c-R-E_c=\Delta S_c \tag{7.8}$$

就全球的海洋，其方程为

$$P_0+R-E_0=\Delta S_0 \tag{7.9}$$

式中　P_c、P_0——大陆和海洋在时段 Δt 间的降水量，mm；

R——流出陆地（流入海洋）的径流量，mm；

E_c、E_0——大陆和海洋在时段 Δt 间的蒸发量，mm；

ΔS_c、ΔS_0——大陆和海洋在时段 Δt 间的蓄水变量，等于时段末的蓄水量减时段初的需水量。

对于全球，两式相加，即

$$P_c+P_0-(E_c+E_0)=\Delta S_c+\Delta S_0 \tag{7.10}$$

2. 对于多年平均

由于每年的 ΔS_c、ΔS_0 有正、有负，多年平均趋于零，故有

大陆：
$$P_c-R=E_c \tag{7.11}$$

海洋：
$$P_0+R=E_0 \tag{7.12}$$

全球：
$$P_c + P_0 = E_c + E_0 \tag{7.13}$$
即全球多年平均的蒸发量等于多年平均的降水量。

3. 流域水量平衡

根据水量平衡原理，对于非闭合流域，即流域的地下分水线与地面分水线不相重合，可列出如下水量平衡方程式：

$$P + E_1 + R_{表} + R_{地} + S_1 = E_2 + R^1_{表} + R^1_{地} + S_2 \tag{7.14}$$

式中　P——时段内的降水量，mm；

E_1、E_2——时段内的水汽凝结量和蒸发量，mm；

$R_{表}$、$R_{地}$——时段内地面径流和地下径流流入量，mm；

$R^1_{表}$、$R^1_{地}$——时段内地面径流和地下径流流出量，mm；

S_1、S_2——时段初和时段末的蓄水量，mm。

令 $E = E_2 - E_1$ 代表净蒸发量，则式（7.14）成为

$$P + R_{表} + R_{地} + S_1 = E + R^1_{表} + R^1_{地} + S_2$$

上式即为非闭合流域的水量平衡方程。对于一个闭合流域，即流域的地下分水线和地面分水线重合，显然，$R_{表}=0$，$R_{地}=0$。若令 $R = R^1_{表} + R^2_{地}$，$\Delta S = S_2 - S_1$，则闭合流域水量平衡方程为

$$P = R + E + \Delta S \tag{7.15}$$

对于多年平均情况而言，上式中蓄水变量项 ΔS 的多年平均值趋近于零，故式（7.15）可简化为

$$\overline{P} = \overline{R} + \overline{E} \tag{7.16}$$

式中　$\overline{P}$、$\overline{R}$、$\overline{E}$——流域多年平均年降水量、径流量和蒸发量，mm。

【例 7.2】　某流域多年平均流量 $\overline{Q} = 2.00\text{m}^3/\text{s}$，流域面积 $F = 100\text{km}^2$，流域多年平均年降雨量 $\overline{P} = 900.0\text{mm}$，试计算该流域多年平均年径流总量 $\overline{W}$、年径流深 $\overline{R}$、年径流模数 $\overline{M}$、年径流系数 $\overline{\alpha}$ 及年蒸发量 $\overline{E}$。

解：

一年的时间：　$T = 365 \times 24 \times 3600 = 31.54 \times 10^6(\text{s})$

多年平均年径流总量：$\overline{W} = \overline{Q}T = 2.00 \times 31.54 \times 10^6 = 6.3 \times 10^7(\text{m}^3)$

多年平均年径流深：　$\overline{R} = \dfrac{W}{1000F} = \dfrac{\overline{Q}T}{1000F} = 630(\text{mm})$

多年平均年径流模数：　$\overline{M} = \dfrac{Q}{F} = 0.02[\text{m}^3/(\text{s} \cdot \text{km}^2)]$

多年平均年径流系数：　$\overline{\alpha} = \dfrac{\overline{R}}{\overline{P}} = 0.70$

将流域近似看作闭合流域，则多年平均年蒸发量为

$$\overline{E} = \overline{P} - \overline{R} = 900.0 - 630.0 = 270.0(\text{mm})$$

【小结】

本项目主要围绕水文循环及径流的形成过程，介绍水文循环、河流、流域、降水、蒸

7.9 河川径流形成过程思维导图 Ⓟ

发、下渗、径流等基本概念，进一步理解水文循环的作用，河流与流域的主要特征（F、J、L）及其常用量计算方法，降雨的成因及分类（成因分类和气象分类），点雨量特性及图示方法，面平均雨量的计算方法，降雨径流的形成过程，河川径流的表示方法及单位，水量平衡原理及闭合流域多年平均水量平衡方程式，为水利水电工程建设与管理的从业者提供基本知识和基本技能。

水文循环是自然界最为重要的循环之一，它是陆地表面许多水文现象形成的主要原因，也是水资源具有可再生性的根本原因。其形成的内因是水在常温情况下可以完成固、液、气三态转换，外因是太阳辐射和地心引力。按照其影响范围的大小分为大循环和小循环。

河流是汇集并排泄地表水和地下水的天然通道，由流动的水流和河槽两个要素构成。对于大江大河从源头到河口可以分为上游、中游和下游。由干流和各级支流构成的泄水系统称为水系，也称为河系（或者河网）。河流长度和主河道平均比降是反映河流特征的主要参数。

流域是一条河流汇集水流的区域，一般在工程上假设多数流域为闭合流域，即由地面分水线所包围的区域。其形状为不规则封闭图形，大小用流域面积表示，其单位用 km^2 表示。一般不强调断面位置时，是指河口断面以上的流域。对于水利水电工程常指工程或大坝坝址断面以上的流域，其面积亦称集水面积。流域的地形特征主要指平均高程和平均坡度。自然地理特征主要指流域的地理位置、气候条件、地形特征、地质构造、土壤性质、植被、湖泊、沼泽等。

降水是指从天空降落至地表的各种水的总称，通常包括雨、霰、雪、雹、霜、露等。对于我国大多数地区而言，降雨和降雪是最主要的。另外，从水利水电工程建设的角度，主要关注降雨，它是绝大多数河流洪水形成的主要原因。按照水汽上升冷却的原因将降雨分为地形雨、锋面雨、对流雨和气旋雨。点降雨的特性主要用雨量、降雨历时和降雨强度反映，其在时间上的变化可以用雨量柱状图和降雨量累积过程线表示。反映降雨强度随历时而衰减的公式称为降雨公式。形成河流洪水的降雨是一定区域上的面平均雨量，简称为面雨量。面雨量在流域上的分布可以用不同历时的等雨量线表示，也可以用雨量-历时-面积曲线反映。计算流域面平均雨量的常用方法有算术平均法、泰森多边形法、等雨量线法。其中，面积加权平均法既具有一定的精度，又方便可行，使用较为普遍。

蒸发主要是指水由液态和固态变成气态的物理过程，也就是物理学上的汽化和升华过程。一般流域（区域）蒸发主要包括水面蒸发、土壤蒸发和植物散发。通常也将土壤蒸发和植物蒸发称为陆面蒸发。实际工程中应用蒸发资料多为水面蒸发资料。

下渗是指水分由地表面向土壤深层运动的物理过程，以垂向运动为主。其作用力分别有分子力、毛细管力和重力。下渗的速度快慢可以下渗率来表示，其单位常用 mm/mim 或 mm/h 表示。充分供水条件下，单位时间、单位面积上下渗的水量叫下渗能力（或下渗容量）。下渗能力随时间变化的过程线称为下渗能力曲线，通常按照指数规律递减。

河川径流的主要补给来源一般包括降雨径流、融雪径流和地下径流。我国大多数河川径流以降雨径流补给为主。随着人类调水工程的实施，跨流域调水也成为部分河川径流不可忽视的组成部分。降雨径流的形成过程是指从降雨开始到河道洪水退完为止的过程，一般可人为划分为产流和汇流两个阶段。产流阶段主要是指从降雨量中扣除损失的阶段，其结果为产流量，在数量上等于次雨洪径流量。汇流阶段主要指径流的汇集过程，一般包括坡面汇流和河网汇流两个子过程，从时间上讲，河网汇流是主要的。河川径流可以用流量、径流量、径流深、径流模数和径流系数表示。

水量平衡原理是水文学最基本的原理之一，是化学中质量守恒原理在水文学中的具体应用。具体表述为：对于一定区域、一定时段，进入区域的水量与流出区域的水量之差为该区域该时段的水量变化量。

对于闭合流域，年水量平衡方程为

$$P-(E+R)=\Delta S$$

多年平均水量平衡方程为

$$\overline{P}=\overline{E}+\overline{R}$$

【应知】

1. 使水资源具有再生性的原因是自然界的（　　）。

A. 径流　　B. 水文循环　　C. 蒸发　　D. 降水

2. 自然界中，海陆间的水文循环称为（　　）。

A. 内陆水文循环　　B. 小循环　　C. 大循环　　D. 海洋水文循环

3. 某河段上、下断面的河底高程分别为 725m 和 425m，河段长 120km，则该河段的河道纵比降（　　）。

A. 0.25　　B. 2.5　　C. 2.5%　　D. 2.5‰

4. 山区河流的水面比降一般比平原河流的水面比降（　　）。

A. 相当　　B. 小　　C. 平缓　　D. 大

5. 甲乙两流域，除流域坡度甲的大于乙的外，其他的流域下垫面因素和气象因素都一样，则甲流域出口断面的洪峰流量比乙流域的（　　）。

A. 洪峰流量大、峰现时间晚　　B. 洪峰流量小、峰现时间早

C. 洪峰流量大、峰现时间早　　D. 洪峰流量小、峰现时间晚

6. 甲流域为羽状水系，乙流域为扇状水系，其他流域下垫面因素和气象因素均相同，对相同的短历时暴雨所形成的流量过程，甲流域的洪峰流量比乙流域的（　　）。

A. 洪峰流量小、峰现时间早　　B. 洪峰流量小、峰现时间晚

C. 洪峰流量大、峰现时间晚　　D. 洪峰流量大、峰现时间早

7. 某流域有两次暴雨，除暴雨中心前者在上游，后者在下游外，其他情况都一样，则前者在流域出口断面形成的洪峰流量比后者的（　　）。

A. 洪峰流量大、峰现时间晚　　B. 洪峰流量小、峰现时间早

C. 洪峰流量大、峰现时间早　　D. 洪峰流量小、峰现时间晚

8. 甲、乙两流域除流域植被率甲大于乙外，其他流域下垫面因素和气象因素均相同，对相同降雨所形成的流量过程，甲流域的洪峰流量比乙流域的（　　）。

A. 峰现时间晚、洪峰流量大　　B. 峰现时间早、洪峰流量大

C. 峰现时间晚、洪峰流量小　　D. 峰现时间早、洪峰流量小

9. 某流域两次暴雨，除降雨强度前者小于后者外，其他情况均相同，则前者形成的洪峰流量比后者的（　　）。

A. 峰现时间早、洪峰流量大　　B. 峰现时间早、洪峰流量小

C. 峰现时间晚、洪峰流量小　　D. 峰现时间晚、洪峰流量大

10. 日降水量50～100mm的降水称为（　　）。

A. 小雨　　B. 中雨　　C. 大雨　　D. 暴雨

11. 大气水平运动的主要原因为各地（　　）。

A. 温度不同　　B. 气压不同　　C. 湿度不同　　D. 云量不同

12. 暴雨形成的条件是（　　）。

A. 该地区水汽来源充足，且温度高

B. 该地区水汽来源充足，且温度低

C. 该地区水汽来源充足，且有强烈的空气上升运动

D. 该地区水汽来源充足，且没有强烈的空气上升运动

13. 因地表局部受热，气温向上递减率增大，大气稳定性降低，因而使地表的湿热空气膨胀，强烈上升而降雨，称这种降雨为（　　）。

A. 地形雨　　B. 锋面雨　　C. 对流雨　　D. 气旋雨

14. 地形雨的特点是多发生在（　　）。

A. 平原湖区中　　B. 盆地中

C. 背风面的山坡上　　D. 迎风面的山坡上

15. 某流域（为闭合流域）上有一场暴雨洪水，其净雨量将（　　）。

A. 等于其相应的降雨量　　B. 大于其相应的径流量

C. 等于其相应的径流量　　D. 小于其相应的径流量

16. 某流域有甲、乙两个雨量站，它们的权重分别为0.4，0.6，已测到某次降雨量，甲为80.0mm，乙为50.0mm，用泰森多边形法计算该流域平均降雨量为（　　）。

A. 58.0mm　　B. 66.0mm　　C. 62.0mm　　D. 54.0mm

17. 形成地面径流的必要条件是（　　）。

A. 雨强等于下渗能力　　B. 雨强大于下渗能力

C. 雨强小于下渗能力　　D. 雨强小于、等于下渗能力

18. 流域汇流过程主要包括（　　）。

A. 坡面漫流和坡地汇流　　B. 河网汇流和河槽集流

C. 坡地汇流和河网汇流　　D. 坡面漫流和坡面汇流

19. 自然界中水文循环的主要环节是（　　）。

A. 截留、填洼、下渗、蒸发　　B. 蒸发、降水、下渗、径流

C. 截留、下渗、径流、蒸发　　D. 蒸发、散发、降水、下渗

20. 某流域面积为500km^2，多年平均流量为7.5m^3/s，换算成多年平均径流深为（　　）。

A. 887.7mm　　B. 500mm　　C. 473mm　　D. 805mm

【应会】

已知某流域及其附近的雨量站位置如图 7.13 所示。试绘出该流域的泰森多边形，并在图上标出 A、B、C、D 站各自代表的面积 F_A、F_B、F_C、F_D，各雨量站点雨量分别为 P_A、P_B、P_C、P_D，写出泰森多边形法计算本流域的平均雨量公式。

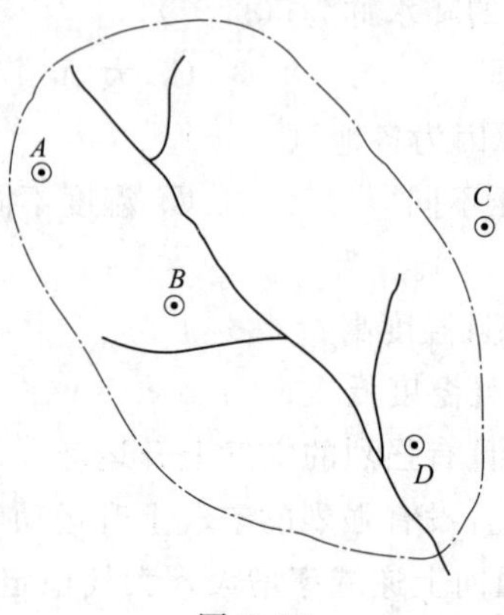

图 7.13

项目8 水 文 统 计

【知识目标】

1. 掌握随机变量的统计参数及其计算方法；
2. 熟悉配线法的定义和操作注意事项；
3. 了解相关分析的概念及作用。

8.1
项目导学Ⓣ

【能力目标】

1. 会进行频率计算与重现期计算；
2. 会绘制经验频率曲线和理论频率曲线；
3. 会按步骤进行配线；
4. 会运用图解法进行直线相关计算。

任务8.1 随机变量及概率分布

任务目标

1. 认识水文现象的统计规律；
2. 熟悉概率、频率与重现期的概念；
3. 会计算随机变量的统计参数。

8.2
水文统计的
基本任务▶

8.1.1 水文现象的统计规律

水文现象是一种自然现象，在它本身的发生、发展和演变过程中，包含着必然性的一面，也包含着偶然性的一面。由于水文循环，各项水文要素有一定周期性变化是其必然性。但它同时还受到其周围许多不定因素的影响，使其实际出现的数量和时间及空间千差万别。例如，河流某断面每年一定会出现一个最大的洪峰流量，这是其必然性，但其具体发生时间和洪峰流量的大小是无法知道的，又使其具有一定的偶然性。这种具有偶然性的现象，称为随机现象。所以水文现象是随机现象。对随机现象而言，其偶然性和必然性是辩证统一的，而且偶然性本身也有其客观规律，通过对大量的水文资料的分析研究，可以发现有其内在的规律。如某地区年降雨量是一种随机现象，但由长期观测资料可知，其多年平均降雨量是一个比较稳定的数值；特大或特小的年降雨量出现的年份较少；中等的降雨量出现的年份则较多。随机现象的这种规律性，只有通过大量的观察同类随机现象之后，并进行统计分析，才能看出来。随机现象所遵循的规律，称为统计规律。概率论和数理统计就是研究随机现象统计规律的方法论。我们把应用数理统计的原理研究水文现象变化规律的方法称为水文统计。

水文统计的任务包括两方面：一是对实测资料进行分析，并用各种特征值和图表表示其变化规律；二是在了解水文要素变化规律的基础上，对设计工程所在流域未来短期、中期或长期的水文情势进行概率意义下的定量预估，以满足工程规划、设计、施工以及运行管理期间的需要。

水文统计的基本方法和内容具体有以下三点：

(1) 根据已有的资料（样本），进行频率计算，推求指定频率的水文特征值。

(2) 研究水文现象之间的统计关系，应用这种关系延长、插补水文特征值和作水文预报。

(3) 根据误差理论，估计水文计算中的随机误差范围。

8.3
随机变量及其统计参数

8.1.2 概率和随机变量的频率分布

1. 事件

在日常生活中我们会遇到各种各样的试验，如科学种田试验，导弹发射试验等。在概率论中有这样几种试验：①可以在相同的条件下重复进行；②每次试验的可能结果不止一个，并且事先知道试验所有可能出现的结果或范围；③每次试验之前无法确定究竟哪种结果会出现。如掷硬币、掷骰子、摸扑克牌等均是如此。具有这种特性的试验称为随机试验。随机试验的结果称为事件，事件可以是数量性质的，即试验结果可直接测量或计算得出，例如，某地年降水量的数值、投掷骰子的点数等。事件也可以是表示某种性质的，例如，天气的风、雨、云、晴，出生婴儿的性别等。事件可以分为三大类。

(1) 必然事件。某一事件在试验结果中必然发生，这种事件称必然事件。例如，天然河流中洪水来临时水位必然上升，为一必然事件。

(2) 不可能事件。在试验之前，可以断定不会发生的事件称为不可能事件。例如，河流在天然状态下，洪水来临时发生断流就是不可能事件。

(3) 随机事件。某种事件在试验结果中可以发生也可以不发生，这样的事件就称为随机事件。例如，未来某一年，通过河流断面的年径流量，它可能较大，也可能较小，事先不能确定，它属于随机事件。

2. 概率

在研究随机事件时，要求各次试验中的基本条件保持不变，否则试验结果的变化将不是单由随机因素所引起的随机变化。随机事件在试验结果中可能出现也可能不出现，但其出现（或不出现）可能性的大小则有所不同。为了比较这种可能性的大小，必须赋予一种数量标准，这个数量标准就是事件的概率。

例如，投掷一枚硬币，投掷一次的结果不是正面就是反面，正面（或反面）可能的数量标准均为1/2，这个1/2就是出现正面（或反面）事件的概率。

又如，各有下列六张扑克，分别求摸到A的概率：

A、2、3、4、5、6——摸到A的概率为1/6；

A、A、3、4、5、6——摸到A的概率为2/6；

A、A、A、4、5、6——摸到A的概率为3/6；

……

从上面的例子中可以看出，摸到A事件的概率可用公式表示为

$$P(A)=\frac{m}{n} \tag{8.1}$$

式中 $P(A)$——在一定条件下随机事件A的概率；

n——在试验中所有可能结果总数；

m——在试验中有利于A事件的可能结果总数。

因为有利于事件A的可能结果总数是介于0与n之间，即$0\leqslant m\leqslant n$，所以$0\leqslant P(A)\leqslant 1$。对必然事件，$m=n$，$P(A)=1$；对不可能事件，$m=0$，$P(A)=0$

式（8.1）是用来计算简单随机事件的概率，即试验的所有可能结果都是等可能的，我们把这种类型称为“古典概型事件”。在遇到非“古典概型事件”时就不能用式（8.1）计算事件发生的概率，只能通过多次试验来估计概率，即频率问题。

3. 频率

设随机事件A，在n次试验中，实际出现了m次，比值m/n称为事件A在n次试验中出现的频率，即

$$P(A)=\frac{m}{n} \tag{8.2}$$

当试验次数n不多时，事件的频率很不稳定，如掷硬币试验，在10次试验中，正面朝上可能出现2次也可能出现8次，但当试验次数无限增多时，事件（正面朝上）的频率就明显地呈逐步稳定的趋势。以前曾有人做过掷硬币的试验4040次、12000次和24000次，分别统计正面出现的次数为2048次、6019次和12012次，相应频率为0.5080、0.5016和0.5005。可见，随着试验次数的增多，频率越来越接近于事件的概率0.5，即频率接近于概率。这种频率稳定的性质，是从观察大量随机现象所得到的最基本的规律之一。所以在试验次数足够多的情况下，可以把频率作为事件概率的近似值。对于水文现象，无法用式（8.1）计算其概率，只能将有限年份的实测水文资料，当成多次重复试验的结果，用式（8.2）推求频率作为概率的近似值。

从上面可以看出，频率与概率既有区别又有联系。概率是个理论值；频率是个具体数，是经验值。对于古典概型，试验中可能出现的各种情况，其概率事先都可以计算出来。但是对于复杂事件，试验中可能出现的各种情况事先是算不出其概率的，只有根据试验结果计算频率，用频率代替其概率。

4. 随机变量及其频率分布

数学上把不可知的量称作变量，用x表示。随机试验的结果事先是未知的，把它称作随机变量。随机变量的所有取值的全体，称为总体。从总体中任意抽取的一部分称为样本，样本的项数称为样本容量。水文现象的总体通常是无限的，它是自古迄今以至未来的所有水文系列，而其样本是指有限时期内观测到的资料系列。显然，水文随机变量的总体是不知道的，目前设站所观测到的几十年甚至是上百年的水文资料只不过是总体中的一小部分，一个很有限的样本。既然样本是总体中的一部分，那么样本的特征在一定程度上（或部分地）反映了总体的特征，所以可以借助样本来掌握总体的规律，这就是利用已有水文资料来推断总体或预估未来水文情势的依据。但样本毕竟只是总体中的一部分，不能完全代表总体的情况，其中存在着一定的差别。这种差别我们把它称作抽样误差。

水文中所讲的频率通常是指随机变量大于或等于某一固定值这一随机事件的频率，即累积频率。比如，某河流断面一洪峰流量的频率为 $P=5\%$，表示该断面发生大于或等于此洪峰流量的可能性为 5%。将随机变量的取值与其频率之间的对应关系称为随机变量的频率分布。可以用表格和图形来表示。

【例 8.1】 已知某站 1917—1980 年共 64 年的年降水量（表 8.1），试分析该样本系列的频率分布规律。

表 8.1　　1917—1980 年年降水量表

年份	年降水量/mm	年份	年降水量/mm	年份	年降水量/mm	年份	年降水量/mm	年份	年降水量/mm
1917	412	1930	332	1943	409	1956	721	1969	526
1918	843	1931	609	1944	629	1957	478	1970	629
1919	634	1932	712	1945	537	1958	657	1971	461
1920	404	1933	541	1946	346	1959	812	1972	495
1921	679	1934	895	1947	521	1960	564	1973	321
1922	743	1935	456	1948	949	1961	579	1974	565
1923	611	1936	779	1949	446	1962	360	1975	551
1924	512	1937	554	1950	556	1963	419	1976	750
1925	212	1938	579	1951	326	1964	307	1977	576
1926	503	1939	877	1952	665	1965	692	1978	662
1927	575	1940	580	1953	570	1966	507	1979	381
1928	501	1941	269	1954	533	1967	519	1980	539
1929	523	1942	591	1955	702	1968	547		

解：（1）将年降雨量分组并统计各组的次数和累积次数。拟定分组的组距 $\Delta x=100\text{mm}$，将统计结果列于表 8.2 中的①、②、③、④栏。

表 8.2　　某站年降水量分组频率计算表

序号	年降水量分组 $\Delta x=100$/mm	各组出现次数/年	累积出现次数/年	各组频率 $p(x_i)$/%	累积频率 P/%
①	②	③	④	⑤	⑥
1	900～999	1	1	1.6	1.6
2	800～899	4	5	6.3	7.9
3	700～799	6	11	9.4	17.3
4	600～699	10	21	15.6	32.9
5	500～599	25	46	39.0	71.9
6	400～499	9	55	14.1	86.0
7	300～399	7	62	10.9	96.9
8	200～299	2	64	3.1	100.0
总计		64		100.0	

(2) 计算各组出现的频率和累积频率。各组频率用公式 $P(A)=\frac{m}{n}$ 计算，并用百分数表示。比如第一组（900～999mm）的频率为 $p(900\leqslant x\leqslant 999)=\frac{1}{64}=1.6\%$；第二组（800～899mm）的频率为 $p(800\leqslant x\leqslant 899)=\frac{4}{64}=6.3\%$；……将计算结果填入表中第⑤栏。

表中累积次数的含义是降水量大于或等于某一个数值出现的次数。累积频率就是降水量大于或等于某个数值出现的频率，可表示为

$$p(x\geqslant x_i)=\frac{m}{n}$$

式中　m——累积次数。

计算结果填入表中第⑥栏。

(3) 绘图。由表 8.2 中的第②栏和第⑤栏绘成年降水量频率分布直方图，如图 8.1 所示，当表 8.2 中的年降水量资料无限增多时，频率趋近于概率，年降水量分组的组距无限缩小，则频率分布直方图就会变成光滑的曲线，如图 8.1 所示，我们把它称为频率密度曲线或频率分布曲线。

由表 8.2 中的第②栏和第⑥栏可绘出累积频率阶梯图如图 8.2 所示，当资料无限增多时，变成一条 S 形的曲线，称为累积频率曲线，如图 8.2 所示。特别需要注意的是，在水文计算中我们将累积频率习惯上称作频率。

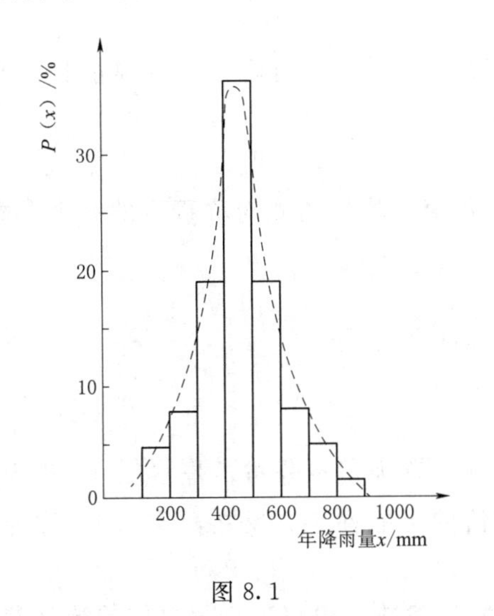

图 8.1

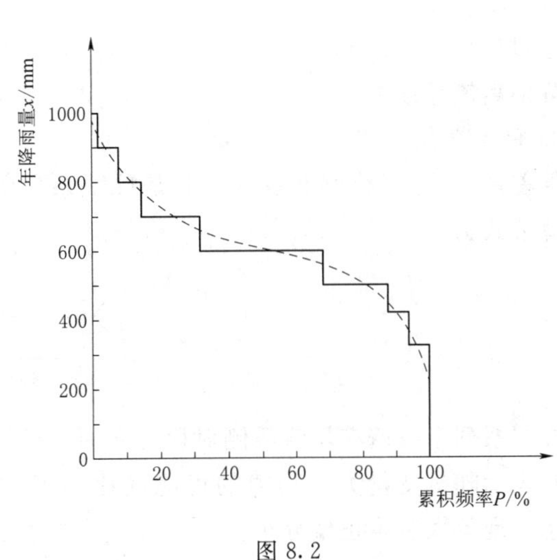

图 8.2

8.1.3　随机变量的统计参数

数学中的图形位置可由不同参数决定。同样，频率曲线的形状、位置也可由不同参数决定。水文要素的统计参数反映了水文系列的统计规律，表现了频率曲线的形状。现将水文计算中常用的几个参数介绍如下。

1. 算术平均数

设随机变量的样本系列为 $x_1, x_2, \cdots, x_n$，则其算术平均数为

$$\overline{x}=\frac{x_1+x_2+\cdots+x_n}{n}=\frac{1}{n}\sum_{i=1}^{n}x_i \tag{8.3}$$

算术平均数简称均值，它表示样本系列的平均情况，反映系列总体的平均水平。比如，甲乙两条河流的多年平均流量分别为 1500m³/s 和 400m³/s，显然甲河流域的水资源比乙河流域要丰富得多。

2. 均方差与变差系数

均方差 σ 用来表示均值相同的系列中的各值相对于均值的离散程度。计算公式为

$$\sigma=\sqrt{\frac{\sum_{i=1}^{n}(x_i-\overline{x})^2}{n-1}} \tag{8.4}$$

如甲系列为 3、4、5、6、7；乙系列为 2、3、4、6、10。则 $\overline{x_{甲}}=5$，$\overline{x_{乙}}=5$。经过计算，$\sigma_{甲}=1.58$，$\sigma_{乙}=3.16$。可见 $\sigma_{甲}<\sigma_{乙}$，说明甲系列的离散程度小，乙系列的离散程度大。

变差系数 C_v 用来衡量均值不同的系列的离散程度。计算公式为

$$C_v=\frac{\sigma}{\overline{x}}=\frac{1}{\overline{x}}\sqrt{\frac{\sum_{i=1}^{n}(x_i-\overline{x})^2}{n-1}} \tag{8.5}$$

如乙系列为 2、3、4、6、10；丙系列为 103、104、105、106、107。则 $\overline{x_{乙}}=5$，$\overline{x_{丙}}=105$。

经过计算，$C_{v乙}=3.16$，$C_{v丙}=1.58$。可见 $C_{v乙}>C_{v丙}$，说明丙系列的离散程度小，乙系列的离散程度大。

3. 偏差系数

偏差系数 C_s 又称偏态系数，它是反映系列中各值在均值两侧对称程度的一个参数。其计算公式为

$$C_s=\frac{\sum_{i=1}^{n}(x_i-\overline{x})^3}{(n-3)\overline{x}^3C_v^3} \tag{8.6}$$

样本系列中各值在均值两侧对称分布时，$C_s=0$，称为正态分布。若 $C_s>0$，称为正偏，它表示随机变量大于均值的可能性比小于均值的可能性小。反之，$C_s<0$，称为负偏。水文现象大多属正偏分布。

式（8.3）～式（8.6）计算出来的都是样本的统计参数，用它来表示总体的统计参数必然会产生一定的误差。这种由随机抽样而引起的误差，称为抽样误差。根据实践经验和误差理论，样本统计参数的抽样误差一般随样本的均方差、变差系数和偏差系数的增大而增大；随样本容量的增大而减小。所以在进行水文分析计算时，一般要求样本容量要有足够长度。

8.1.4 频率与重现期

8.4
概率、频率与重现期

频率是概率论中的一个概念，比较抽象，在水文中通常用重现期来代替它。所谓“重现期”是指某随机变量在长时期过程中平均多少年出现一次，即“多少年一遇”，用 N 表示。例如，某随机变量大于或等于某值的频率 $P=1\%$，表示该随机变量平均 100 年可以出现 1 次，即重现期 $N=100$ 年，称“百年一遇”。

频率与重现期的关系由于情况不同有两种表示方法：

(1) 在防洪、排涝研究暴雨、洪水时，一般的设计频率 $P<50\%$，其重现期为

$$N=\frac{1}{P} \tag{8.7}$$

例如，某水库大坝设计洪水的频率 $P=2\%$，则重现期 $N=50$ 年，称 50 年一遇，即出现大于或等于此频率的洪水，在长时期内平均 50 年遇到一次。若超过该洪水时，则不能确保工程的安全。

(2) 在灌溉、发电、供水规划设计时，需要研究枯水问题。一般其设计频率 $P>50\%$，则水文变量小于某值，即枯水事件发生的频率为 $1-P$，其重现期为

$$N=\frac{1}{1-P} \tag{8.8}$$

例如，为保证灌区供水，某灌区的设计依据为径流大于或等于某一值的频率 $P=90\%$，则径流小于该值，灌区用水遭到破坏，即枯水事件发生的频率为 1—90%，故这一值所对应的枯水的重现期 $N=10$ 年，表示平均 10 年中有 1 年供水不足，其余 9 年用水可以得到保证。因此，灌溉、发电、供水规划设计时，常把所依据的径流频率称为设计保证率，即兴利用水得到保证的概率。

任务 8.2 经验频率曲线和理论频率曲线

8.5
频率曲线计算

任务目标

1. 会计算经验频率；
2. 会绘制理论频率曲线。

8.2.1 经验频率曲线

经验频率曲线是根据某一水文要素的实测资料，计算出样本各数值 x_i 对应的累积频率 P_i（经验频率），点绘相应的坐标点（P_i，x_i），这些点据称为经验点据，过点群中心绘制一条光滑的累积频率曲线，在水文上称为经验频率曲线。它的缺点是曲线的形状会因人而异，另外，由于样本系列长度有限，据此点绘的经验频率点据会集中在常遇频率的范围内，反映不出极小和极大频率的分布情况，因缺乏足够点，延长时随意性很大。

目前我国水文计算上广泛采用的是经修正后的频率计算公式：

$$P=\frac{m}{n+1}\times 100\% \tag{8.9}$$

式中 P——随机变量大于或等于某值的经验频率；

m——系列按由大到小排序时，各随机变量对应的序号；

n——样本容量。

【例 8.2】 选用某站有代表性的 1952—1985 年降水量资料，如表 8.3 中①②栏所示，计算并绘制该站年降水的经验频率曲线。

解： 将年降雨量按照由大到小顺序排列，如表 8.3 中③④栏所示，按式（8.9）计算得到该站各年降水量的经验频率（表 8.3），并将其点绘在普通坐标纸上，然后目估点群中心绘制经验频率曲线，如图 8.3 所示。

表 8.3　　某站年降水量经验频率计算表

年份	年降雨量 x_i/mm	序号 m	由大到小排列 x_i /mm	P/%	年份	年降雨量 x_i/mm	序号 m	由大到小排列 x_i /mm	P/%
①	②	③	④	⑤	①	②	③	④	⑤
1952	538	1	875	2.9	1969	519	18	547	51.4
1953	502	2	834	5.7	1970	407	19	539	54.3
1954	653	3	779	8.6	1971	834	20	538	57.1
1955	634	4	751	11.4	1972	589	21	532	60.0
1956	553	5	702	14.3	1973	621	22	522	62.9
1957	539	6	653	17.1	1974	580	23	519	65.7
1958	522	7	634	20.0	1975	576	24	517	68.6
1959	875	8	621	22.9	1976	779	25	515	71.4
1960	505	9	609	25.7	1977	609	26	508	74.3
1961	517	10	605	28.6	1978	547	27	505	77.1
1962	508	11	589	31.4	1979	605	28	502	80.0
1963	501	12	580	34.3	1980	562	29	501	82.9
1964	751	13	576	37.1	1981	702	30	459	85.7
1965	459	14	562	40.0	1982	559	31	434	88.6
1966	434	15	559	42.9	1983	557	32	428	91.4
1967	532	16	557	45.7	1984	515	33	390	94.3
1968	379	17	553	48.6	1985	428	34	355	97.1

8.2.2　理论频率曲线

坐标系中的曲线或图像可以用数学方程表示，随机变量的分布规律一般为铃形曲线，也可以用数学方程式表示。用数学方程式表示的频率曲线称为“理论频率曲线”。

所谓理论频率曲线不是说水文现象的总体概率分布规律已从物理意义上被证明并能够用数学方程式严密地表示，而是这种数学方程式的特点能够与频率曲线规律较好地符合。

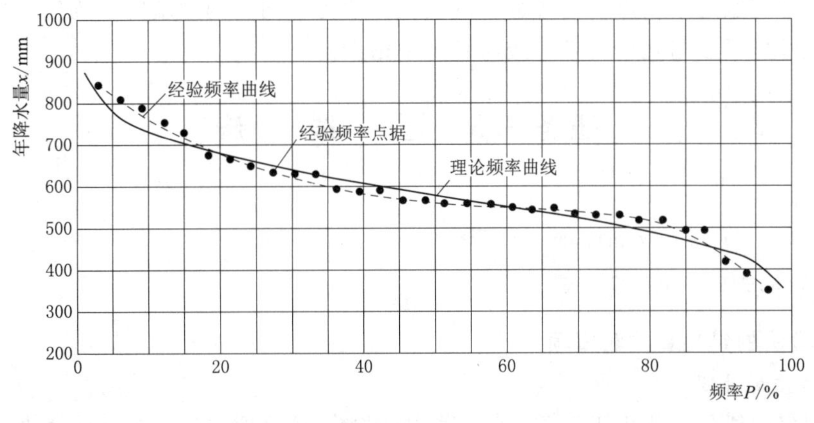

图 8.3

所以它只是进行水文分析的数学工具，以达到规范和延长经验频率曲线的作用，并不能说明水文现象的本质。

在数理统计中，用数学方程式表示频率曲线有多种，我国常用的有皮尔逊Ⅲ型曲线（简称 P－Ⅲ）。它的方程比较复杂，其中包含三个统计参数，即均值 $\overline{x}$、变差系数 C_v 和偏差系数 C_s。为了能在实际工作中运用 P－Ⅲ分布，可以通过变量转换，根据拟定的值进行积分，并将成果制成专用表格，见附表 1 和附表 2。

为了简便计算各种 P 对应的 x_P 值，经数学推导得出如下公式：

$$x_P=(1+C_v\Phi_P)\overline{x} \tag{8.10}$$

$$x_P=k_P\overline{x} \tag{8.11}$$

式中　Φ_P——离均系数，与 P 和 C_s 有关；

k_P——模比系数，与 P、C_s 和 C_v 有关。

当已知 C_s，不同 P 时对应的 Φ_P 可查附表 1，再用式（8.10）计算 x_P。当给出 C_s 和 C_v 的倍比关系时，可查附表 2，得不同 P 时对应的 k_P，再用式（8.11）计算 x_P。选用 Φ_P 和 k_P 的计算结果相同，可根据需要查表。

【例 8.3】 用表 8.3 的年降水量资料计算并绘制该站年降水量的 P－Ⅲ型理论频率曲线。

解： 由表 8.3 年降水量资料计算得到，$\overline{x}=570$mm，$C_v=0.18$，$C_s=0.3$。选取不同的频率 P，由式（8.10）计算得出相应的年降水量 x_P，见表 8.4。依此绘制的 P－Ⅲ型理论频率曲线如图 8.3 所示。

表 8.4　　某站年降水量理论频率曲线计算表

P/%	0.5	1	2	5	10	20	50	75	90	95	99
Φ_P	2.86	2.54	2.21	1.73	1.31	0.82	−0.05	−0.7	−1.24	−1.55	−2.1
x_P/mm	863	831	797	747	704	654	565	498	443	411	355

如图 8.3 所示，理论频率曲线和经验频率曲线并不吻合。

频率曲线点绘在等分格的普通坐标纸上，两端陡峭，曲度较大，难以外延，查用时误差也大。为了克服这个缺点，将等分格的横坐标改为中间密两边疏的不均匀分格，表示累积频率，这种坐标纸叫几率格纸（或海森几率格纸）。

任务8.3　适　线　法

任务目标

1. 了解适线法的定义和原理；

2. 会按照步骤进行适线计算。

8.3.1　适线法的定义和注意事项

1. 适线法的定义

理论频率曲线是否能用于工程设计，需视其能否较好地与经验频率曲线吻合而定。由上述内容可知，由统计参数唯一确定的P-Ⅲ型理论频率曲线的线型反映了随机变量的频率分布。但是理论和经验表明，由式（8.3）～式（8.6）计算的样本统计参数抽样误差较大，相应的P-Ⅲ型理论频率曲线也不能很好地反映总体的概率分布，所以生产上通常采用调整样本的统计参数及其相应的P-Ⅲ型理论频率曲线来拟合样本的经验点据，将与经验点据配合最好的理论频率曲线近似地作为总体的概率分布，对应的统计参数作为总体的最佳统计参数。据此在水文学中把在频率计算中以经验频率点为依据，选择某一线型的理论频率曲线，调整其参数，使理论频率曲线与经验频率点据相配合的计算方法称为适点配线法，简称适线法。

2. 注意事项

在适点配线过程中，如配合不好，主要是样本系列算出的 C_s 误差偏大，可调整 C_s 和 C_v 的倍比值。必要时，可适当调整 C_v 甚至 $\overline{x}$ 值。为了避免调整参数的盲目性，需要了解统计参数 $\overline{x}$、C_v、C_s 对P-Ⅲ型曲线形状和位置的影响。

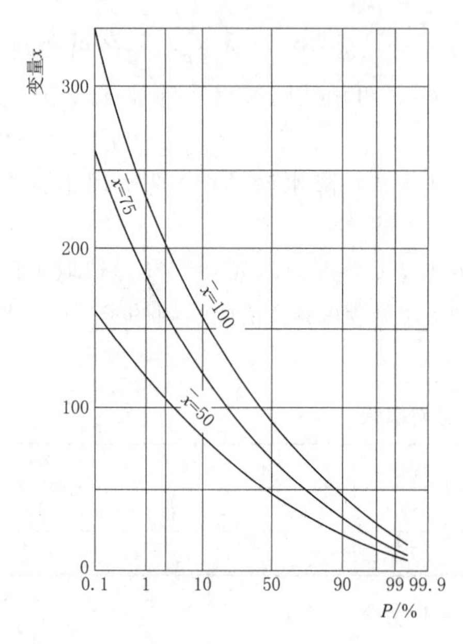

图8.4

（1）$\overline{x}$ 对P-Ⅲ型曲线的影响。当 C_v 和 C_s 不变时，曲线形状不变，$\overline{x}$ 变化主要影响曲线的高低。均值越大，曲线统一升高；反之，曲线统一下降。如图8.4所示。

（2）C_v 对P-Ⅲ型曲线的影响。当 $\overline{x}$ 和 C_s 不变时，C_v 变化主要影响曲线的陡缓程度。C_v 越大，则曲线越陡。即左端部分上升，右端部分下降；$C_v=0$ 时，曲线变成一条 $k=1$ 的水平直线，如图8.5所示。

（3）C_s 对P-Ⅲ型曲线的影响。当 $\overline{x}$ 和 C_v 不变时，在 $C_s>0$（正偏）的情况下，C_s 主要影响曲线的弯曲程度。C_s 增大时，曲线变弯，即两端上翘，中间下凹；当 $C_s=0$ 时，曲线变成一条直线，如图8.6所示。

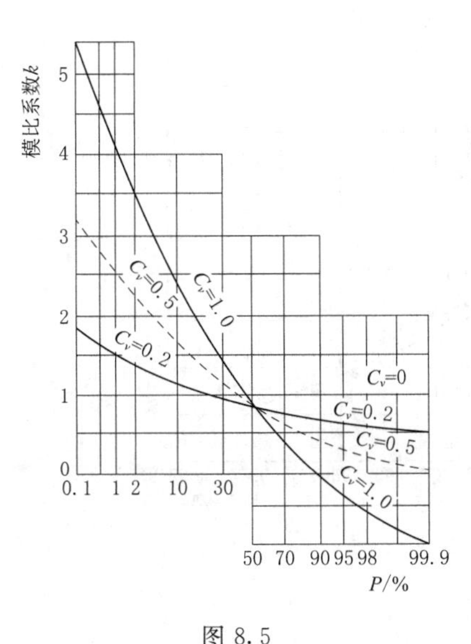

图 8.5

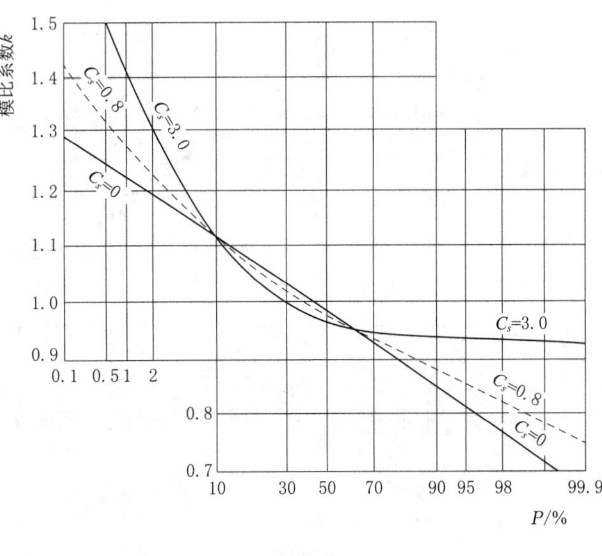

图 8.6

8.3.2　适线法计算步骤

1. 计算并点绘经验点据

将水文样本资料从大到小排队，用式（8.9）计算各值的经验频率，然后在海森几率格纸上点绘经验点据（纵坐标为变量取值，横坐标为对应的经验频率）。

2. 估算统计参数初值

根据样本资料系列，计算 $\overline{x}$ 和 C_v，作为适线的初值。至于 C_s 由于公式计算抽样误差很大，一般不用公式计算，而是根据经验选定 C_s 与 C_v 的倍比值。

3. 适线

由统计参数初值 $\overline{x}$、C_v、C_s，查附表 1 或附表 2，按式（8.10）或式（8.11）计算并绘制 P-Ⅲ型曲线，判断该曲线与经验点配合情况。若配合良好，则表明该线就是所求频率曲线；若配合不好，调整统计参数，再次适线，直至曲线与经验点配合最佳为止。

因为 $\overline{x}$ 的计算误差相对较小，主要是调整 C_v 和 C_s/C_v。最后把配合最好的频率曲线作为采用曲线。

【例 8.4】　资料同［例 8.2］，试求 $P=2\%$、50%、90%的设计年降水量 x_P。

解：（1）计算样本系列的经验频率见表 8.3，并将其点绘在海森几率格纸上，如图 8.7 所示。

（2）计算样本系列的统计参数，$\overline{x}=570\text{mm}$，$C_v=0.18$。

（3）适线。用均值 $\overline{x}=570\text{mm}$，$C_v=0.2$，取 $C_s/C_v=2.0$ 作为初值进行适线，如图 8.7 中的①线，可见与经验点配合不好，主要原因是 C_v 偏小。将 C_v 调整到 0.24 再适线，如图 8.7 中的②线，与经验点配合较好。②线即为所求的理论频率曲线。

（4）从②线上，查出各设计年降水量为

$P=2\%$，$x_{2\%}=884\text{mm}$；

$P=50\%$，$x_{50\%}=559\text{mm}$；

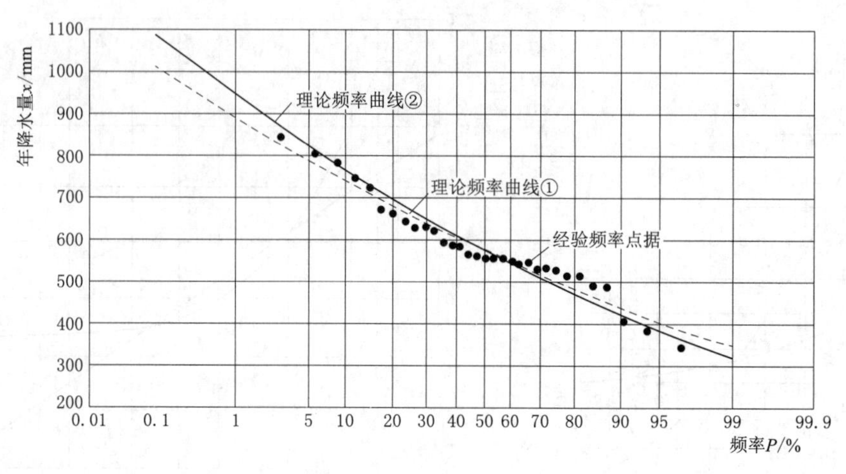

图 8.7

$P=90\%$，$x_{90\%}=405$mm。

以上适线过程见表 8.5。

表 8.5　某站年降水量频率计算表（$\overline{x}=570$mm）

$P/\%$		0.5	1	2	5	10	20	50	75	90	95	99
$c_v=0.2$，$c_s=2.0c_v$	k_P	1.59	1.52	1.45	1.35	1.26	1.16	0.99	0.86	0.75	0.7	0.59
	x_P	906	866	827	770	718	661	564	490	428	399	336
$c_v=0.24$，$c_s=2.0c_v$	k_P	1.73	1.64	1.55	1.43	1.32	1.19	0.98	0.83	0.71	0.64	0.53
	x_P	986	935	884	815	752	678	559	473	405	365	302

任务 8.4　相　关　分　析

8.6 相关分析

任务目标

1. 了解相关关系的概念；
2. 会进行简单的相关计算。

8.4.1　概述

前面研究的是一种随机变量的变化规律。但是自然界的许多现象并不是孤立的，两种或两种以上的随机变量之间存在着一定的联系。例如降水与径流、水位与流量等。研究两个或两个以上随机变量之间的关系，称为相关分析。

在水文计算中进行相关分析的目的，就是利用水文变量之间的相关关系，借助长系列样本延长或插补短期的水文系列，提高短系列样本的代表性和水文计算成果的可靠性。两个变量之间的关系有三种情况。

1. 完全相关（函数关系）

如果两个变量 x、y，其中变量 x 的每一个数值，都有一个或多个完全确定的 y 与之相对应，即 x 与 y 成函数关系，则称这两个变量是完全相关。如图 8.8 所示。

2. 零相关（没有关系）

如果两个变量之间互不影响，其中一个变量的变化不影响另一个，则称没有关系或零相关。如图 8.9 所示。

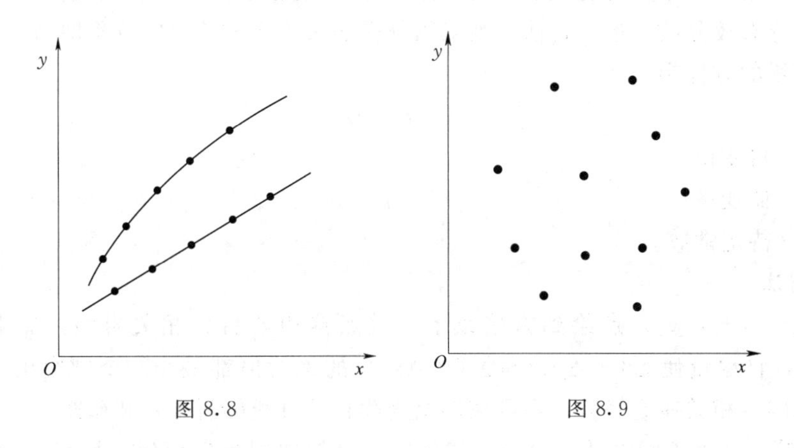

图 8.8　　图 8.9

3. 统计相关（相关关系）

如果两个变量既不像函数关系那样密切，也不像零相关那样毫无关系，介于这两个极端之间。如果把这种关系的点据绘在坐标纸上，就能发现点据虽然有些散乱，但是能发现它的明显趋势，这种趋势可以用一定的数学曲线或直线来近似地拟合。这种关系称为相关关系。如图 8.10 所示。

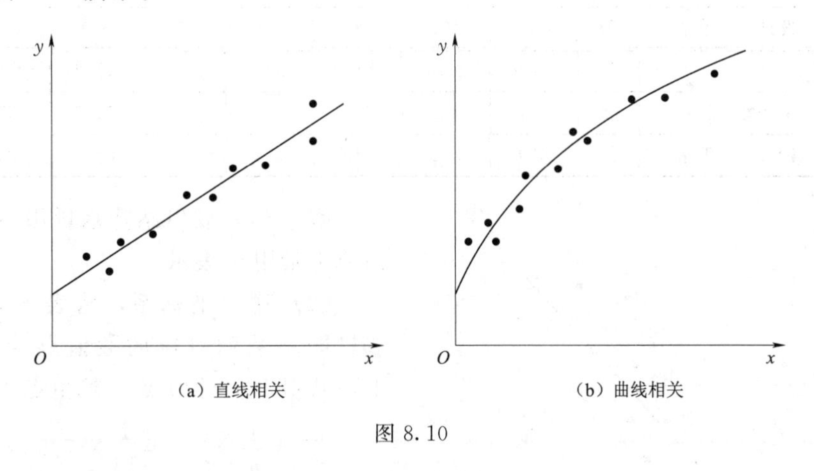

(a) 直线相关　　(b) 曲线相关

图 8.10

相关分析是处理变量间的相关关系，判断变量间相关关系的密切程度，计算并检验其间的相关系数。如若存在相关关系，则确定因变量和自变量之间的关系式，称之为相关方程或回归方程。

在相关分析中，只分析两个变量间的关系，称为简单相关。简单相关有直线相关和曲线相关两种形式。分析三个变量之间的相关，称为复相关。复相关也可分为直线相关和曲线相关两种形式。

由于水文计算中直线相关应用最多，曲线相关用得较少，所以本书主要介绍简单的直线相关。

8.4.2　简单的直线相关

在简单相关中，设 x_i、y_i 代表两系列的观测值，共有 n 对同步资料并绘在相关图上，若其分布比较集中且平均趋势近似于直线，则可以直接利用作图法确定相关线，称图解法。若点据分布较分散，难以目估，则采用分析法来确定相关线的方程即回归方程。

设该直线的方程为

$$y=a+bx \tag{8.12}$$

式中　x——自变量；

y——倚变量；

a、b——待定常数。

1. 图解法

将相关点（x_i，y_i）点绘到方格纸上，过点群中心目估相关直线，要求通过均值点（$\overline{x}$，$\overline{y}$），且尽量使$\sum(+\Delta y_i)$与$\sum(-\Delta y_i)$的绝对值都最小。个别突出点要单独分析，查明原因。相关线定好后，便可在图上查读相关直线的斜率 b 和截距 a。

【例 8.5】 某甲乙两雨量站同处一气候区，自然地理条件相似，且有 13 年同步降水资料（表 8.6），经分析代表性较好，试用直线相关图解法建立相关直线及其方程式。

表 8.6　　某地甲、乙站年降水量表

年　份		①	1991	1992	1993	1994	1995	1996	1997	1998
年降水量/mm	参证站（乙站）	②	660	559	520	554	630	669	524	336
	设计站（甲站）	③	720	560	585	601	771	849	495	413
年　份		①	1999	2000	2001	2002	2003	总和	平均	
年降水量/mm	参证站（乙站）	②	539	482	510	728	545	7256	558	
	设计站（甲站）	③	630	582	549	713	617	8085	622	

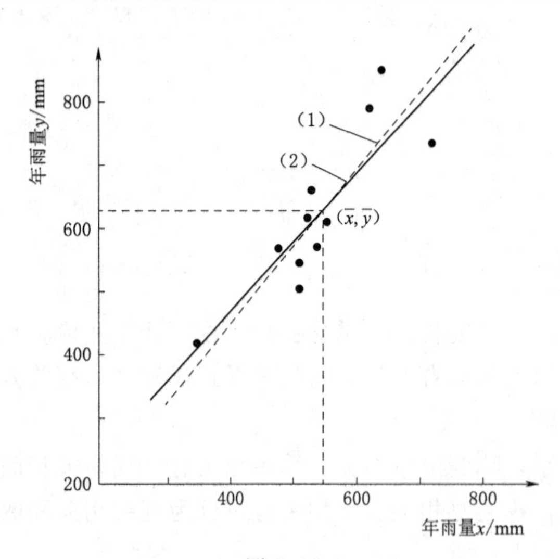

图 8.11

(1)—图解法；(2)—相关计算法

解：（1）设甲站降水量用 y 表示，乙站降水量用 x 表示。

（2）建立坐标系，将表 8.6 中的②、③栏同步系列对应的数值点绘在图 8.11 上，共得 13 个相关点，均值点为

$$\overline{x}=\frac{1}{n}\sum_{i=1}^{13}x_i=\frac{1}{13}\times 7256=558$$

$$\overline{y}=\frac{1}{n}\sum_{i=1}^{13}y_i=\frac{1}{13}\times 8085=622$$

（3）绘相关直线。从图上看出，相关点呈直线趋势，过点群中心和均值点（558，622）定出一条直线。

（4）建立直线方程。根据所绘直线，在图上算出参数 $a=51$，$b=1.02$。直线方

程为 $y=51+1.02x$。

2. 相关计算法

图解法的优点是比较简单，但是在有较少相关点或分布较散时，目估定线往往会有较大的误差。这个时候常常利用相关计算法，即利用实测资料用数学公式计算出待定参数 a、b。根据最小二乘法原理，经过一定的推导得出以下公式：

$$b=r\frac{\sigma_y}{\sigma_x} \tag{8.13}$$

$$a=\overline{y}-b\overline{x} \tag{8.14}$$

$$r=\frac{\sum_{i=1}^{n}(x_i-\overline{x})(y_i-\overline{y})}{\sqrt{\sum_{i=1}^{n}(x_i-\overline{x})^2\sum_{i=1}^{n}(y_i-\overline{y})^2}} \tag{8.15}$$

其中
$$\overline{x}=\frac{1}{n}\sum_{i=1}^{n}x_i,\quad \overline{y}=\frac{1}{n}\sum_{i=1}^{n}y_i$$

$$\sigma_x=\sqrt{\frac{\sum_{i=1}^{n}(x_i-\overline{x})^2}{n-1}},\quad \sigma_y=\sqrt{\frac{\sum_{i=1}^{n}(x_i-\overline{x})^2}{n-1}}$$

式中 $\overline{x}$、$\overline{y}$——同步系列的均值；

σ_x、σ_y——同步系列的均方差；

r——相关系数，表示两个变量之间关系的密切程度。

$|r|$介于0和1之间。当 $r=0$ 时，为零相关；当$|r|=1$时，为完全相关；当 $0<|r|<1$ 时，为统计相关。$|r|$越大，表明关系越密切。为了判断两变量间的关系是否密切，需要找到一个临界的相关系数值 r_a，只有当$|r|>r_a$时，才能在一定的信度水平下推断变量间的相关性。r_a 的大小取决于信度（犯错误的概率）的大小，对此本书不做展开。一般情况下取 $r_a=0.8$。$r>0$ 称为正相关，即 y 随 x 的增大而增大；$r<0$ 称为负相关，即 y 随 x 的增大而减小。

将 a 和 b 代入式（8.12）得

$$y=\overline{y}+r\frac{\sigma_y}{\sigma_x}(x-\overline{x}) \tag{8.16}$$

式中 $r\frac{\sigma_y}{\sigma_x}$——$y$ 倚 x 的回归系数。

【例 8.6】 资料同［例 8.5］，用相关计算法求相关直线的回归方程。

解：（1）计算相关系数 $r=0.86$，大于0.8，表明两者的相关关系比较密切。

（2）计算 $\sigma_x=95\text{mm}$，$\sigma_y=112\text{mm}$，代入式（8.13）和式（8.14）计算得

$$b=r\frac{\sigma_y}{\sigma_x}=0.86\times\frac{112}{95}=1.014$$

$$a=\overline{y}-b\overline{x}=622-1.014\times558=56.2$$

则相关直线的回归方程为 $y=56.2+1.014x$，如图 8.11 所示的（2）线。

8.4.3　相关分析应用中的问题

（1）相关分析的先决条件是变量间确实存在着关系。所以应用相关分析法时，首先须对研究变量作成因分析，研究变量间是否确有物理上的联系。不可因为数字上的表面联系，把物理成因上毫无关系的两个变量认为有相关关系，即伪相关。

（2）在相关分析中，一般要求同步资料系列在10对以上。且当$|r|>r_a$时，才认为两变量的直线关系密切。但要注意，回归直线或回归方程是根据样本资料推估出来的，在直线的上下两端误差较大，因此延长水文资料时要特别注意，一般不超过实际幅度的30%。

（3）水文现象间的关系多表现为直线关系，一般考虑绘制回归直线，但也有可能存在曲线关系，可用幂函数（$y=ax^b$）和指数函数（$y=ae^{bx}$）进行曲线拟合。对于幂函数，等式两边取对数可得$\log y=\log a+b\log x$，令$\log y=Y$，$\log x=X$，则$Y=c+bX$，因此就X和Y而言，便是直线关系了。对于指数函数，等式两边取对数可得$\log y=\log a+b\log ex$，令$\log y=Y$，$x=X$，则$Y=c+dX$，这样X和Y便可作直线回归分析。

【小结】

8.7
水文统计思维导图 Ⓟ

本项目应用数理统计的方法寻求水文现象的统计规律。频率计算是研究和分析水文随机现象的统计变化特征，并以此为基础对水文现象未来可能的长期变化作出在概率意义下的定量预估，以满足水利水电工程规划、设计、施工和运行管理的需要。

将随机试验的结果用一个变量表示，其取值随每次试验不同而不同，且每个取值都对应一定的可能性（概率或频率），这种变量就称为随机变量。水文上常用随机变量的统计参数，如算术平均数、均方差与变差系数、偏差系数来描述随机变量频率分布的重要信息。

重现期，是指某随机事件在长期过程中平均多少年出现一次，称为“多少年一遇”，用字母T表示。例如，$p=5\%$即表示平均100年可以出现5次，或平均20年出现一次，亦即重现期$T=20$年，称为“20年一遇”。

在进行具体的分析计算之前，应首先做好样本资料的可靠性、一致性和代表性审查，要尽可能地提高样本资料的质量。现行频率计算方法是调整样本的统计参数，尽可能减少其抽样误差和系统偏差，并用其相应的P-Ⅲ型曲线来拟合样本的经验点，直至两者配合最佳，这个过程在水文上便称为适线法，其做法步骤：计算并点绘经验频率点据、估算统计参数初值、适线。

相关分析又叫回归分析，在水利水电工程规划设计中常用于展延样本系列以提高样本的代表性。通常水文变量之间的关系表现为不确定性，假如将两个相关变量相应的点点绘成图，则点群的分布常表现为有规律的带状分布，即点群分布虽然不在一条线上，但也不是杂乱无章、无序可循的，这种关系在相关分析中称为相关关系。在利用相关分析插补延长资料时遇到最多的是简单直线相关，常用图解法或计算法求得直线方程。

【应知】

1. 水文现象是一种自然现象，它具有（　　）。

A. 不可能性　　B. 偶然性　　C. 必然性　　D. 既具有必然性，也具有偶然性

2. 在一次随机试验中可能出现也可能不出现的事件称为（　　）。

A. 必然事件　　　B. 不可能事件　C. 随机事件　D. 独立事件

3. p=5%的丰水年，其重现期 T 等于（　　）年。

A. 5　　　　B. 50　　　　C. 20　　　　D. 95

4. p=95%的枯水年，其重现期 T 等于（　　）年。

A. 95　　　　B. 50　　　　C. 5　　　　D. 20

5. 百年一遇洪水，是指（　　）。

A. 大于等于这样的洪水每隔 100 年必然会出现一次

B. 大于等于这样的洪水平均 100 年可能出现一次

C. 小于等于这样的洪水正好每隔 100 年出现一次

D. 小于等于这样的洪水平均 100 年可能出现一次

6. 减少抽样误差的途径是（　　）。

A. 增大样本容量　　　　　B. 提高观测精度

C. 改进测验仪器　　　　　D. 提高资料的一致性

7. 某水文变量频率曲线，当 $\overline{x}$、C_v 不变，增大 C_s 值时，则该线（　　）。

A. 两端上抬、中部下降　　　　B. 向上平移

C. 呈顺时针方向转动　　　　　D. 呈逆时针方向转动

8. 某水文变量频率曲线，当 $\overline{x}$、C_s 不变，增加 C_v 值时，则该线（　　）。

A. 将上抬　　　　　B. 将下移

C. 呈顺时针方向转动　　　　　D. 呈逆时针方向转动

9. 用配线法进行频率计算时，判断配线是否良好所遵循的原则是（　　）。

A. 抽样误差最小的原则

B. 统计参数误差最小的原则

C. 理论频率曲线与经验频率点据配合最好的原则

D. 设计值偏于安全的原则

10. 相关系数 r 的取值范围是（　　）。

A. $r>0$　　　　B. $r<0$　　　　C. $r=-1\sim1$　　　　D. $r=0\sim1$

【应会】

某站年雨量系列符合 P-Ⅲ型分布，经频率计算已求得该系列的统计参数：均值 $\overline{P}$=950mm，C_v=0.20，C_s=0.60。试结合表 8.7 推求十年一遇丰水年雨量和十年一遇枯水年雨量。

表 8.7　　　　P-Ⅲ型曲线 Φ 值表

C_s	Φ				
	P=1%	P=10%	P=50%	P=90%	P=95%
0.30	2.54	1.31	−0.05	−1.24	−1.55
0.60	2.75	1.33	−0.10	−1.20	−1.45

项目9 径流分析计算

9.1
项目导学Ⓟ

【知识目标】

1. 了解年径流系列资料的三性分析，熟悉径流特性；

2. 了解年径流分析计算的目的和内容，掌握年径流的频率分析方法；

3. 掌握河川年径流的时程分配概念，了解河川年径流时程分配的三种方法。

【能力目标】

1. 掌握有较短年径流系列时设计年径流频率分析计算方法；

2. 掌握缺乏实测径流资料时设计年径流量的估算方法。

任务9.1 有较长资料时设计年径流的频率分析计算

任务目标

1. 了解河川径流的特征和表示方法；

2. 熟悉年径流系列的一致性和代表性分析；

3. 会进行年径流频率计算。

9.2
年径流的概念、特性及计算内容▶

9.1.1 年径流及其特性

在一定时段内，通过河流某一断面的累积水量称径流量，记作 $W(\mathrm{m}^3)$；也可以用时段平均流量 $\overline{Q}(\mathrm{m}^3/\mathrm{s})$ 或流域径流深 $R(\mathrm{mm})$ 来表示。径流量与流量的关系为

$$W=\overline{Q}\cdot\Delta T \tag{9.1}$$

式中 ΔT——计算时段，s。

根据工程设计的需要，ΔT 可分别采用年、季或月，则其相应的径流分别称为年径流、季径流或月径流。其中年径流及其时程分配形式对水利水电工程的规划设计尤为重要。本项目重点介绍年径流的分析计算，较短时段径流的分析计算，可以参照进行。

河川径流具有如下的一些特性。

1. 径流的季节分配

河川径流的主要来源为大气降水。降水在年内分配是不均匀的，有多雨季节和少雨季节，径流也随之呈现出丰水期和枯水期，或汛期与非汛期。最大日径流量较之最小日径流量，有时可达几倍到几十倍。

2. 径流的地区分布

河川径流的地区性差异非常明显，这也和雨量分布密切相关。多雨地区径流丰沛，少雨地区径流较少。我国的丰水带，包括东南和华南沿海，云南西部和西藏东部，年径流深在1000mm以上；我国的少水带，包括东北西部，内蒙古、宁夏、甘肃大部和新疆西北部，年径流深在10～50mm之间；而许多沙漠地区为干涸带，年径流深不足10mm。

3. 径流的周期性

绝大多数河流以年为周期的特性非常明显。在一年之内，丰水期和枯水期交替出现，周而复始。又因特殊的自然地理环境或人为影响，在一年的主周期中，也会产生一些较短的特殊周期现象。例如，冰冻地区在冰雪融解期间，白昼升温，融解速度加快，径流较大；夜间相反，呈现出以锯齿形为特征的径流日周期现象。又如担任调峰任务的水电站下游，在电力负荷高峰期间，加大下泄流量，峰期过后，减小下泄流量，也会出现以日为周期的径流波动现象。

在实测年径流系列中，往往发现连续丰水段或连续枯水段交替出现的现象，连续2～3年年径流偏丰或偏枯的现象极为常见；连续3～5年也不罕见，有的甚至超过10年以上。这种连续丰水段或连续枯水段的交替出现，会形成从十几年到几十年的较长周期，需要通过周期分析加以识别。

所谓较长年径流系列是指设计代表站断面或参证流域断面有实测径流系列，其长度不小于规范规定的年数，即不应小于30年。如实测系列小于30年，应设法将系列加以延长；如系列中有缺测资料，应设法予以插补；如有较明显的人类活动影响，应进行径流资料的还原工作。

9.1.2 年径流系列的一致性和代表性分析

1. 年径流系列的一致性分析

应用数理统计法进行年径流的分析计算时，一个重要的前提是年径流系列应具有一致性。就是说组成该系列的流量资料，都是在同样的气候条件、同样的下垫面条件和同一测流断面上获得的。其中气候条件变化极为缓慢，一般可以不加考虑。人类活动影响下垫面的改变，有时却很显著，为影响资料一致性的主要因素，需要重点进行考虑。测量断面位置有时可能发生变动，当对径流量产生影响时，需要改正至同一断面的数值。

影响径流的人类活动，主要是蓄水、供水、水土保持以及跨流域引水等工程的大量兴建。大坝蓄水工程，主要是对径流进行调节，将丰水期的部分水量存蓄起来，在枯水期有计划地下泄，满足下游用水的需要。一般情况下，水库对年径流量的影响较小，而对径流的年内分配影响很大。供水工程主要向农业、工业及城市提供用水，其中灌溉用水占很大比重。但供水中的一部分水量仍流回原河流，称回归水，分析时应予注意。水土保持是对自然因素和人为活动造成水土流失所采取的预防和治理措施，面广量大，20世纪70年代后发展很快。一些重点治理的流域，河川径流和泥沙已发生了显著变化，而且这种趋势还将长期持续下去。

可见在工程水文中，很多情况下需要考虑人类活动的影响，特别是在年径流分析计算中，需要考虑径流的还原计算，把全部系列建立在同一基础上。

2. 年径流系列的代表性分析

年径流系列的代表性是指该样本对年径流总体的接近程度，如接近程度较高，则系列的代表性较好，频率分析成果的精度较高，反之较低。因此，在进行年径流频率分析之前，还应进行系列的代表性分析。

样本对总体代表性的高低，可通过对两者统计参数的比较加以判断。但总体分布是未知的，无法直接进行对比，只能根据人们对径流规律的认识以及与更长径流、降水等系列对比，进行合理性分析与判断。常用的方法如下：

(1) 进行年径流的周期性分析。对于一个较长的年径流系列，应着重检验它是否包括了一个比较完整的水文周期，既包括了丰水段（年组）、平水段和枯水段，而且丰、枯水段又大致是对称分布的。一般说来，径流系列越长，其代表性就越好，但也不尽然。如系列中的丰水段数多于枯水段数，则年径流可能偏丰，反之可能偏枯。去掉一个丰水段或枯水段径流资料，其代表性可能更好。又如，有的测站，1949 年以前的观测精度较低，20 世纪 50 年代初期，曾大量使用这些资料，但随着观测期的不断增长，可能已不再使用这些资料，且代表性可能更好一些。但是对去掉部分资料的情况，应特别慎重对待，须经充分论证后决定取舍。

一个较长的水文周期，往往需要几十年的时间，在条件许可时，可以在水文相似区内，进行综合性年径流或年降水周期分析工作，并结合历史旱涝分析文献，做出合理的判断。

(2) 与更长系列参证变量进行比较。参证变量系指与设计断面径流关系密切的水文气象要素，如水文相似区内其他测站观测期更长，并被论证有较好代表性的年径流或年降水系列。设参证变量的系列长度为 N，设计代表站年径流系列长度为 n，且 n 为两者的同步观测期。如果参证变量的 N 年统计特征（主要是均值和变差系数）与其自身 n 年的统计特征接近，说明参证变量的 n 年系列在 N 年系列中具有较好的代表性。又因设计断面年径流与参证变量有较密切的关系，从而也间接说明设计断面 n 年的年径流系列也具有较好的代表性。

9.1.3 年径流的频率分析

水文要素频率分析的通用方法，在项目 8 中已有详细阐述，此处重点针对年径流的特点，补充介绍一些应予注意的事项。

1. 数据选择

当年径流资料经过审查、插补延长、还原计算和资料一致性和代表性论证以后，应按逐年逐月统计其径流量，组成年径流系列和月径流系列。这些数据绝大部分可自水文年鉴上直接引用，但须注意水文年鉴上刊布的数字是按日历年分界的，即每年 1—12 月为一个完整的年份。

在水资源利用工程中，为便于水资源的调度运用，常采用另一种分界的方法，称水利年度。它不是从 1 月开始，而是将水库调节库容的最低点（汛前某一月份，各地根据入汛的迟早具体确定）作为一个水利年度的起始点，周而复始加以统计，建立起一个新的年径流系列。当年径流系列较长时，用上述两种系列作出的频率分析成果是很接近的。

2. 线型与参数估算

经验表明，我国大多数河流的年径流频率分析，可以采用 P-Ⅲ型频率分布曲线，但经分析论证亦可采用其他线型。

P-Ⅲ型年径流频率曲线有三个参数，其中均值 $\overline{x}$ 一般直接计算；变差系数 C_v 可先根据公式计算，并根据适线拟合最优的准则进行调整；偏态系数 C_s 一般不进行计算，而直接采用 C_v 的倍比，我国绝大多数河流可采用 $C_s=(2\sim3)C_v$。在进行频率适线和参数调整时，可侧重考虑平、枯水年份年径流点群的趋势。

3. 其他注意事项

（1）参数的定量应注意参照地区综合分析成果。对中小流域设计断面径流系列计算的统计参数，有时也会带有偶然性。因此在有条件时，应注意和地区综合分析的统计参数成果进行合理性比较，特别是在系列较短时尤应注意。我国已制定有全国和各地区的中小河流年径流深和 C_v 的等值线图，可以作为重要的参考资料。

（2）历史枯水年径流的考证和引用。如果在实测年径流系列以外，还能考证到历史上曾经发生过更枯的年径流时，应进一步考证其发生的重现期，并点绘到年径流频率图上，可以起到控制频率曲线合理外延的作用。

任务9.2　短缺资料时设计年径流的频率分析计算

任务目标

1. 掌握有较短年径流系列时设计年径流频率分析计算方法；

2. 了解缺乏实测径流资料时设计年径流量的估算。

9.3
缺乏资料时年径流计算

短缺径流资料的情况可分为两种：一种是设计代表站只有短系列径流实测资料（$n<30$ 年），其长度不能满足规范的要求；一种是设计断面附近完全没有径流实测资料。对于前一种情况，工作重点是设法展延径流系列的长度；对于后一种情况，主要是利用年径流统计参数的地理分布规律，间接地进行年径流估算。

9.2.1　有较短年径流系列时设计年径流的频率分析计算

本法的关键是展延年径流系列的长度。方法的实质是寻求与设计断面径流有密切关系并有较长观测系列的参证变量，通过设计断面年径流与其参证变量的相关关系，将设计断面年径流系列适当地加以延长至规范要求的长度。当年径流系列适当延长以后，其频率分析方法与任务9.1所述完全一样。

最常采用的参证变量有：设计断面的水位、上下游测站或邻近河流测站的径流量、流域的降水量。参证变量应具备下列条件：①参证变量与设计断面径流量在成因上有密切关系；②参证变量与设计断面径流量有较多的同步观测资料；③参证变量的系列较长，并有较好的代表性。

1. 利用本站的水位资料延长年径流系列

有些测站开始只观测水位，后来增加了流量测验。可根据其水位-流量关系，将水位资料转化成径流资料。

2. 利用上下游站或邻近河流测站实测径流资料，延长设计断面的径流系列

同一河流上下游的水量存在着有机联系，因此，当设计断面上下游不太远处有实测径流资料时，常是很好的参证变量，可通过建立两者的径流相关关系加以论证。同一水文气

候区内的邻近河流，当流域面积与设计流域面积相差不太悬殊时，其径流资料也可作为参证变量。下面是一个实例。

设有甲乙两个水文站，设计断面位于甲站附近，但只有1971—1980年实测径流资料。其下游的乙站却有1961—1980年实测径流资料。将两者10年同步年径流观测资料对应点绘，发现关系较好，如图9.1所示。根据两者的相关线，可将甲站1961—1970年缺测的年径流查出，延长年径流系列，进行年径流的频率分析计算。

表9.1　　某河流甲乙两站年径流资料　　单位：m^3/s

年份	1961	1962	1963	1964	1965	1966	1967	1968	1969	1970
乙站	1400	1050	1370	1360	1710	1440	1640	1520	1810	1410
甲站	(1120)	(800)	(1100)	(1080)	(1510)	(1180)	(1430)	(1230)	(1610)	(1150)
年份	1971	1972	1973	1974	1975	1976	1977	1978	1979	1980
乙站	1430	1560	1440	1730	1630	1440	1480	1420	1350	1630
甲站	1230	1350	1160	1450	1510	1200	1240	1150	1000	1450

注　括号内数字为插补值。

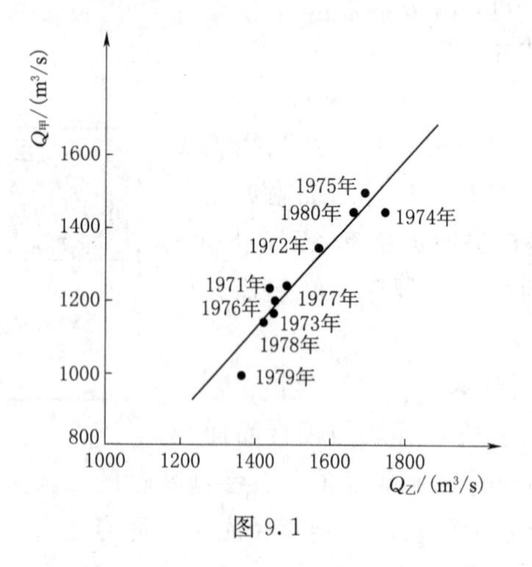

图9.1

3. 利用年降水资料延长设计断面的年径流系列

径流是降水的产物，流域的年径流量与流域的年降水量往往有良好的相关关系。又因降水观测系列在许多情况下较径流观测系列长，因此降水系列常被用来作为延长径流系列的参证变量。从理论上讲，这个参证变量应取流域降水的面平均值，有条件时应尽量这样做，但实际上，流域内往往只有少数甚至只有一处降水量观测点的系列较长，这时也可试用此少数点的年降水量与设计断面的年径流建立相关关系，如关系较好，亦可据以延长年径流系列。在一些小流域内，有时流域内没有长系列降水量观测，而在流域以外不远处有长系列降水量观测，也可以试用上述办法。总之，以降水与径流相关关系较好作为采用的原则。

4. 注意事项

利用参证变量延长设计断面的年径流系列时，应特别注意下列问题：一是尽量避免远距离测验资料的转相关。如设计断面$C_设$与一参证断面$C_参$相距很远，它们的年径流之间虽有一定相关关系，但相关系数较小。如在它们之间还有两个（或几个）测流断面C_1、C_2，系列均较短，不符合参证站条件，但C_2与$C_参$、C_1与C_2以及$C_设$与C_1年径流的相关关系均较好，通过辗转相关，可把$C_参$的信息传递到$C_设$上来。表面看来各相邻断面，年径流的相关程度虽均较高，但随着每次相关误差的累积和传播，最终延长$C_设$年径流系列的精度并不会因之提高，因此这种做法不宜提倡。二是系列外延的幅度不宜过大，一般以控制在不超过实测系列的50%为宜。

9.2.2 缺乏实测径流资料时设计年径流量的估算

在部分中小设计流域内，有时只有零星的径流观测资料，且无法延长其系列，甚至完全没有径流观测资料，则只能利用一些间接的方法，对其设计径流量进行估算。采用这类方法的前提是，设计流域所在的区域内有水文特征值的综合分析成果，或在水文相似区内有径流系列较长的参证站可资利用。

1. 等值线图法

我国已绘制了全国和分省级区划的水文特征值等值线图和表，其中年径流深等值线图及 C_v 等值线图，可供中小流域设计年径流量估算时直接采用。

(1) 年径流均值的估算。根据年径流深均值等值线图，可以查得设计流域年径流深的均值，然后乘以流域面积，即得设计流域的年径流量。

如果设计流域内通过多条年径流深等值线，可以用面积加权法推求流域的平均径流深，如图9.2所示。计算公式为

$$R=\sum_{i=1}^{n}R_iA_i/\sum_{i=1}^{n}A_i \tag{9.2}$$

式中 R_i——分块面积的平均径流深，mm；

A_i——分块面积，km^2；

R——流域平均径流深，mm。

其中流域顶端的分块，可能会在流域以外的一条等值线之间，如图9.2中的 R_nA_n。

在小流域中，流域内通过的等值线很少，甚至没有一条等值线通过，可按通过流域形心的直线距离比例内插法，计算流域平均径流深，如图9.3所示。

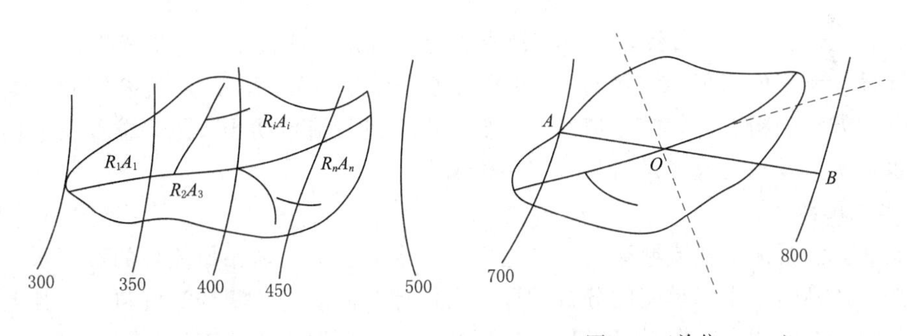

图9.2（单位：mm）

图9.3（单位：mm）

$$R=700+(800-700)\frac{OA}{AB}$$

等值线图法一般对大流域查算的结果精度高一些。对于小流域，因为小流域可能不闭合或河槽下切不深，不能汇集全部地下径流，所以使用等值线图有可能导致结果偏大或偏小。因此，小流域应用参数等值线图时，一般应进行实地调查，分析论证数据的合理性，并结合具体条件加以适当修正。

年径流深均值确定以后，可通过下列关系确定年径流量：

$$W=KRA \tag{9.3}$$

式中　W——年径流量，m^3；

R——年径流深，mm；

A——流域面积，km^2；

K——单位换算系数，采用上述各单位时，$K=1000$。

（2）年径流 C_v 值的估算。年径流的 C_v 值，也有等值线图可供查算，方法与年径流均值估算方法类似，但可更简单一点，即按比例内插出流域形心的 C_v 值就可以了。

（3）年径流 C_s 值的估算。年径流的 C_s 值，一般采用 C_v 的倍比。按照规范规定，一般可采用 $C_s=(2\sim3)C_v$。

在确定了年径流的均值、C_v、C_s 后，便可借助于查用 P－Ⅲ型频率曲线表，绘制出年径流的频率曲线，确定设计频率的年径流值。

2. 经验公式法

年径流的地区综合，也常以经验公式表示。这类公式主要是与年径流影响因素建立关系。例如，多年径流均值的经验公式有如下类型：

$$\overline{Q}=b_1An_1 \tag{9.4}$$

或

$$\overline{Q}=b_2An_2\overline{P}^m \tag{9.5}$$

式中　$\overline{Q}$——多年平均流量，m^3/s；

A——流域面积，km^2；

$\overline{P}$——多年平均降水量，mm；

b_1、b_2、n_1、n_2、m——参数，通过实测资料分析确定，或按已有分析成果采用。

不同设计频率的年平均流量 Q_p，也可以建立类似的关系，只是其参数的定量亦各有不同。这类方法的精度一般较等值线图法低，但在进行流域初步规划，需要快速估算流域的地表水资源量及水力蕴藏量时，有实用价值。

3. 水文比拟法

水文比拟法是无资料流域移用（经过修正）水文相似区内相似流域的实测水文特征的常用方法，特别适用于年径流的分析估算。当设计断面缺乏实测径流资料，但其上下游或水文相似区内有实测水文资料可以选作参证站时，可采用该法估算设计年径流。

该法的要点是将参证站的径流特征值，经过适当的修正后移用于设计断面。进行修正的参变量，常用流域面积和多年平均降水量，其中流域面积为主要参变量，两者应比较接近，通常以不超过15％为宜；如径流的相似性较好，也可以适当放宽上述限制。当设计流域无降水资料时，亦可不采用降水参变量。将参证流域的多年平均流量修正后再移用过来，即

$$\overline{Q}=K_1K_2\overline{Q}_c \tag{9.6}$$

其中

$$K_1=A/A_c,\ K_2=\overline{P}/\overline{P}_c$$

式中 $\overline{Q}$、$\overline{Q}_c$——设计流域和参证流域的多年平均流量，m^3/s；

K_1、K_2——流域面积和年降水量的修正系数；

A、A_c——设计流域和参证流域的流域面积，km^2；

$\overline{P}$、$\overline{P}_c$——设计流域和参证流域的多年平均降水量，mm。

年径流的 C_v 值可以直接采用，一般无须进行修正，并取用 $C_s=(2\sim3)C_v$。

如果参证站已有年径流分析成果，也可以用式（9.7），将参证站的设计年径流直接移用于设计流域：

$$\overline{Q}_p=K_1K_2Q_{p,c} \tag{9.7}$$

式中 下标 p——频率；

其他符号的意义同前。

水文比拟法成果的精度，取决于设计流域和参证流域的相似程度，特别是流域下垫面的情况要比较接近。

当设计断面有不完整的径流资料时，如只有少数几年的年径流资料，或只有若干年的汛期或枯水期的径流资料，虽不足据以延长年径流系列至所需长度，但仍应充分加以利用，如与参证站的同步径流资料点绘，可以进一步论证两者的径流相似程度。

9.2.3 流量历时曲线的绘制

在有部分径流资料的情况下，还可以用绘制流量历时曲线的方法，满足某些工程，如小型水电站、航运和漂木等在规划设计中初步确定水资源利用保证率的需要。在一些有径流频率分析计算成果的大中型水利水电工程中，为了专项设计任务的需要，有时也可以绘制这种曲线，作为深入分析研究的辅助手段。在我国的小型水力发电站水文计算规范中，已将此法列为一项重要的工作内容。

流量历时曲线是累积径流发生时间的曲线，表示等于或超过某一流量的时间百分数。径流统计时段，可按工程的要求选定，常采用日或旬为单位。当资料年数较多时，为简化计算，也可以按典型年（详见任务9.3）或丰平枯代表年绘制流量历时曲线。当资料年数较少时，也可采用全部完整年份的流量资料绘制流量历时曲线。

现以代表年日平均流量历时曲线为例，说明曲线的制作方法和步骤。将代表年365个日平均流量分为 n 级（$n=20\sim50$），取每组资料的平均值，从大到小排队，与累积时间百分数对应点绘，即得代表年的日平均流量历时曲线。对应于某一流量，可以从曲线上查得年内出现等于或大于该值历时的百分数，如为80%，即一年内有80%的时间，流量将不小于该指定值。这对小水电站的保证出力计算、河流可通航天数和漂木天数的估算，具有重要的实际意义。图9.4给出了某水文站日平均流量历时曲线的一个示例。

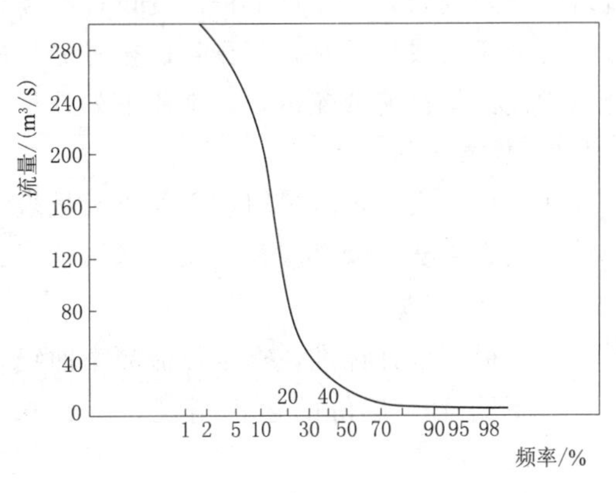

图9.4

任务 9.3　设计年径流的时程分配

任务目标

1. 了解设计年径流分配的目的和意义；

2. 了解设计年径流分配的常用方法，并掌握代表年法。

河川年径流的时程分配，一般按其各月的径流分配比来表示。年径流的时程分配与工程规模和水资源利用程度关系很大。无径流调节设施的灌溉工程，完全利用天然河川径流，主要依赖灌溉期径流的大小，决定对水资源的利用程度。灌溉期径流比重较大的河流，径流利用程度比较高，反之较低。对水库蓄水工程来说，非汛期径流比重越小，所需的调节库容越大；反之则小。径流年内分配对调节库容的影响如图 9.5 所示，设来水量相同，汛期与非汛期的来水比例不同，但需水过程相同。图 9.5（a）中枯季径流较小，为满足需水要求，所需调节库容 V_1 较大；图 9.5（b）中枯季径流较大，所需调节库容 V_2 较小。

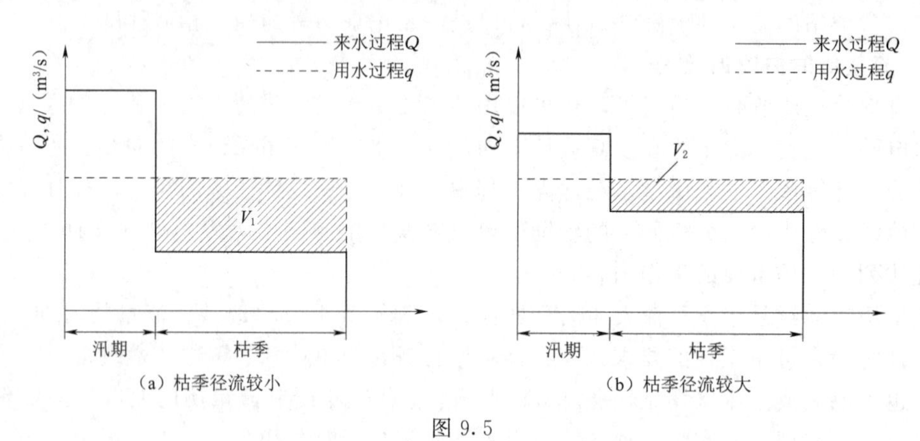

（a）枯季径流较小　（b）枯季径流较大

图 9.5

因此，当设计径流量确定以后，还须根据工程的目的与要求，提供与之配套的设计径流时程分配成果，以满足工程规划设计的需要。但是径流年内分配的随机性很强，即使年径流总量相同或接近时，其在年内按月分配的过程，也可能有很大的差异。如何确定一个合理的设计年径流分配过程，常用下列几种方法。

9.3.1　代表年法

在工程水文中，常采用按比例缩放代表年径流过程的方法，来确定设计年径流的时程分配。代表年法比较直观和简便，采用较广。

1. 代表年的选择

（1）根据设计标准，查年径流频率曲线，确定设计年径流量 W_P（或 $\overline{Q}_P$）。为了检验工程在不同来水年份的运行情况，又常选出丰、平、枯三个年份（如频率 $P=20\%$、50%、80% 或 $P=25\%$、50%、75%）为代表年。对水资源综合利用工程，其中分项任务（城市供水、发电、灌溉等）设计标准各有不同，应选出相应于各个分项任务设计标准的代表年。

(2) 在实测年径流资料 $W_{实}$（或 $Q_{实}$）中，选出年径流量接近 W_P（或 $\overline{Q}_P$）的年份。这种年份有时可能不止一个，可选出供水期径流较小的年份为代表年。

2. 年径流时程分配计算

当代表年选定以后，统计出实测年径流 $W_{实}$（或 $Q_{实}$），并求出设计年径流 W_P（或 $\overline{Q}_P$）与实测年径流的比例系数 K：

$$K = W_P / W_{实}$$

或

$$K = Q_P / Q_{实} \tag{9.8}$$

用此系数遍乘代表年各月的实测径流过程，即得设计年径流的按月时程分配。

9.3.2 虚拟年法

在水资源利用规划阶段，有时并不针对某项具体工程的具体标准，而只作水资源利用的宏观分析或评估，则年径流的时程分配可采用一种多年平均情况，即年和各月的径流均采用多年平均值，并列出丰、平、枯三种代表年的年径流及按月时程分配。目前许多大中河流均有年、月径流的多年均值及其不同频率的相应计算值可供采用。这种年径流的时程分配形式，不是来自某些代表年份，而是代表多年的统计特征，是一种虚拟的年份，故称虚拟年法。

9.3.3 全系列法

评价一项水资源利用工程的性能和效益，最严密的办法是将全部年、月径流资料，按工程运行设计进行全面操作运算，以检验有多少年份设计任务不遭到破坏，从而较准确地评定出工程的保证率或破坏率。显然，这种方法较上述两种方法更为客观和完善。它的缺点是计算较繁琐，特别是当年、月径流系列较长时，工作量很大，手工操作比较困难。但是，由于计算机的迅速推广和普及，上述困难不难克服。因此，全系列法已越来越多地被采用。

9.3.4 水文比拟法

对缺乏实测径流资料的设计流域，其设计年径流的时程分配，主要采用水文比拟法推求，即将水文相似区内参证站各种代表年的径流分配过程，经修正后移用于设计流域。先求出参证站各月的径流分配比 α，遍乘设计站的年径流，即得设计年径流的时程分配。月径流分配比按式 (9.9) 推求：

$$\alpha_i = y_i / Y \tag{9.9}$$

式中 α_i——参证站第 i 月的径流分配比，%；

y_i——参证站第 i 月的径流量，m^3；

Y——参证站年径流量，m^3。

如果找不到合适的参证站，但设计流域有降水量资料时，也可以将月降水量分配比近似地移用于年径流的分配。此法精度较差，使用时应予注意。在小流域中其近似性较好，中等以上流域一般不宜采用此法。

9.4
径流分析计算思维导图
Ⓟ

【小结】

年径流及枯水期径流的分析计算是为水利水电工程的规划设计服务的。在一个年度内，通过河流某断面的水量，称为该断面以上流域的年径流量。

它可用年平均流量（m^3/s）、年径流深（mm）、年径流总量（万 m^3 或亿 m^3）或年径流模数［$m^3/(s\cdot km^2)$］表示。

影响年径流的因素有气候因素、下垫面（如地形、植被、土壤、地质、湖泊、沼泽、流域大小等）因素、人类活动（如跨流域引水、修水库和塘堰、旱地改水田、坡地改梯田、植树造林等）因素。

设计年径流的计算内容，是在分析年径流变化特点及其影响因素的基础上，用频率分析的方法计算设计频率的年径流量及其相应的径流年内分配。设计年径流量及设计时段径流量的计算包括确定计算时段、频率计算、成果的合理性检查。缺乏实测径流资料时设计年径流量的分析计算，用等值线图法和水文比拟法来进行设计年径流量的推求。

设计年径流量年内分配的关键是代表年的选择，所选出的代表年的年径流量和调节供水期的径流量应接近于设计年径流量。当满足此条件的代表年不止一个时，应选取其中较为不利的，使工程设计偏于安全的代表年。

在许多情况下，就年径流总量而言水资源是丰富的，但汛期的洪水径流难以全部利用，工程规模、供水方式等主要受制于供水期或枯水期的河川径流。因此，在工程规划设计时，一般需要着重研究各种时段的最小流量。对于一个水文年度，河流的枯水径流是指当地面径流减少时，河流的水源主要靠地下水补给的河川径流。

【应知】

1. 我国年径流深分布的总趋势基本上是（　　）。

A. 自东南向西北递减　　B. 自东南向西北递增

C. 分布基本均匀　　D. 自西向东递增

2. 径流是由降水形成的，故年径流与年降水量的关系（　　）。

A. 一定密切　　B. 一定不密切　　C. 在湿润地区密切　　D. 在干旱地区密切

3. 人类活动对流域多年平均降水量的影响一般（　　）。

A. 很显著　　B. 显著　　C. 不显著　　D. 根本没影响

4. 流域中的湖泊围垦以后，流域多年平均年径流量一般比围垦前（　　）。

A. 增大　　B. 减少　　C. 不变　　D. 不肯定

5. 人类活动（例如修建水库、灌溉、水土保持等）通过改变下垫面的性质间接影响年径流量，一般说来，这种影响使得（　　）。

A. 蒸发量基本不变，从而年径流量增加

B. 蒸发量增加，从而年径流量减少

C. 蒸发量基本不变，从而年径流量减少

D. 蒸发量增加，从而年径流量增加

6. 一般情况下，对于大流域由于（　　）原因，从而使径流的年际、年内变化减小。

A. 调蓄能力弱，各区降水相互补偿作用大

B. 调蓄能力强，各区降水相互补偿作用小

C. 调蓄能力弱，各区降水相互补偿作用小

D. 调蓄能力强，各区降水相互补偿作用大

7. 在年径流系列的代表性审查中，一般将（　　）的同名统计参数相比较，当两者

大致接近时，则认为设计变量系列具有代表性。

A. 参证变量长系列与设计变量系列

B. 同期的参证变量系列与设计变量系列

C. 参证变量长系列与设计变量同期的参证变量系列

D. 参证变量长系列与设计变量非同期的参证变量系列

8. 绘制年径流频率曲线，必须已知（　　）。

A. 年径流的均值、C_v、C_s 和线型

B. 年径流的均值、C_v、线型和最小值

C. 年径流的均值、C_v、C_s 和最小值

D. 年径流的均值、C_v、最大值和最小值

9. 频率为 $P=90\%$ 的枯水年的年径流量为 $Q_{90\%}$，则十年一遇枯水年是指（　　）。

A. $>Q_{90\%}$ 的年径流量每隔十年必然发生一次

B. $>Q_{90\%}$ 的年径流量平均十年可能出现一次

C. $<Q_{90\%}$ 的年径流量每隔十年必然发生一次

D. $<Q_{90\%}$ 的年径流量平均十年可能出现一次

10. 某站的年径流量频率曲线的 $C_s>0$，那么频率为 50%的中水年的年径流量（　　）。

A. 大于多年平均年径流量　　B. 大于等于多年平均年径流量

C. 小于多年平均年径流量　　D. 等于多年平均年径流量

11. 频率为 $P=10\%$ 的丰水年的年径流量为 $Q_{10\%}$，则十年一遇丰水年是指（　　）。

A. $\leqslant Q_{10\%}$ 的年径流量每隔十年必然发生一次

B. $\geqslant Q_{10\%}$ 的年径流量每隔十年必然发生一次

C. $\geqslant Q_{10\%}$ 的年径流量平均十年可能出现一次

D. $\leqslant Q_{10\%}$ 的年径流量平均十年可能出现一次

12. 甲乙两河，通过实测年径流量资料的分析计算，获得各自的年径流均值 $\overline{Q}_{甲}$、$\overline{Q}_{乙}$ 和变差系数 $C_{v甲}$、$C_{v乙}$ 如下：

甲河：$\overline{Q}_{甲}=100\mathrm{m^3/s}$，$C_{v甲}=0.42$；乙河：$\overline{Q}_{乙}=500\mathrm{m^3/s}$，$C_{v乙}=0.25$

两者相比可知（　　）。

A. 甲河水资源丰富，径流量年际变化大 B. 甲河水资源丰富，径流量年际变化小

C. 乙河水资源丰富，径流量年际变化大 D. 乙河水资源丰富，径流量年际变化小

13. 甲乙两河，通过实测年径流资料的分析计算，得各自的年径流量均值 $\overline{Q}_{甲}$、$\overline{Q}_{乙}$ 和均方差 $\sigma_{甲}$、$\sigma_{乙}$ 如下：

甲河：$\overline{Q}_{甲}=100\mathrm{m^3/s}$，$\sigma_{甲}=42\mathrm{m^3/s}$；乙河：$\overline{Q}_{乙}=1000\mathrm{m^3/s}$，$\sigma_{乙}=200\mathrm{m^3/s}$

两河相比可知（　　）。

A. 乙河水资源丰富，径流量年际变化小　　B. 乙河水资源丰富，径流量年际变化大

C. 甲河水资源丰富，径流量年际变化大　　D. 甲河水资源丰富，径流量年际变化小

14. 设计年径流量随设计频率（　　）。

A. 增大而减小　　B. 增大而增大　　C. 增大而不变　　D. 减小而不变

15. 衡量径流的年际变化常用（　　）。

A. 年径流偏态系数　　B. 多年平均径流量

C. 年径流变差系数　　D. 年径流模数

16. 用多年平均年径流深等值线图求小流域的多年平均年径流时，其值等于（　）。

A. 该流域出口处等值线值　　B. 该流域重心处等值线值

C. 以上两值的平均值　　D. 该流域离出口处最远点的等值线值

17. 在典型年的选择中，当选出的典型年不止一个时，对灌溉工程应选取（　）。

A. 灌溉需水期的径流比较枯的年份

B. 非灌溉需水期的径流比较枯的年份

C. 枯水期较长，且枯水期径流比较枯的年份

D. 丰水期较长，但枯水期径流比较枯的年份

18. 在典型年的选择中，当选出的典型年不止一个时，对水电工程应选取（　）。

A. 灌溉需水期的径流比较枯的年份

B. 非灌溉需水期的径流比较枯的年份

C. 枯水期较长，且枯水期径流比较枯的年份

D. 丰水期较长，但枯水期径流比较枯的年份

19. 枯水径流变化相当稳定，是因为它主要来源于（　）。

A. 地表径流　B. 地下蓄水　C. 河网蓄水　D. 融雪径流

20. 在进行频率计算时，说到某一重现期的枯水流量时，常以（　）。

A. 大于该径流的概率来表示　　B. 大于和等于该径流的概率来表示

C. 小于该径流的概率来表示　　D. 小于和等于该径流的概率来表示

【应会】

1. 某河某站有 24 年实测径流资料，经频率计算已求得理论频率曲线为 P-Ⅲ型，年径流深均值 $\overline{R}=667$mm，$C_v=0.32$，$C_s=2.0C_v$，试结合表 9.2 求十年一遇枯水年和十年一遇丰水年的年径流深各为多少。

表 9.2　P-Ⅲ型曲线离均系数 Φ 值表

C_s	Φ				
	$P=1\%$	$P=10\%$	$P=50\%$	$P=90\%$	$P=99\%$
0.64	2.78	1.33	−0.09	−0.19	−1.85
0.66	2.79	1.33	−0.09	−0.19	−1.84

2. 资料情况及测站分布见表 9.3 和图 9.6，现拟在 C 处建一水库，试简要说明展延 C 处年径流系列的计算方案。

表 9.3　测站资料情况表

测站	集水面积/km^2	实测资料	测站	集水面积/km^2	实测资料
A	3600	1952—1985 年流量	C	2400	1976—1985 年流量
B	1000	1958—1985 年流量	D	72500	1910—1985 年流量

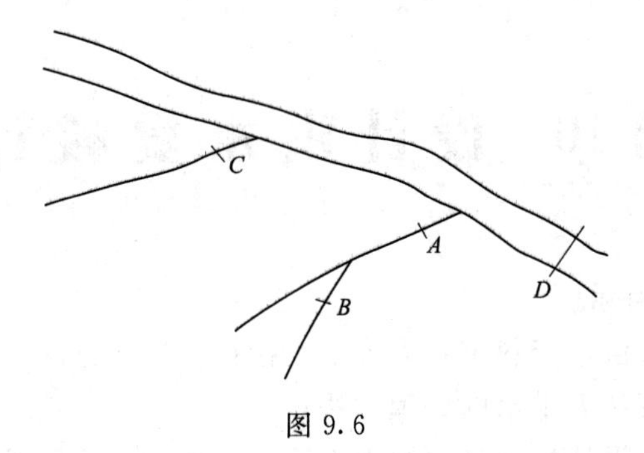

图 9.6

项目10　设计洪水复核计算

10.1
项目导学

【知识目标】

1. 了解洪水资料审查内容，掌握样本选取方法；
2. 了解特大洪水的处理方法；
3. 掌握设计暴雨洪水推求方法，能进行小流域暴雨洪水计算。

【能力目标】

1. 能绘制频率曲线及计算统计参数，会查表推求设计洪峰、洪量；
2. 会根据资料推求设计洪水过程线。

任务10.1　由流量资料推求设计洪水

10.2
设计洪水概述

任务目标

1. 了解设计洪水的概念；
2. 掌握设计洪峰流量及设计洪量的推求方法；
3. 会进行设计洪水过程线的选择和放大。

10.1.1　设计洪水

设计洪水是指水利水电工程规划、设计中所指定的各种设计标准的洪水。合理分析计算设计洪水，是水利水电工程规划设计中首先要解决的问题。

在河流上筑坝建库能在防洪方面发挥很大的作用，但是水库本身却直接承受着洪水的威胁，一旦洪水漫溢坝顶，将会造成严重灾害。为了处理好防洪问题，在设计水工建筑物时，必须选择一个相应的洪水作为依据。若此洪水定得过大，则会使工程造价增多而不经济，但工程却比较安全；若此洪水定得过小，虽然工程造价降低，但遭受破坏的风险增大。如何选择对设计的水工建筑物较为合适的洪水作为依据，涉及一个标准问题，称为设计标准。确定设计标准是一个非常复杂的问题，国际上尚无统一的设计标准。按照国家标准《防洪标准》（GB 50201—2014）和水利行业标准《水利水电工程等级划分及洪水标准》（SL 252—2017）的规定，我国目前根据工程规模、效益和在国民经济中的重要性，将水利水电枢纽工程分为五等，其等别见表10.1。

表10.1　水利水电枢纽工程的等别

工程等别	水库		防洪		治涝	灌溉	供水	水电站
	工程规模	总库容/亿 m³	城镇及工矿企业的重要性	保护农田/万亩	治涝面积/万亩	灌溉面积/万亩	城镇及工矿企业的重要性	装机容量/万 kW
Ⅰ	大（1）型	>10	特别重要	>500	>200	>150	特别重要	>120
Ⅱ	大（2）型	10～1.0	重要	500～100	200～60	150～50	重要	120～30

续表

工程等别	水库		防洪		治涝	灌溉	供水	水电站
	工程规模	总库容/亿 m^3	城镇及工矿企业的重要性	保护农田/万亩	治涝面积/万亩	灌溉面积/万亩	城镇及工矿企业的重要性	装机容量/万 kW
Ⅲ	中型	1.0～0.10	中等	100～30	60～15	50～5	中等	30～5
Ⅳ	小（1）型	0.10～0.01	一般	30～5	15～3	5～0.5	一般	5～1
Ⅴ	小（2）型	0.01～0.001		<5	<3	<0.5		<1

水利水电枢纽工程的水工建筑物，根据所属枢纽工程的等别、作用和重要性分为五级，其级别见表10.2。

表10.2 水工建筑物的级别

工程等别	永久性水工建筑物级别		临时性水工建筑物级别
	主要建筑物	次要建筑物	
Ⅰ	1	3	4
Ⅱ	2	3	4
Ⅲ	3	4	5
Ⅳ	4	5	5
Ⅴ	5	5	

设计时根据建筑物级别选定不同频率作为防洪标准。这样把洪水作为随机现象，以概率形式估算未来的设计值，同时以不同频率来处理安全和经济的关系。

水利水电工程建筑物防洪标准分为正常运用和非常运用两种。按正常运用洪水标准算出的洪水称为设计洪水，用它来决定水利水电枢纽工程的设计洪水位、设计泄洪流量等，宣泄正常运用洪水时，泄洪设施应保证安全和正常运行。设计洪水标准见表10.3。

表10.3 水库工程水工建筑物的防洪标准

水工建筑物级别	防洪标准［重现期/年］				
	山区、丘陵区			平原区、滨海区	
	设计	校核		设计	校核
		混凝土坝、浆砌石坝及其他水工建筑物	土坝、堆石坝		
1	1000～500	5000～2000	可能最大洪水（PMF）或10000～5000	300～100	2000～1000
2	500～100	2000～1000	5000～2000	100～50	1000～300
3	100～50	1000～500	2000～1000	50～20	300～100
4	50～30	500～200	1000～300	20～10	100～50
5	30～20	200～100	300～200	10	50～20

当河流发生比设计洪水更大的洪水时，选定一个非常运用洪水标准进行计算，算出的洪水称为非常运用洪水或校核洪水。校核洪水标准见表10.3。

水利水电枢纽工程的泄洪设施，在有条件时，可分为正常和非常设施两部分，宣泄非常运用洪水时，泄洪设施应保证满足泄量的要求，可允许消能设施和次要建筑物部分破坏，但不应影响枢纽工程主要建筑物的安全或发生河流改道等重大灾害性后果。有关永久性水工建筑物的坝、闸顶部安全超高和抗滑稳定安全系数在水工专业规范中有规定，这里不另述。

设计洪水包括设计洪峰流量、不同时段设计洪量及设计洪水过程线三个要素。推求设计洪水的方法有两种类型，即由流量资料推求设计洪水和由暴雨资料推求设计洪水。当必须采用可能最大洪水作为非常运用洪水标准时，则由水文气象资料推求可能最大暴雨，然后计算可能最大洪水。

10.1.2 设计洪峰流量及设计洪量的推求

10.3
由流量资料推求设计洪水（一）

由流量资料推求设计洪峰及不同时段的设计洪量，可以使用数理统计方法，计算符合设计标准的数值，一般称为洪水频率计算。

1. 资料审查

在应用资料之前，首先要对原始水文资料进行审查，洪水资料必须可靠，具有必要的精度，而且具备频率分析所必需的某些统计特性，例如洪水系列中各项洪水相互独立，且服从同一分布等。

除审查资料的可靠性之外，还要审查资料的一致性和代表性。为使洪水资料具有一致性，要在调查观测期中，确保洪水形成条件相同。当使用的洪水资料受人类活动如修建水工建筑物、整治河道等的影响有明显变化时，应进行还原计算，使洪水资料换算到天然状态的基础上。

洪水资料的代表性，反映在样本系列能否代表总体的统计特性，而洪水的总体又难获得。一般认为，资料年限较长，并能包括大、中、小等各种洪水年份，则代表性较好。由此可见，通过古洪水研究、历史洪水调查、考证历史文献和系列插补延长等增加洪水系列的信息量方法，是提高洪水系列代表性的基本途径。

根据我国现有水文观测资料情况，认为坝址或其上下游具有较长期的实测洪水资料（一般需要 30 年以上），并有历史洪水调查和考证资料时，可用频率分析法计算洪水。

2. 样本选取

河流上一年内要发生多次洪水，每次洪水具有不同历时的流量变化过程，如何从洪水系列资料中选取表征洪水特征值的样本，是洪水频率计算的首要问题。采用年最大值原则选取洪水系列，即从资料中逐年选取一个大流量和固定时段的最大洪水总量，组成洪峰流量和洪量系列。固定时段一般采用 1d、3d、5d、7d、15d、30d。大流域、调洪能力大的工程，设计时段可以取得长一些；小流域、调洪能力小的工程，可以取得短一些。

在设计时段以内，还必须确定一些控制时段，即洪水过程对工程调洪后果起控制作用的时段，这些控制时段洪量应具有相同的设计频率。同一年内所选取的控制时段洪量，可发生在同一次洪水中，也可不发生在同一次洪水中，关键是选取其最大值。例如，年最大值法选样示意图 10.1 中，最大 1d 洪量与 3d、5d 洪量不属于同一次洪水。

3. 特大洪水的处理

特大洪水是指实测系列和调查到的历史洪水中，比一般洪水大得多的稀遇洪水。我国观测流量资料系列一般不长，通过插补延长的系列也有限，若只根据短系列资料作，当出现一次新的大洪水以后，设计洪水数值就会发生变动，所得成果很不稳定。如果在频率计算中能够正确利用特大洪水资料，则会提高计算成果的稳定性。

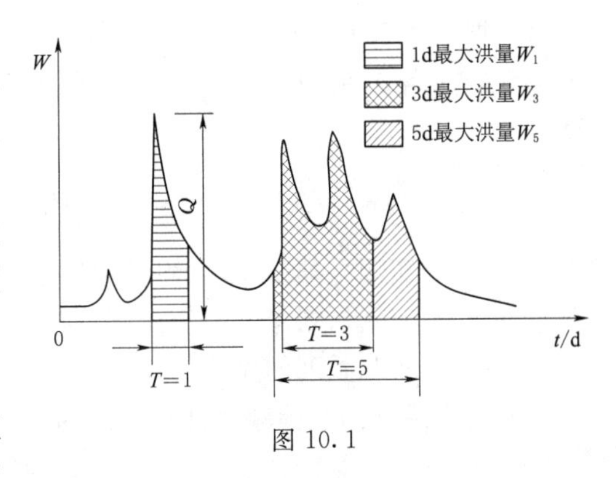

图 10.1

特大洪水一般指的是历史洪水，但是在实测洪水系列中，若有大于历史洪水或数值相当大的洪水，也作为特大洪水。洪水系列（洪峰或洪量）有两种情况：一是系列中没有特大洪水值，在频率计算时，各项数值直接按大小次序统一排位，各项之间没有空位，序号 m 是连序的，称为连序系列，如图 10.2（a）所示；二是系列中有特大洪水值，特大洪水值的重现期（N）必然大于实测系列年数 n，而在 $N-n$ 年内各年的洪水数值无法查得，它们之间存在一些空位，由大到小是不连序的，称为不连序系列，如图 10.2（b）所示。

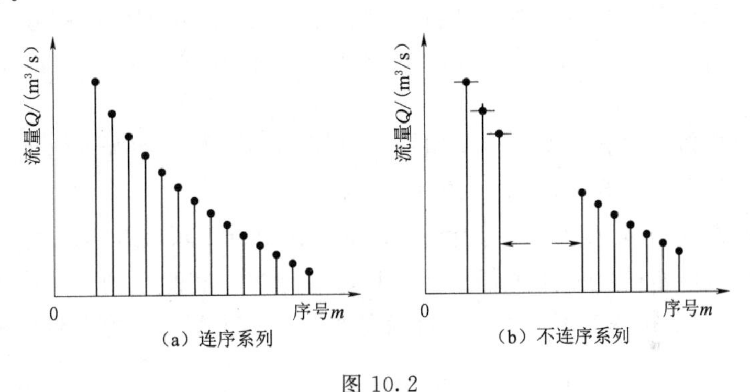

图 10.2

特大洪水处理的关键是特大洪水重现期的确定和经验频率计算。特大洪水中历史洪水的数值确定以后，要分析其在某一代表年限内的大小序位，以便确定洪水的重现期。目前，我国根据资料来源不同，将与确定历史洪水代表年限有关的年份分为实测期、调查期和文献考证期。

实测期是从有实测洪水资料年份开始至今的时期。调查期是在实地调查到若干可以定量的历史大洪水的时期。文献考证期是从具有连续可靠文献记载历史大洪水的时期。调查期以前的文献考证期内的历史洪水，一般只能确定洪水大小等级和发生次数，不能定量。

历史洪水包括实测期内发生的特大洪水，都要在历史洪水代表年限中进行排位，在排位时不仅要考虑已经确定数值的特大洪水，也要考虑不能定量但能确定其洪水等级的历史洪水，并排出序位。

在洪水频率计算中，经验频率是用来估计系列中各项洪水的超过概率，以便在几率格纸上绘制洪水坐标点，构成经验分布，因此，首先要估算系列的经验频率。

连序系列中各项经验频率的计算方法，已在项目 4 中论述，不予重复。

不连序系列的经验频率，有以下两种估算方法。

（1）把实测系列与特大值系列都看作是从总体中独立抽出的两个随机连续样本，各项洪水可分别在各个系列中进行排位，实测系列的经验频率仍按连序系列经验频率公式计算：

$$P_m=\frac{m}{n+1} \tag{10.1}$$

式中 P_m——实测系列第 m 项的经验频率；

m——实测系列由大至小排列的序号；

n——实测系列的年数。

特大洪水系列的经验频率计算公式为

$$P_M=\frac{M}{N+1} \tag{10.2}$$

式中 P_M——特大洪水第 M 序号的经验频率；

M——特大洪水由大至小排列的序号；

N——自最远的调查考证年份至今的年数。

当实测系列内含有特大洪水时，此特大洪水也应在实测系列中占序号。例如，实测为30年，其中有一个特大洪水，则一般洪水最大项应排在第二位，其经验频率 $P_2=2/(30+1)=0.0645$。

（2）将实测系列与特大值系列共同组成一个不连序系列，作为代表总体的一个样本，不连序系列各项可在历史调查期 N 年内统一排位。

假设在历史调查期 N 年中有特大洪水 a 项，其中有 l 项发生在 n 年实测系列之内；序列中的 a 项特大洪水的经验频率仍用式（10.2）计算。实测系列中其余的（$n-l$）项，则均匀分布在 $1-P_{Ma}$ 频率范围内，P_{Ma} 为特大洪水第末项 $M=a$ 的经验频率，即

$$P_{Ma}=\frac{a}{N+1} \tag{10.3}$$

实测系列第 m 项的经验频率计算公式为

$$P_m=P_{Ma}+(1-P_{Ma})\frac{m-l}{n-l+1} \tag{10.4}$$

上述两种方法，我国目前都在使用，第一种方法比较简单，但是在使用式（10.1）和式（10.2）点绘不连序系列时，会出现所谓的“重叠”现象，而且在假定不连序系列是两个相互独立的连序样本条件下，没有对式（10.1）作严格的推导。当调查考证期 N 年中为首的数项历史洪水确系连序而无错漏，为避免历史洪水的经验频率与实测系列的经验频率的重叠现象，采用第二种方法较为合适。

10.4 由流量资料推求设计洪水（二）

4. 频率曲线及统计参数

样本系列各项的经验频率确定之后，就可以在几率格纸上确定经验频率点据的位置。点绘时，可以用不同符号分别表示实测、插补和调查的洪水点据，其为首的若干个点据应标明其发生年份。通过点据中心，可以目估绘制出一条光滑的曲线，称为经验频率曲线。由于经验频率曲线是由有限的实测资料算出的，当求稀遇设计洪水数值时，

需要对频率曲线进行外延。

我国频率曲线线型一般采用P-Ⅲ型，它能较好地拟合大多数系列的理论线型，供有关工程设计使用。有关P-Ⅲ型频率曲线的性质、数学模式、参数估计以及频率计算等问题，已在项目8作了详细论述，本任务不重复。

从P-Ⅲ型频率曲线的特性来看，其上端随频率的减小迅速递增以至趋向无穷，曲线下端在 $C_s>2$ 时趋于平坦，而实测值又往往很小，对于这些干旱半干旱地区的中小河流，即使调整参数，也很难得出满意的适线成果，对于这种特殊情况，经分析研究，也可采用其他线型。

在经验频率点据和频率曲线线型确定之后，通过调整参数使曲线与经验频率点据配合得最好，此时的参数就是所求的曲线线型的参数，从而可以计算设计洪水值。适线法的原则是尽量照顾点群的趋势，使曲线通过点群中心，当经验点据与曲线线型不能全面拟合时，可侧重考虑上中部分的较大洪水点据，对调查考证期内为首的几次特大洪水，要做具体分析。一般说来，年代越久的历史特大洪水加入系列进行适线，对合理选定参数的作用越大，但这些资料本身的误差可能较大。因此，在适线时不宜机械地通过特大洪水点据，否则使曲线对其他点群偏离过大，但也不宜脱离大洪水点据过远。

用适线法估计频率曲线的统计参数分为初步估计参数、用适线法调整初估值以及对比分析三个步骤。

矩法是一种简单的经典参数估计方法，它无须事先选定频率曲线线型，因而是洪水频率分析中广泛使用的一种方法。由矩法估计的参数及由此求得的频率曲线总是系数偏小，其中尤以 C_s 偏小更为明显。

在用矩法初估参数时，对于不连序系列，假定 $n-l$ 年系列的均值和均方差与除去特大洪水后的 $N-a$ 年系列的相等，即 $\overline{x}_{N-a}=\overline{x}_{n-l}$，$\sigma_{N-a}=\sigma_{n-l}$，可以导出参数计算公式：

$$\overline{x}=\frac{1}{N}\left[\sum_{j=1}^{a}x_j+\frac{N-a}{n-l}\sum_{i=l+1}^{n}x_i\right] \tag{10.5}$$

$$C_v=\frac{1}{\overline{x}}\sqrt{\frac{1}{N-1}\left[\sum_{j=1}^{a}(x_j-\overline{x})^2+\frac{N-a}{n-l}\sum_{i=l+1}^{n}(x_i-\overline{x})^2\right]} \tag{10.6}$$

式中 x_j——特大洪水，$j=1,2,\cdots,a$；

x_i——一般洪水，$i=l+1,l+2,\cdots,n$；

其余符号意义同前。

偏差系数 C_s 属于高阶矩，用矩法算出的参数值及由此求得的频率曲线与经验点据往往相差较大，故一般不用矩法计算，而是参考附近地区资料选定一个 C_s/C_v 值。对于 $C_v<0.5$ 的地区，可试用 $C_s/C_v=3\sim4$ 进行适线；对于 $0.5<C_v<1.0$ 的地区，可试用 $C_s/C_v=2.5\sim3.5$ 进行适线；对于 $C_v>1.0$ 的地区，可试用 $C_s/C_v=2\sim3$ 进行适线。

5. 推求设计洪峰、洪量

根据上述方法计算的参数初估值，用适线法求出洪水频率曲线，然后在频率曲线上求得相应于设计频率的设计洪峰和各统计时段的设计洪量。

有关水文频率曲线适线法的步骤、计算实例，以及适线时应考虑的事项，已在项目4作了具体介绍，在洪水峰量计算中，不可避免地存在各种误差，为了防止因各种原因带来的差错，必须对计算成果进行合理性检查，以便尽可能地提高精度。检查工作一般从以下三个方面进行：

（1）根据本站频率计算成果，检查洪峰、各时段洪量的统计参数与历时之间的关系。一般说来，随着历时的增加，洪量的均值也逐渐增大，而时段平均流量的均值则随历时的增加而减小。C_v、C_s 在一般情况下随历时的增长而减小，但对于连续暴雨次数较多的河流，随着历时的增长，C_v、C_s 反而加大，如浙江省新安江流域就有这种现象。所以参数的变化还要和流域的暴雨特性和河槽调蓄作用等因素联系起来分析。

另外，还可以从各种历时的洪量频率曲线对比分析，要求各种曲线在使用范围内不应有交叉现象。当出现交叉时，应复查原始资料和计算过程有无错误，统计参数是否选择得当。

（2）根据上下游站、干支流站及邻近地区各河流洪水的频率分析成果进行比较，如气候、地形条件相似，则洪峰、洪量的均值应自上游向下游递增，其模数则由上游向下游递减。

如将上下游站、干支流站同历时最大洪量的频率曲线绘在一起，下游站、干流站的频率曲线应高于上游站和支流站，曲线间距的变化也有一定的规律。

（3）暴雨频率分析成果进行比较。一般说来，洪水的径流深应小于相应天数的暴雨深，而洪水的 C_v 值应大于相应暴雨量的 C_v 值。

以上所述可作为成果合理性检查的参考，如发现明显的不合理之处，应分析原因，将成果加以修正。

10.1.3　设计洪水过程线的推求

设计洪水过程线是指具有某一设计标准的洪水过程线。但是，洪水过程线的形状千变万化，且洪水每年发生的时间也不相同，是一种随机过程，目前尚无完善的方法直接从洪水过程线的统计规律求出一定频率的过程线。尽管已有学者从随机过程的角度对过程线作模拟研究，但尚未达到实用的目的。为了适应工程设计要求，目前仍采用放大典型洪水过程线的方法，使其洪峰流量和时段洪水总量的数值等于设计标准的频率值，即认为所得的过程线是待求的设计洪水过程线。

放大典型洪水过程线时，根据工程和流域洪水特性，可选用同频率放大法或同倍比放大法。

1. 典型洪水过程线的选择

典型洪水过程线是放大的基础，从实测洪水资料中选择典型时，资料要可靠，同时应考虑下列条件：

（1）选择峰高量大的洪水过程线，其洪水特征接近于设计条件下的稀遇洪水情况。

（2）要求洪水过程线具有一定的代表性，即它的发生季节、地区组成、洪峰次数、峰量关系等能代表本流域上大洪水的特性。

（3）从水库防洪安全着眼，选择对工程防洪运用较不利的大洪水典型，如峰型比较集中、主峰靠后的洪水过程。

一般按上述条件初步选取几个典型分别放大，并经调洪计算，取其中偏于安全的作为设计洪水过程线的典型。

2. 放大方法

目前采用的典型放大方法有峰量同频率控制方法（简称同频率放大法）和按峰或量同倍比控制方法（简称同倍比放大法）。

（1）同频率放大法。此法要求放大后的设计洪水过程线的洪峰和不同时段（1d、3d、…）的洪量均分别等于设计值。具体做法是先由频率计算求出设计的洪峰值 Q_{mP} 和不同时段的设计洪量值 W_{1P}、W_{3P}、…，并求典型过程线的洪峰 Q_{mD} 和不同时段的洪量 W_{1D}、W_{3D}、…，然后按洪峰、最大1d洪量、最大3d洪量、…的顺序，采用以下不同倍比值分别将典型过程进行放大。

洪峰放大倍比：

$$R_{Q_m}=\frac{Q_{mP}}{Q_{mD}} \tag{10.7}$$

最大1d洪量放大倍比：

$$R_1=\frac{W_{1P}}{W_{1D}} \tag{10.8}$$

最大3d洪量中除最大1d外，其余2d的放大倍比为

$$R_{3-1}=\frac{W_{3P}-W_{1P}}{W_{3D}-W_{1D}} \tag{10.9}$$

以上说明，最大1d洪量包括在最大3d洪量之中，同理，最大3d洪量包括在最大7d洪量之中，得出的洪水过程线上的洪峰和不同时段的洪量恰好等于设计值。时段划分视过程线的长度而定，但不宜太多，一般以3段或4段为宜。由于各时段放大倍比不相等，放大后的过程线在时段分界处出现不连续现象，此时可徒手修匀，修匀后仍应保持洪峰和各时段洪量等于设计值。如放大倍比相差较大，要分析原因，采取措施，消除不合理的现象。

【例10.1】 某水库设计标准 $P=1\%$ 的洪峰和1d、3d、7d洪量，以及典型洪水过程线的洪峰和1d、3d、7d洪量列于表10.4。要求用分时段同频率放大法，推求 $P=1\%$ 的设计洪水过程线。

表10.4　　某水库洪峰、洪量统计表

项　目	洪峰流量/(m³/s)	洪量 W/[(m³/s)·h]		
		1d	3d	7d
$P=1\%$的设计洪水	2610	1525	2875	3870
典型洪水过程线	1810	1085	1895	2565

解： 首先计算洪峰和各时段洪量的放大倍比：

$$R_{Q_m}=\frac{2610}{1810}=1.44$$

$$R_1=\frac{1525}{1085}=1.41$$

$$R_{3-1}=\frac{2875-1525}{1895-1085}=1.67$$

$$R_{7-3}=\frac{3870-2875}{2565-1895}=1.49$$

其次，将典型洪水过程线的洪峰和不同时段的洪量乘以相应的放大系数，得放大的设计洪水过程线（图10.3）。由于各时段放大倍比值不同，时段分界处出现不连续现象，可徒手修匀（图10.3）虚线，最后得所求的设计洪水过程线。

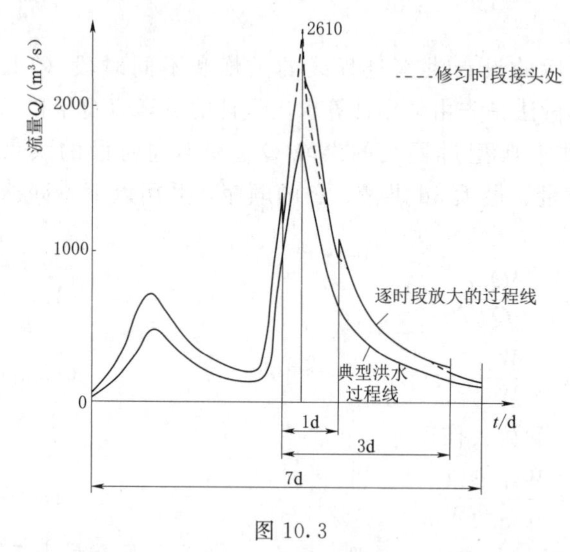

图10.3

（2）同倍比放大法。此法是按洪峰或洪量同一个倍比放大典型洪水过程线的各纵坐标值，从而求得设计洪水过程线。因此，此法的关键在于确定以谁为主的放大倍比值。如果以洪峰控制，其放大倍比为

$$K_Q=\frac{Q_{mP}}{Q_{mD}} \tag{10.10}$$

式中 K_Q——以洪峰控制的放大系数；

其余符号意义同前。

如果以量控制，其放大倍比为

$$K_{Wt}=\frac{W_{tP}}{W_{tD}} \tag{10.11}$$

式中 K_{Wt}——以量控制的放大系数；

W_{tP}——控制时段 t 的设计洪量；

W_{tD}——典型过程线在控制时段 t 的最大洪量。

采用同倍比放大时，若放大后洪峰或某时段洪量超过或低于设计很多，且对调洪结果影响较大时，应另选典型。

在上述两种方法中，用同频率放大法求得的洪水过程线比较符合设计标准，计算成果较少受所选典型不同的影响，但改变了原有典型的雏形，适用于峰量均对水工建筑物防洪安全起控制作用的工程。同倍比放大法计算简便，适用于峰量关系较好的河流，以及防洪安全主要由洪峰或某时段洪量控制的水工建筑物。

任务10.2 由暴雨资料推求设计洪水

任务目标

1. 了解由暴雨资料推求设计洪水的步骤；
2. 会推求设计暴雨；
3. 会推求设计净雨；
4. 掌握用推理公式推求设计洪水的方法。

由暴雨资料推求设计洪水的方法建立在暴雨和洪水频率相同这一假定的基础之上。在用暴雨资料推求设计洪水时，实际上是将流域看作一个系统，把流域降雨视为对系统的输入，把流域出口断面的流量过程看作是流域系统接纳输入后，经过产流、汇流之后的输

出。因而可直接通过输入和输出的资料信息，分析研究暴雨形成洪水的机理，探讨由暴雨推求设计洪水的方法，如图 10.4 所示。

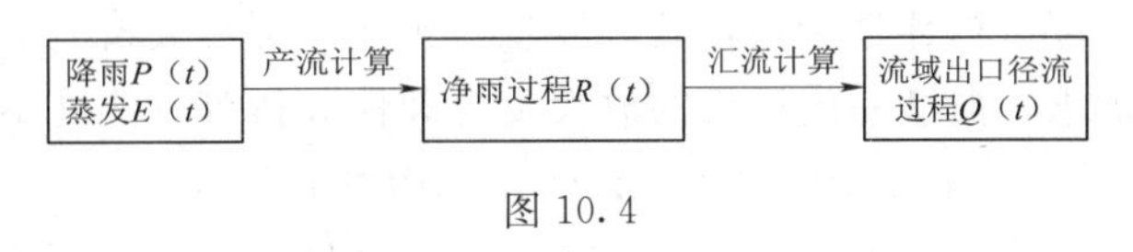

图 10.4

按照暴雨洪水的形成过程，由暴雨推求设计洪水的主要内容包括：

（1）推求设计暴雨。与流量资料的频率计算方法相似，即根据实测暴雨资料，采用频率计算法推求设计暴雨量，然后根据典型暴雨过程进行放大，求得设计暴雨过程。

（2）推求设计净雨。设计暴雨扣除损失就是设计净雨，故也称产流计算。

（3）推求设计洪水过程，即汇流计算。应用单位线法或瞬时单位线法，对设计净雨进行汇流计算，即得流域出口断面的设计洪水过程。

10.2.1 设计暴雨推求

设计暴雨是符合指定设计标准的一次暴雨量及其时程与空间分布，即具有某一设计频率的流域平均雨量及其时空分配过程。

1. 用暴雨资料推求设计洪水的几种情况

根据设计暴雨推求设计洪水是设计洪水计算的重要途径之一。我国大部分地区的洪水主要由暴雨形成。在实际工作中，中小流域常因流量资料不足无法直接用流量资料推求设计洪水，而暴雨资料一般较多，因此可用暴雨资料推求设计洪水，特别是以下几种情况：

10.5 设计暴雨计算

（1）在中小流域上兴建水利水电工程，经常遇到流量资料不足或代表性差的情况，难于使用相关方法来插补延长，因此，需用暴雨资料推求设计洪水。

（2）由于人类活动的影响，使径流形成的条件发生了显著的改变，破坏了洪水资料系列的一致性。因此，可以通过暴雨资料，用人类活动后新的径流形成条件推求设计洪水。

（3）为了用多种方法推算设计洪水，以论证设计成果的合理性，即使是流量资料充足的情况下，也要用暴雨资料推求设计洪水。

（4）无资料地区小流域的设计洪水，一般都是根据暴雨资料推求的。

（5）可能最大降水/洪水是用暴雨资料推求的。

2. 设计暴雨推求的主要计算内容

（1）推求设计暴雨。根据实测暴雨资料，用统计分析推求设计面雨量，并用典型暴雨放大求得设计暴雨过程。

（2）推求设计净雨。由求得的设计暴雨，利用产流方案推求设计净雨过程。

由暴雨资料推求设计洪水，其基本假定是设计暴雨与设计洪水具有相同频率。

本项目将着重介绍暴雨的统计分析、设计面暴雨和设计净雨推求。

1. 暴雨资料充分时设计面暴雨量的计算

（1）面暴雨量的选样。面暴雨资料的选样，一般采用年最大值法。其方法是先根据当地雨量的观测站资料、设计精度要求确定各计算时段，一般为 6h、12h、1d、3d、7d、…，并计算出各时段面平均雨量，然后按独立选样方法选取历年各时段的年最大面平均雨量组成面暴雨量系列。

为了保证频率计算成果的精度，应尽量插补展延面暴雨资料系列，并对系列进行可靠性、一致性与代表性的审查与修正。

(2) 面暴雨量的频率计算。面暴雨量的频率计算所选用的线型和经验频率公式与洪水频率分析计算相同，其计算步骤包括暴雨特大值的处理、适线法绘制频率曲线、设计值的推求、典型暴雨过程的放大及合理性分析等，此处不再赘述。

2. 暴雨资料短缺时设计面暴雨量的计算

当流域内的雨量站较少，或各雨量站资料长短不一，难以求出满足设计要求的面暴雨量系列时，可先求出流域中心的设计点雨量，然后通过降雨的点面关系进行转换，求出设计面暴雨量。

(1) 设计点雨量计算。求设计点雨量时，如果在流域中心处有雨量站且系列足够长，则可用该站的暴雨资料直接进行频率计算，求得设计点雨量，然后通过地理插值求出流域中心的设计点雨量。若流域缺乏暴雨资料，则通过各省级行政区水文手册或水文图集所提供的各时段年最大暴雨量的 $\overline{H}$、C_v 的等值线图及 C_s/C_v 的分区图计算设计点雨量。

此外，对于流域面积小、历时短的设计暴雨，也可采用暴雨公式计算设计点雨量。其方法是：根据各地区的水文手册或水文图集查得设计流域中心的 24h 暴雨统计参数 ($\overline{H_{24}}$、C_v、C_s)，计算出该流域 24h 设计雨量 $H_{24,P}$，并按暴雨公式求出设计雨力 S_P，其公式为

$$S_P = H_{24,P} 24^{n-1} \tag{10.12}$$

任一短历时的设计暴雨 $H_{t,P}$(mm)，可通过暴雨公式转换得到，计算公式为

$$H_{t,P} = S_P t^{1-n} \tag{10.13}$$

暴雨递减指数 n 要经实测资料分析，通过地区综合得出。具体应用时，可由当地的水文手册或水文图集查得。

【例 10.2】 某小流域拟建一小型水库，该流域无实测降雨资料，需推求历时 $t=2$h、设计标准 $P=1\%$ 的暴雨量。

解： 1) 在该省水文手册上，查得流域中心处暴雨的参数为

$$\overline{H_{24}}=100\text{mm}, C_v=0.50, C_s=3.5C_v, t_0=1\text{h}, n_2=0.65$$

2) 求最大 24h 设计暴雨量，由暴雨统计参数和 $P=1\%$，查附表 2 得 $K_P=2.74$，故

$$H_{24,1\%}=K_P \overline{H_{24}}=2.74\times100=274(\text{mm})$$

3) 计算设计雨力 S_P，则有

$$S_P=H_{24,1\%}24^{n_2-1}=274\times24^{-0.35}=90(\text{mm/h})$$

4) $t=2$h，$P=1\%$ 的设计暴雨量为

$$H_{2,1\%}=S_P t^{1-n_2}=90\times2^{1-0.65}=115(\text{mm})$$

(2) 设计面暴雨量的计算。按上述方法求得设计点雨量后，就可由流域降雨点面关系，很容易推求出流域设计年均雨量，即设计面暴雨量。各省级行政区的水文手册或水文图集中刊有不同历时暴雨的点面关系图（表），可供查用。

当流域较小时，可直接用设计点雨量代替设计面暴雨量，以供推求小流域设计洪水使用。

3. 设计暴雨的时程分配

拟定设计暴雨过程的方法也与设计洪水相似，首先选定一次典型暴雨过程，然后以各

历时的设计暴雨量为控制缩放典型，得到设计暴雨过程。典型暴雨的选择原则如下：首先要考虑所选典型暴雨的分配过程应是设计条件下可能发生的；其次要考虑对工程不利的暴雨情况。所谓可能发生，是从量上来考虑，即典型暴雨的雨量应接近设计暴雨的雨量。因设计暴雨比较稀遇，因而应从实测最大的几次暴雨中选择典型，要使所选典型的雨峰个数、主雨峰位置和实际降雨日数是大暴雨中常见的情况。所谓对工程不利，是指暴雨比较集中、主雨峰靠后，其形成的洪水对水库安全不利。

选择典型时，原则上应从各年的面雨量过程中选取，为了减少工作量或资料条件限制，有时也可选择单站雨量（即点用量）过程作典型。一般来说，单站典型比面雨量典型更不利。例如，淮河上游“75·8”暴雨就常被选作该地区的暴雨典型。这场暴雨从8月4日起到8月8日止，历时5d。但暴雨量主要集中在8月5—7日3d内。林庄站最大3d雨量1605.3mm，5d最大雨量1631.1mm。这是一次多峰暴雨，主雨峰靠后，对水库防洪极为不利。

典型暴雨过程的缩放方法与设计洪水的典型过程缩放计算基本相同，一般采用同频率放大法。具体计算见［例10.3］。

【例10.3】 已求得某流域千年一遇1d、3d、7d设计面暴雨量分别为320mm、521mm、712.4mm，并已选定了典型暴雨过程（表10.5）。通过同频率放大法推求设计暴雨的时程分配。

解： 典型暴雨1d（第4日）、3d（第3～5日）、7d（第1～7日）最大暴雨量分别为160mm、320mm、393mm，结合各历时设计暴雨量计算各段放大倍比为

最大1d $K_1=320/160=2.0$

最大3d中其余2d $K_{3-1}=(521-320)/(320-160)=1.26$

最大7d中其余4d $K_{7-3}=(712.4-521)/(393-320)=2.62$

将各放大倍比填入表10.5中各相应位置，乘以典型雨量即得设计暴雨过程。必须注意，放大后的各历时总雨量应分别等于其设计雨量，否则应予以修正。

表10.5 某流域设计暴雨过程计算成果

时间	第1日	第2日	第3日	第4日	第5日	第6日	第7日	合计
典型暴雨过程/mm	32.4	10.6	130.2	160.0	29.8	9.2	20.8	393.0
放大倍比 K	2.62	2.62	1.26	2.00	1.26	2.62	2.62	
设计暴雨过程/mm	85.0	27.8	163.6	320.0	37.4	24.1	54.5	712.4

10.2.2 设计净雨推求

一次降雨中，产生径流的部分为净雨，不产生径流的部分为损失。一场降雨的损失包括植物枝叶截留、填充流程中的洼地、雨期蒸发和降雨初期的下渗，其中降雨初期和雨期的下渗为主要损失。因此，求得设计暴雨后，还要扣除损失，才能算出设计净雨。扣除损失的方法常采用径流系数法、降雨径流相关图法和初损后损法三种。

1. 径流系数法

降雨损失的过程是一个非常复杂的过程，影响因素很多，把各种损失综合反映在一个系数中，称为径流系数。对于某次暴雨洪水，求得流域平均雨量 H，由洪水过程线求得

径流深Y，则一次暴雨的径流系数为$a=Y/H$。根据若干次暴雨的a值，取其平均值$\overline{a}$，或为了安全选取其较大值或最大值作为设计采用值。各地水文手册或水文图集均载有暴雨径流系数值，可供参考使用。还应指出，径流系数往往随暴雨量强度的增大而增大。因此，根据暴雨资料求得的径流系数，可根据其变化趋势进行修正，用于设计条件。这种方法是一种粗估的方法，精度较低。

2. 降雨径流相关图法

次降雨和其相应的径流量之间一般存在着较密切的关系，可根据次降雨量和径流量建立其相关关系。同时，对其影响因素作适当考虑，能够有效地改进降雨径流关系。这些影响因素包括前期流域下垫面的干湿程度、降雨强度、流域植被和季节影响等。对于一个固定流域来说，植被可视为固定因素，降雨季节影响亦相对较小，最重要的影响因素是前期流域下垫面的干湿程度和降雨强度，需要首先加以考虑。

3. 初损后损法

（1）基本原理。在干旱地区的产流计算一般采用对下渗曲线进行扣损推求的方法。按照对下渗的处理方法的不同，可分为下渗曲线法和初损后损法。下渗曲线法多是采用对下渗量累积曲线进行扣损，即将流域下渗量累积曲线和雨量累积曲线绘在同一张图上，通过图解分析的方法确定产流量及过程。由于受雨量观测资料的限制及存在着各种降雨情况下下渗曲线不变的假定，使得下渗曲线法并未得到广泛应用。因此，生产上常使用初损后损法扣损。

（2）初损后损法是将下渗过程简化为初损与后损两个阶段。流域较小时，降雨分布基本均匀，出口断面洪水过程线的起涨点反映了产流开始的时刻。因此，起涨点以前雨量的累积值可作为初损I_0的近似值。初损I_0与前期影响雨量P_a、降雨初期t_0内的平均降雨强度i_0、月份M及土地利用等有关。因此，常根据流域的具体情况，从实测资料分析得出。

10.6 小流域的设计洪水估算

10.2.3 由暴雨资料推求设计洪水

工程所在地区若具有30年以上实测和差补延长的暴雨资料，可先由暴雨资料经过频率计算求得设计暴雨，再通过产流、汇流计算推求出设计洪水过程线。

流域产流以后，净雨经坡面汇流和河网汇流，汇集到流域出口断面形成流量过程。流域汇流计算实际上就是设计洪水过程线的推求，就是由净雨过程推求出口断面的地面径流过程。将地面径流过程加上相应基流，即是出口断面的洪水流量过程。由暴雨资料推求设计洪水过程线，其常用方法有等流时线法、综合单位线法和瞬时单位线法。

例如，浙江省集雨面积100～400km^{2}的水库适用瞬时单位线法；集雨面积50～100km^{2}的水库参考使用推理公式法和瞬时单位线法。推理公式法适用于流域长度大于2km、集雨面积小于50km^{2}的山丘区水库。对于流域长度小于2km的特小流域，一般采用《浙江省山塘综合整治技术导则》中的简化方法计算洪峰流量。

推理公式法是由暴雨资料推求小流域设计洪水的一种简化方法。它是利用等流时线的汇流原理，把暴雨形成洪水的过程分为产流、汇流两个阶段，并对此作了概化，经过一定的推理过程，得出小流域的洪峰流量。

此前，由于小流域缺乏实测暴雨洪水资料，设计洪水分析计算方法均使用合理化公式。对于流域的汇流速度、汇流时间等参数均由水力学方法假定而得，与小流域实际汇流情况差别很大，推算所得洪峰流量数值往往偏大。

例如，浙江省小型水库一般为峡谷型水库，河道比降较陡，河槽窄深，河道的调蓄容量小，水库的回水长度较短，因此入库洪水与坝址洪水差别不大，故可以用坝址洪水替代入库洪水。而对于湖泊型小型水库，入库洪水与坝址洪水差别较大，在推算入库洪水时需收集一定数量暴雨洪水资料，分析建库前后洪水变化再行确定是否用坝址洪水替代入库洪水。

1. 基本公式

小流域中，若流域的最大汇流长度为 L，流域汇流时间为 τ。根据等流时线原理，当净雨历时 $t_c \geqslant \tau$ 时称为全面积汇流，即全流域面积 F 上的净雨汇流形成洪峰流量。根据小流域的特点，假定 τ 历时内净雨强度均匀，则入库洪水的洪峰流量为

$$Q_m = 0.278\frac{h_c}{\tau}F = 0.278 I_P F \tag{10.14}$$

式中 h_c——τ 时段内的净雨深，mm；

Q_m——洪峰流量，m^3/s；

F——水库坝址以上集雨面积，km^2；

τ——流域的汇流时间，h；

I_P——净雨强度，mm/h。

2. 两种汇流情况

由于暴雨时空分布的变化，有时整个流域各地点同时产流，称为流域全面积产流；有时只能在部分流域面积上产流，称为部分面积产流，如图10.5所示。

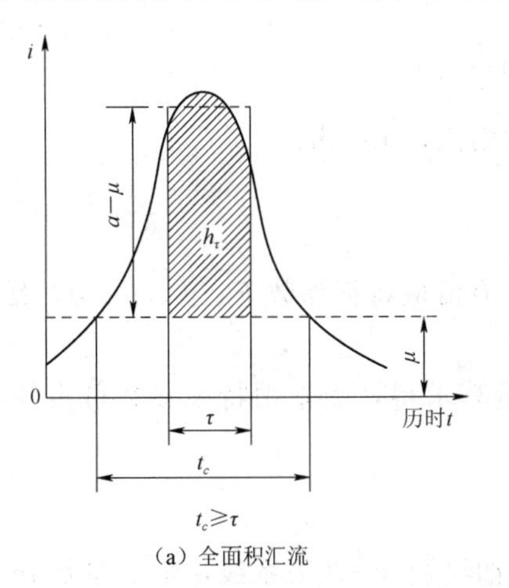

(a) 全面积汇流

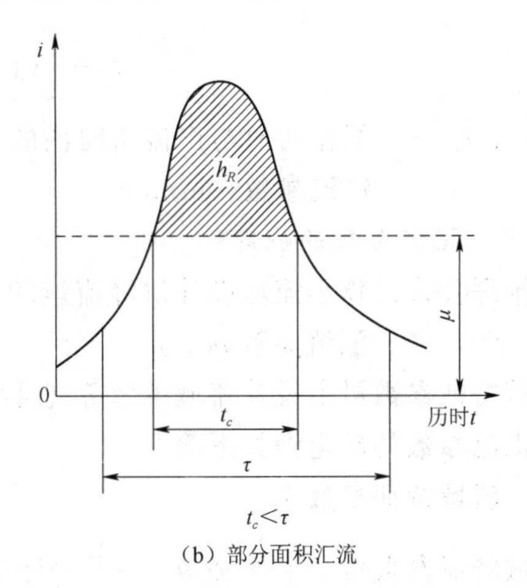

(b) 部分面积汇流

图 10.5

(1) 当 $t_c \geqslant \tau$ 时（t_c 为产流历时），为全面积汇流。入库最大流量是坝址以上全流域汇流所形成，即水库集雨面积 F 上的净雨汇流形成。假定 τ 历时内净雨强度均匀。

判别：当 $(h_c/t_c)\leqslant(Q_m/0.278F)$ 时，$t_c\geqslant\tau$，为全面积汇流。此时，流域出口断面洪峰流量 Q_m 的计算式为

$$Q_m=0.278\frac{h_\tau}{\tau}F \tag{10.15}$$

(2) 当 $t_c<\tau$ 时，为部分面积汇流，出口断面处洪峰流量是部分面积汇流所形成的，但主雨峰产生的径流全部参加形成最大流量。

判别：当 $(h_c/t_c)>(Q_m/0.278F)$ 时，$t_c<\tau$，为部分面积汇流。此时，流域出口断面洪峰流量的 Q_m 计算式为

$$Q_m=0.278\frac{h_R}{\tau_c}F \tag{10.16}$$

不论何种汇流情况，汇流历时 τ 的计算式为

$$\tau=\frac{0.278L}{mJ^{\frac{1}{3}}Q_m^{\frac{1}{4}}} \tag{10.17}$$

式中 h_R——次降雨产生的全部净雨深，mm；

J——流域平均坡度，包括坡面和河网，实用上以主河道平均比降代表，以小数计；

L——流域汇流的最大长度，km；

m——汇流参数，与流域的特征参数 θ 有关。

3. 地面净雨计算

当 $t_c\geqslant\tau$ 时，历时 τ 的地面净雨深 h_τ 可用式（10.18）计算：

$$h_\tau=(\bar{i}_\tau-\mu)\tau=S_P\tau^{1-n}-\mu\tau \tag{10.18}$$

当 $t_c<\tau$ 时，产流历时内的净雨深 h_R 可用式（10.19）计算：

$$h_R=(\bar{i}_{t_c}-\mu)t_c=S_Pt_c^{1-n}-\mu t_c=nS_Pt_c^{1-n} \tag{10.19}$$

其中

$$t_c=\left[(1-n)\frac{S_P}{\mu}\right]^{\frac{1}{n}} \tag{10.20}$$

式中 $\bar{i}_\tau$、$\bar{i}_{t_c}$——汇流历时与产流历时内的平均雨强，mm/h；

μ——产流参数，mm/h。

4. 产、汇流参数的确定

由推理公式计算小流域设计洪峰流量的参数有流域特征参数 F、J、L、θ，暴雨特征参数 n、S_p，产、汇流参数 m、μ。

流域特征参数可由设计流域的水系地形图量算求得，而暴雨特征参数可由任务 10.1 得到，汇流参数的确定做如下简介。

(1) 流域特征参数 θ。

流域特征参数按 $\theta=\frac{L}{J^{\frac{1}{3}}}$ 或 $\theta=\frac{L}{J^{\frac{1}{3}}F^{\frac{1}{4}}}$ 计算，如绘制 m-θ 关系线，汇流参数 m 随 θ 变化。从变化趋势看，在 $\theta=90^\circ$ 附近出现转折：当流域面积较大时，关系线较陡，m 值变化幅度大；当流域面积较小时，关系线平缓，m 值变幅小。以浙江省为例，小型水库集雨面积在 50km² 以内、坡度在 10‰以上时，使用推理公式推求设计暴雨，m-θ 关系见

表10.6。

表10.6 **浙江省$m-\theta$关系**

植被类型	$\theta<90°$	$\theta\geqslant90°$
Ⅳ类：植被较差	$m=1.000\times\theta^{0.050}$	$m=0.270\times\theta^{0.400}$
Ⅲ类：植被一般	$m=0.600\times\theta^{0.100}$	$m=0.114\times\theta^{0.464}$
Ⅱ类：植被较好	$m=0.300\times\theta^{0.154}$	$m=0.043\times\theta^{0.584}$

（2）损失参数μ的确定。损失参数μ代表产流历时t_c内地面平均入渗能力，以mm/h计。μ值的大小与土壤的前期含水量、植被、暴雨时程分配、地表透水性能等因素有关。实际工程中可以采用实测资料分析或综合地区水文手册或水文图集等确定。

（3）汇流参数m的确定。汇流参数是与流域地形、植被、地貌、断面形状、河网调蓄及暴雨时程分配等有关的经验性参数。对于有实测资料的小流域常用式（10.21）计算：

$$m=\frac{0.278L}{\tau J^{\frac{1}{3}}Q_m^{\frac{1}{4}}} \tag{10.21}$$

式中各符号意义同前。

通常小流域资料较少或无资料，无法用式（10.21）计算求得m，常需借助有资料的单站计算的m值进行地区综合，由经验移用他站所得m值。在实际工作中，可查阅各省级行政区水文手册或水文图集。

5. 设计洪峰流量求解

（1）联解方程组。由上述推理公式可知，求解洪峰流量Q_m需要确定流域汇流历时τ，而τ的计算公式中又包含未知数Q_m，因此需建立两个方程式进行联解。当全面积汇流时，式（10.15）与式（10.17）联解；当部分面积汇流时，式（10.16）与式（10.17）联解。

联解方程组求解也称迭代法，或称试算法。

（2）单因素经验公式法。单因素经验公式是建立洪峰流量与流域面积相关关系的公式，是以流域面积为参数的单因素经验公式，同时也是经验公式中最为简单的一种形式。把流域面积看作是影响洪峰流量的主要影响因素，其他因素可用一些综合参数表达，公式的形式为

$$Q_{mP}=C_PF^n \tag{10.22}$$

式中　Q_{mP}——频率为P的设计洪峰流量；

C_v、n——经验系数和经验指数；

F——流域面积，km^2。

（3）多因素经验公式法。多因素经验公式是以流域特征与设计暴雨等主要影响因素为参数建立的经验公式。洪峰流量主要受流域面积、流域形状与设计暴雨等因素的影响，而其他因素可用一些综合参数表达，公式的形式为

$$Q_{mP}=CH_{24,P}^{\alpha}K^mF^n \tag{10.23}$$

式中　$H_{24,P}$——最大24h设计暴雨量与净雨量，mm；

C、α、m、n——经验参数和经验指数；

K——流域形状系数。

经验公式不取决于公式的形式和参数的多少，而主要依据地区资料的统计归纳，故地

区性很强。所以，外延时一定要注意公式的适用范围。

10.7 设计洪水复核计算思维导图 Ⓟ

【小结】

在进行水利水电工程设计时，为了建筑物本身和防护区的安全，必须按照某种标准的洪水进行设计，这种作为水工建筑物设计依据的洪水称为设计洪水，即符合一定防洪标准的洪水。目前，我国根据工程特点和资料条件的不同，设计洪水的计算途径可分为有实测资料和无实测资料两种情况。

1. 有实测资料情况下推求设计洪水的途径

(1) 由流量资料推求设计洪水。与由实测径流资料推求设计年径流及其年内分配的方法基本相似，即首先进行洪峰、洪量样本系列的选样，资料的可靠性、一致性、代表性审查，特大洪水的处理（不连序系列的经验频率计算和矩法公式计算统计参数初值）；然后选择典型洪水按其过程经同倍比放大法或同频率放大法求得设计洪水流量过程线。

(2) 由暴雨资料推求设计洪水。此种方法先由暴雨资料经过频率计算求得设计暴雨过程，再经过流域产流和汇流计算推求设计洪水过程。设计暴雨过程计算主要用到频率计算法和典型过程放大法。流域产流计算方法主要有降雨径流相关法和初损后损法。

2. 无实测资料情况下推求设计洪水的途径

主要用各地雨洪图集或水文手册等综合资料进行分析计算。常用方法有以下几种：

(1) 地区等值线插值法。对于缺乏实测资料的地区，根据邻近地区的实测和调查资料，对洪峰流量模数、暴雨特征值、暴雨和径流的统计参数等进行地区综合，绘制相应的等值线图供无资料的小流域设计时使用。

(2) 推理公式法。主要适用于小流域设计洪峰流量计算。小流域与大中流域的特性有所不同，通常可将流域暴雨特性、产流、汇流条件进行一定的假设与简化，各地具体计算方法有很大不同，实际工作中要根据本地雨洪图集或水文手册提供的有关资料进行计算。

(3) 经验公式法。在地区综合分析的基础上，通过试验研究建立洪水、暴雨与流域特征值的经验公式用于估算无资料地区的设计洪水。

【应知】

1. 一次洪水中，涨水期历时比落水期历时（　　）。

A. 长　　B. 短　　C. 一样长　　D. 不能肯定

2. 设计洪水是指（　　）。

A. 符合设计标准要求的洪水　　B. 设计断面的最大洪水

C. 任一频率的洪水　　D. 历史最大洪水

3. 设计洪水的三个要素是（　　）。

A. 设计洪水标准、设计洪峰流量、设计洪水历时

B. 洪峰流量、洪水总量和洪水过程线

C. 设计洪峰流量、1d 洪量、3d 洪量

D. 设计洪峰流量、设计洪水总量、设计洪水过程线

4. 大坝的设计洪水标准比下游防护对象的防洪标准（　　）。

A. 高　　B. 低　　C. 一样　　D. 不能肯定

5. 选择水库防洪标准是依据（　　）。

A. 集水面积的大小 B. 大坝的高度　　C. 国家规范　　　　D. 来水大小

6. 在洪水峰、量频率计算中，洪峰流量选样的方法是（　　）。

A. 最大值法　　　B. 年最大值法　　C. 超定量法　　　　D. 超均值法

7. 在洪水峰、量频率计算中，洪量选样的方法是（　　）。

A. 固定时段最大值法　　　　　　　B. 固定时段年最大值法

C. 固定时段超定量法　　　　　　　D. 固定时段超均值法

8. 确定历史洪水重现期的方法是（　　）。

A. 根据适线确定　　　　　　　　　B. 按暴雨资料确定

C. 按国家规范确定　　　　　　　　D. 由历史洪水调查考证确定

9. 某一历史洪水从发生年份以来为最大，则该特大洪水的重现期为（　　）。

A. N＝设计年份－发生年份　　　　B. N＝发生年份－设计年份＋1

C. N＝设计年份－发生年份＋1　　D. N＝设计年份－发生年份－1

10. 对特大洪水进行处理的内容是（　　）。

A. 插补展延洪水资料　　　　　　　B. 代表性分析

C. 经验频率和统计参数的计算　　　D. 选择设计标准

11. 资料系列的代表性是指（　　）。

A. 是否有特大洪水　　　　　　　　B. 系列是否连续

C. 能否反映流域特点　　　　　　　D. 样本的频率分布是否接近总体的概率分布

12. 由暴雨资料推求设计洪水时，一般假定（　　）。

A. 设计暴雨的频率大于设计洪水的频率

B. 设计暴雨的频率小于设计洪水的频率

C. 设计暴雨的频率等于设计洪水的频率

D. 设计暴雨的频率大于等于设计洪水的频率

13. 用暴雨资料推求设计洪水的原因是（　　）。

A. 用暴雨资料推求设计洪水精度高

B. 用暴雨资料推求设计洪水方法简单

C. 流量资料不足或要求多种方法比较

D. 大暴雨资料容易收集

14. 由暴雨资料推求设计洪水的方法步骤是（　　）。

A. 推求设计暴雨、推求设计净雨、推求设计洪水

B. 暴雨观测、暴雨选样、推求设计暴雨、推求设计净雨

C. 暴雨频率分析、推求设计净雨、推求设计洪水

D. 暴雨选样、推求设计暴雨、推求设计净雨、选择典型洪水、推求设计洪水

15. 当一个测站实测暴雨系列中包含有特大暴雨时，若频率计算不予处理，那么与处理的相比，其配线结果将使推求的设计暴雨（　　）。

A. 偏小　　　　　B. 偏大　　　　　C. 相等　　　　　　D. 都有可能

16. 暴雨资料系列的选样是采用（　　）。

A. 固定时段选取年最大值法　　　　　　B. 年最大值法
C. 年超定量法　　　　　　　　　　　　D. 与大洪水时段对应的时段年最大值法
17. 对于中小流域，其特大暴雨的重现期一般可通过（　）。
A. 现场暴雨调查确定
B. 对河流洪水进行观测
C. 查找历史文献灾情资料确定
D. 调查该河特大洪水，并结合历史文献灾情资料确定
18. 对雨量观测仪器和雨量记录进行检查的目的是（　）。
A. 检查暴雨的一致性　　　　　　　　B. 检查暴雨的大小
C. 检查暴雨的代表性　　　　　　　　D. 检查暴雨的可靠性
19. 对设计流域历史特大暴雨调查考证的目的是（　）。
A. 提高系列的一致性　　　　　　　　B. 提高系列的可靠性
C. 提高系列的代表性　　　　　　　　D. 使暴雨系列延长一年
20. 地区经验公式法计算设计洪水，一般（　）。
A. 仅推求设计洪峰流量　　　　　　　B. 仅推求设计洪量
C. 推求设计洪峰和设计洪量　　　　　D. 仅推求设计洪水过程线

【应会】

1. 某山区中型水库，大坝为面板堆石坝，已知年最大洪峰流量系列的频率计算结果为 $\overline{Q}=2300\text{m}^3/\text{s}$，$C_v=0.6$，$C_s=3.5C_v$。试确定大坝设计洪水标准，并计算该工程设计和校核标准下的洪峰流量。P-Ⅲ型曲线模比系数 K_P 值见表 10.7。

表 10.7　　P-Ⅲ型曲线模比系数 K_P 值表（$C_s=3.5C_v$）

C_v	$P/\%$							
	0.1	1	2	10	50	90	95	99
0.60	4.62	3.20	2.76	1.77	0.81	0.48	0.45	0.43
0.70	5.54	3.68	3.12	1.88	0.75	0.45	0.44	0.43

2. 某水库属大（2）型水库，大坝为土石坝，已知年最大 7d 暴雨系列的频率计算结果为：$\overline{x}=432\text{mm}$，$C_v=0.48$，$C_s=3C_v$。试确定大坝设计洪水标准，并计算该工程 7d 设计暴雨。P-Ⅲ型曲线模比系数 K_P 值见表 10.8。

表 10.8　　P-Ⅲ型曲线模比系数 K_P 值表（$C_s=3C_v$）

C_v	$P/\%$							
	0.1	0.2	2	10	50	90	95	99
0.45	3.26	3.03	2.21	1.60	0.90	0.53	0.47	0.39

参 考 文 献

[1] 何文学. 水力学 [M]. 2 版. 北京：中国水利水电出版社，2013.
[2] 王颖. 水力学 [M]. 北京：中国水利水电出版社，2005.
[3] 丁新求. 水力学学习与解题指导 [M]. 郑州：黄河水利出版社，2014.
[4] 罗全胜，王勤香. 水力分析与计算 [M]. 郑州：黄河水利出版社，2011.
[5] 王宇，王勤香. 水力分析与计算习题集 [M]. 郑州：黄河水利出版社，2017.
[6] 张志昌. 水力学习题解析（上册）[M]. 北京：中国水利水电出版社，2012.
[7] 齐清兰. 水力学 [M]. 北京：高等教育出版社，2016.
[8] 赵明登. 水力学学习指导与习题解答 [M]. 北京：中国水利水电出版社，2009.
[9] 张伟丽. 水力分析与计算 [M]. 河南：黄河水利出版社，2014.
[10] 张智涌，朱李英，高向前. 水力学基础 [M]. 北京：中国水利水电出版社，2012.
[11] 孙东坡，丁新求. 水力学 [M]. 河南：黄河水利出版社，2016.
[12] 郑艳娜，朱李英. 水力学 [M]. 南京：东南大学出版社，2017.
[13] 拜存有. 工程水文与水力计算基础 [M]. 北京：中国水利水电出版社，2018.
[14] 张智涌，潘露. 工程水力水文学基础 [M]. 郑州：黄河水利出版社，2014.
[15] 杨林林，韩敏琦. 水力水文应用 [M]. 北京：中国水利水电出版社，2014.
[16] 赵颖辉. 工程水文与水资源 [M]. 北京：中国水利水电出版社，2021.
[17] 崔振才，杜守建，张维圈，等. 工程水文及水资源 [M]. 北京：中国水利水电出版社，2008.
[18] 张朝辉，拜存有. 工程水文水力学 [M]. 杨凌：西北农林科技大学出版社，2004.
[19] 黎国胜，王颖. 工程水文与水利计算 [M]. 郑州：黄河水利出版社，2009.
[20] 高建峰. 工程水文与水资源评价管理 [M]. 北京：北京大学出版社，2006.
[21] 管华. 水文学 [M]. 北京：科学出版社，2019.
[22] 张志昌. 水力学习题解析（下册）[M]. 北京：中国水利水电出版社，2012.

附　　录

附表 1　　　　　　　　　　**P-Ⅲ型曲线离均系数 Φ_P 值表**

C_s \ P/%	0.01	0.1	0.2	0.33	0.5	1	2	5	10	20	50	75	90	95	99	P/% / C_s
0.0	3.72	3.09	2.88	2.71	2.58	2.33	2.05	1.64	1.28	0.84	0.00	−0.67	−1.28	−1.64	−2.33	0.0
0.1	3.94	3.23	3.00	2.82	2.67	2.40	2.11	1.67	1.29	0.84	−0.02	−0.68	−1.27	−1.62	−2.25	0.1
0.2	4.16	3.38	3.12	2.92	2.76	2.47	2.16	1.70	1.30	0.83	−0.03	−0.69	−1.26	−1.59	−2.18	0.2
0.3	4.38	3.52	3.24	3.03	2.86	2.54	2.21	1.73	1.31	0.82	−0.05	−0.70	−1.24	−1.55	−2.10	0.3
0.4	4.61	3.67	3.36	3.14	2.95	2.62	2.26	1.75	1.32	0.82	−0.07	−0.71	−1.23	−1.52	−2.03	0.4
0.5	4.83	3.81	3.48	3.25	3.04	2.68	2.31	1.77	1.32	0.81	−0.08	−0.71	−1.22	−1.49	−1.96	0.5
0.6	5.05	3.96	3.60	3.35	3.13	2.75	2.35	1.80	1.33	0.80	−0.10	−0.72	−1.20	−1.45	−1.88	0.6
0.7	5.28	4.10	3.72	3.45	3.22	2.82	2.40	1.82	1.33	0.79	−0.12	−0.72	−1.18	−1.42	−1.81	0.7
0.8	5.50	4.24	3.85	3.55	3.31	2.89	2.45	1.84	1.34	0.78	−0.13	−0.73	−1.17	−1.38	−1.74	0.8
0.9	5.73	4.39	3.97	3.65	3.40	2.96	2.50	1.86	1.34	0.77	−0.15	−0.73	−1.15	−1.35	−1.66	0.9
1.0	5.96	4.53	4.09	3.76	3.49	3.02	2.54	1.88	1.34	0.76	−0.16	−0.73	−1.13	−1.32	−1.59	1.0
1.1	6.18	4.67	4.20	3.86	3.58	3.09	2.58	1.89	1.34	0.74	−0.18	−0.74	−1.10	−1.28	−1.52	1.1
1.2	6.41	4.81	4.32	3.95	3.66	3.15	2.62	1.91	1.34	0.73	−0.19	−0.74	−1.08	−1.24	−1.45	1.2
1.3	6.64	4.95	4.44	4.05	3.74	3.21	2.67	1.92	1.34	0.72	−0.21	−0.74	−1.06	−1.20	−1.38	1.3
1.4	6.87	5.09	4.56	4.15	3.83	3.27	2.71	1.94	1.33	0.71	−0.22	−0.73	−1.04	−1.17	−1.32	1.4
1.5	7.09	5.23	4.68	4.24	3.91	3.33	2.74	1.95	1.33	0.69	−0.24	−0.73	−1.02	−1.13	−1.26	1.5
1.6	7.31	5.37	4.80	4.34	3.99	3.39	2.78	1.96	1.33	0.68	−0.25	−0.73	−0.99	−0.10	−1.20	1.6
1.7	7.54	5.50	4.91	4.43	4.07	3.44	2.82	1.97	1.32	0.68	−0.27	−0.72	−0.97	−1.06	−1.14	1.7
1.8	7.76	5.64	5.01	4.52	4.15	3.50	2.85	1.98	1.32	0.64	−0.28	−0.72	−0.94	−1.02	−1.09	1.8
1.9	7.98	5.77	5.12	4.61	4.23	3.55	2.88	1.99	1.31	0.63	−0.29	−0.72	−0.92	−0.98	−1.04	1.9
2.0	8.21	5.91	5.22	4.70	4.30	3.61	2.91	2.00	1.30	0.61	−0.31	−0.71	−0.895	−0.949	−0.989	2.0
2.1	8.43	6.04	5.33	4.79	4.37	3.66	2.93	2.00	1.29	0.59	−0.32	−0.71	−0.869	−0.914	−0.945	2.1
2.2	8.65	6.17	5.43	4.88	4.44	3.71	2.96	2.00	1.28	0.57	−0.33	−0.70	−0.844	−0.879	−0.905	2.2
2.3	8.87	6.30	5.53	4.97	4.51	3.76	2.99	2.00	1.27	0.55	−0.34	−0.69	−0.820	−0.849	−0.867	2.3
2.4	9.08	6.42	5.63	5.05	4.58	3.81	3.02	2.01	1.26	0.54	−0.35	−0.68	−0.795	−0.820	−0.831	2.4
2.5	9.30	6.55	5.73	5.13	4.65	3.85	3.04	2.01	1.25	0.52	−0.36	−0.67	−0.772	−0.791	−0.800	2.5

续表

P/% C_s	0.01	0.1	0.2	0.33	0.5	1	2	5	10	20	50	75	90	95	99	P/% C_s
2.6	9.51	6.67	5.82	5.20	4.72	3.89	3.06	2.01	1.23	0.50	−0.37	−0.66	−0.748	−0.764	−0.769	2.6
2.7	9.72	6.79	5.92	5.28	4.78	3.93	3.09	2.01	1.22	0.48	−0.37	−0.65	−0.726	−0.736	−0.740	2.7
2.8	9.93	6.91	6.01	5.36	4.84	3.97	3.11	2.01	1.21	0.46	−0.38	−0.64	−0.702	−0.710	−0.714	2.8
2.9	10.14	7.03	6.10	5.44	4.90	4.01	3.13	2.01	1.20	0.44	−0.39	−0.63	−0.680	−0.687	−0.690	2.9
3.0	10.35	7.15	6.20	5.51	4.96	4.05	3.15	2.00	1.18	0.42	−0.39	−0.62	−0.658	−0.665	−0.667	3.0
3.1	10.56	7.26	6.30	5.59	5.02	4.08	3.17	2.00	1.16	0.40	−0.40	−0.60	−0.639	−0.644	−0.645	3.1
3.2	10.77	7.38	6.39	5.66	5.08	4.12	3.19	2.00	1.14	0.38	−0.40	−0.59	−0.621	−0.624	−0.625	3.2
3.3	10.97	7.49	6.48	5.74	5.14	4.15	3.21	1.99	1.12	0.36	−0.40	−0.58	−0.604	−0.606	−0.606	3.3
3.4	11.17	7.60	6.56	5.80	5.20	4.18	3.22	1.98	1.11	0.34	−0.41	−0.57	−0.587	−0.588	−0.588	3.4
3.5	11.37	7.72	6.65	5.86	5.25	4.22	3.23	1.97	1.09	0.32	−0.41	−0.55	−0.570	−0.571	−0.571	3.5
3.6	11.57	7.83	6.73	5.93	5.30	4.25	3.24	1.96	1.08	0.30	−0.41	−0.54	−0.555	−0.556	−0.556	3.6
3.7	11.77	7.94	6.81	5.99	5.35	4.28	3.25	1.95	1.06	0.28	−0.42	−0.53	−0.540	−0.541	−0.541	3.7
3.8	11.97	8.05	6.89	6.05	5.40	4.31	3.26	1.94	1.04	0.26	−0.42	−0.52	−0.526	−0.526	−0.526	3.8
3.9	12.16	8.15	6.97	6.11	5.45	4.34	3.27	1.93	1.02	0.24	−0.41	−0.506	−0.513	−0.513	−0.513	3.9
4.0	12.36	8.25	7.05	6.18	5.50	4.37	3.27	1.92	1.00	0.23	−0.41	−0.495	−0.500	−0.500	−0.500	4.0
4.1	12.55	8.35	7.13	6.24	5.54	4.39	3.28	1.91	0.98	0.21	−0.41	−0.484	−0.488	−0.488	−0.488	4.1
4.2	12.74	8.45	7.21	6.30	5.59	4.41	3.29	1.90	0.96	0.19	−0.41	−0.473	−0.476	−0.476	−0.476	4.2
4.3	12.93	8.55	7.29	6.36	5.63	4.44	3.29	1.88	0.94	0.17	−0.41	−0.462	−0.465	−0.465	−0.465	4.3
4.4	13.12	8.65	7.36	6.41	5.68	4.46	3.30	1.87	0.92	0.16	−0.40	−0.453	−0.455	−0.455	−0.455	4.4
4.5	13.30	8.75	7.43	6.46	5.72	4.48	3.30	1.85	0.90	0.14	−0.40	−0.444	−0.444	−0.444	−0.444	4.5
4.6	13.49	8.85	7.50	6.52	5.76	4.50	3.30	1.84	0.88	0.13	−0.40	−0.435	−0.435	−0.435	−0.435	4.6
4.7	13.67	8.95	7.57	6.57	5.80	4.52	3.30	1.82	0.86	0.11	−0.39	−0.426	−0.426	−0.426	−0.426	4.7
4.8	13.85	9.04	7.64	6.63	5.84	4.54	3.30	1.80	0.84	0.09	−0.39	−0.417	−0.417	−0.417	−0.417	4.8
4.9	14.04	9.13	7.70	6.68	5.88	4.55	3.30	1.78	0.82	0.08	−0.38	−0.408	−0.408	−0.408	−0.408	4.9
5.0	14.22	9.22	7.77	6.73	5.92	4.57	3.30	1.77	0.80	0.06	−0.379	−0.400	−0.400	−0.400	−0.400	5.0
5.1	14.40	9.31	7.84	6.78	5.95	4.58	3.30	1.75	0.78	0.05	−0.374	−0.392	−0.392	−0.392	−0.392	5.1
5.2	14.57	9.40	7.90	6.83	5.99	4.59	3.30	1.73	0.76	0.03	−0.369	−0.385	−0.385	−0.385	−0.385	5.2
5.3	14.75	9.49	7.96	6.87	6.02	4.60	3.30	1.72	0.74	0.02	−0.363	−0.377	−0.377	−0.377	−0.377	5.3
5.4	14.92	9.57	8.02	6.91	6.05	4.62	3.29	1.70	0.72	0.00	−0.358	−0.370	−0.370	−0.370	−0.370	5.4
5.5	15.10	9.66	8.08	6.96	6.08	4.63	3.28	1.68	0.70	−0.01	−0.353	−0.364	−0.364	−0.364	−0.364	5.5
5.6	15.27	9.71	8.14	7.00	6.11	4.64	3.28	1.66	0.67	−0.03	−0.349	−0.357	−0.357	−0.357	−0.357	5.6
5.7	15.45	9.82	8.21	7.04	6.14	4.65	3.27	1.65	0.65	−0.04	−0.344	−0.351	−0.351	−0.351	−0.351	5.7

续表

C_s \ P/%	0.01	0.1	0.2	0.33	0.5	1	2	5	10	20	50	75	90	95	99	P/% / C_s
5.8	15.62	9.91	8.27	7.08	6.17	4.67	3.27	1.63	0.63	−0.05	−0.339	−0.345	−0.345	−0.345	−0.345	5.8
5.9	15.78	9.99	8.32	7.12	6.20	4.68	3.26	1.61	0.61	−0.06	−0.334	−0.339	−0.339	−0.339	−0.339	5.9
6.0	15.94	10.07	8.38	7.15	6.23	4.68	3.25	1.59	0.59	−0.07	−0.329	−0.333	−0.333	−0.333	−0.333	6.0
6.1	16.11	10.15	8.43	7.19	6.26	4.69	3.24	1.57	0.57	−0.08	−0.325	−0.328	−0.328	−0.328	−0.328	6.1
6.2	16.28	10.22	8.49	7.23	6.28	4.70	3.23	1.55	0.55	−0.09	−0.320	−0.323	−0.323	−0.323	−0.323	6.2
6.3	16.45	10.30	8.54	7.26	6.30	4.70	3.22	1.53	0.53	−0.10	−0.315	−0.317	−0.317	−0.317	−0.317	6.3
6.4	16.61	10.38	8.60	7.30	6.32	4.71	3.21	1.51	0.51	−0.11	−0.311	−0.313	−0.313	−0.313	−0.313	6.4

附表 2　　P-Ⅲ型曲线模比系数 K_P 值表

(1) $C_s=C_v$

C_v \ P/%	0.01	0.1	0.2	0.33	0.5	1	2	5	10	20	50	75	90	95	99	P/% / C_s
0.05	1.19	1.16	1.15	1.14	1.13	1.12	1.11	1.09	1.07	1.04	1.00	0.97	0.94	0.92	0.89	0.05
0.10	1.39	1.32	1.30	1.28	1.27	1.24	1.21	1.17	1.13	1.08	1.00	0.93	0.87	0.84	0.78	0.10
0.15	1.61	1.50	1.46	1.43	1.41	1.37	1.32	1.26	1.20	1.13	1.00	0.90	0.81	0.77	0.67	0.15
0.20	1.83	1.68	1.62	1.58	1.55	1.49	1.43	1.34	1.26	1.17	0.99	0.86	0.75	0.68	0.56	0.20
0.25	2.07	1.86	1.80	1.74	1.70	1.63	1.55	1.43	1.33	1.21	0.99	0.83	0.69	0.61	0.47	0.25
0.30	2.31	2.06	1.97	1.91	1.86	1.76	1.66	1.52	1.39	1.25	0.98	0.79	0.63	0.54	0.37	0.30
0.35	2.57	2.26	2.16	2.08	2.02	1.91	1.78	1.61	1.46	1.29	0.98	0.76	0.57	0.47	0.28	0.35
0.40	2.84	2.47	2.34	2.26	2.18	2.05	1.90	1.70	1.53	1.33	0.97	0.72	0.51	0.39	0.19	0.40
0.45	3.13	2.69	2.54	2.44	2.35	2.19	2.03	1.79	1.60	1.37	0.97	0.69	0.45	0.33	0.10	0.45
0.50	3.42	2.91	2.74	2.63	2.52	2.34	2.16	1.89	1.66	1.40	0.96	0.65	0.39	0.26	0.02	0.50
0.55	3.72	3.14	2.95	2.82	2.70	2.49	2.29	1.98	1.73	1.44	0.95	0.61	0.34	0.20	−0.06	0.55
0.60	4.03	3.38	3.16	3.01	2.88	2.65	2.41	2.08	1.80	1.48	0.94	0.57	0.28	0.13	−0.13	0.60
0.65	4.36	3.62	3.38	3.21	3.07	2.81	2.55	2.18	1.87	1.52	0.93	0.53	0.23	0.07	−0.20	0.65
0.70	4.70	3.87	3.60	3.42	3.25	2.97	2.68	2.27	1.93	1.55	0.92	0.50	0.17	0.01	−0.27	0.70
0.75	5.05	4.13	3.84	3.63	3.45	3.14	2.82	2.37	2.00	1.59	0.91	0.46	0.12	−0.05	−0.33	0.75
0.80	5.40	4.39	4.08	3.84	3.65	3.31	2.96	2.47	2.07	1.62	0.90	0.42	0.06	−0.10	−0.39	0.80
0.85	5.78	4.67	4.33	4.07	3.86	3.49	3.11	2.57	2.14	1.66	0.88	0.37	0.01	−0.16	−0.44	0.85
0.90	6.16	4.95	4.57	4.29	4.06	3.66	3.25	2.67	2.21	1.69	0.86	0.34	−0.04	−0.22	−0.49	0.90
0.95	6.56	5.24	4.83	4.53	4.28	3.84	3.40	2.78	2.28	1.73	0.85	0.31	−0.09	−0.27	−0.55	0.95
1.00	6.96	5.53	5.09	4.76	4.49	4.02	3.54	2.88	2.34	1.76	0.84	0.27	−0.13	−0.32	−0.59	1.00

(2) $C_s=2C_v$

$P/\%$ C_v	0.01	0.1	0.2	0.33	0.5	1	2	5	10	20	50	75	90	95	99	$P/\%$ C_s
0.05	1.20	1.16	1.15	1.14	1.13	1.12	1.11	1.08	1.06	1.04	1.00	0.97	0.94	0.92	0.89	0.10
0.10	1.42	1.34	1.31	1.29	1.27	1.25	1.21	1.17	1.13	1.08	1.00	0.93	0.87	0.84	0.78	0.20
0.15	1.67	1.54	1.48	1.46	1.43	1.38	1.33	1.26	1.20	1.12	0.99	0.90	0.81	0.77	0.69	0.30
0.20	1.92	1.73	1.67	1.63	1.59	1.52	1.45	1.35	1.26	1.16	0.99	0.86	0.75	0.70	0.59	0.40
0.22	2.04	1.82	1.75	1.70	1.66	1.58	1.50	1.39	1.29	1.18	0.98	0.84	0.73	0.67	0.56	0.44
0.24	2.16	1.91	1.83	1.77	1.73	1.64	1.55	1.43	1.32	1.19	0.98	0.83	0.71	0.64	0.53	0.48
0.25	2.22	1.96	1.87	1.81	1.77	1.67	1.58	1.45	1.33	1.20	0.98	0.82	0.70	0.63	0.52	0.50
0.26	2.28	2.01	1.91	1.85	1.80	1.70	1.60	1.46	1.34	1.21	0.98	0.82	0.69	0.62	0.50	0.52
0.28	2.40	2.10	2.00	1.93	1.87	1.76	1.66	1.50	1.37	1.22	0.97	0.79	0.66	0.59	0.47	0.56
0.30	2.52	2.19	2.08	2.01	1.94	1.83	1.71	1.54	1.40	1.24	0.97	0.78	0.64	0.56	0.44	0.60
0.35	2.86	2.44	2.31	2.22	2.13	2.00	1.84	1.64	1.47	1.28	0.96	0.75	0.59	0.51	0.37	0.70
0.40	3.20	2.70	2.54	2.42	2.32	2.16	1.98	1.74	1.54	1.31	0.95	0.71	0.53	0.45	0.30	0.80
0.45	3.59	2.98	2.80	2.65	2.53	2.33	2.13	1.84	1.60	1.35	0.93	0.67	0.48	0.40	0.26	0.90
0.50	3.98	3.27	3.05	2.88	2.74	2.51	2.27	1.94	1.67	1.38	0.92	0.64	0.44	0.34	0.21	1.00
0.55	4.42	3.58	3.32	3.12	2.97	2.70	2.42	2.04	1.74	1.41	0.90	0.59	0.40	0.30	0.16	1.10
0.60	4.85	3.89	3.59	3.37	3.20	2.89	2.57	2.15	1.80	1.44	0.89	0.56	0.35	0.26	0.13	1.20
0.65	5.33	4.22	3.89	3.64	3.44	3.09	2.74	2.25	1.87	1.47	0.87	0.52	0.31	0.22	0.10	1.30
0.70	5.81	4.56	4.19	3.91	3.68	3.29	2.90	2.36	1.94	1.50	0.85	0.49	0.27	0.18	0.08	1.40
0.75	6.33	4.93	4.52	4.19	3.93	3.50	3.06	2.46	2.00	1.52	0.82	0.45	0.24	0.15	0.06	1.50
0.80	6.85	5.30	4.84	4.47	4.19	3.71	3.22	2.57	2.06	1.54	0.80	0.42	0.21	0.12	0.04	1.60
0.90	7.98	6.08	5.51	5.07	4.74	4.15	3.56	2.78	2.19	1.58	0.75	0.35	0.15	0.08	0.02	1.80

(3) $C_s=3C_v$

$P/\%$ C_v	0.01	0.1	0.2	0.33	0.5	1	2	5	10	20	50	75	90	95	99	$P/\%$ C_s
0.20	2.02	1.79	1.72	1.67	1.63	1.55	1.47	1.36	1.27	1.16	0.98	0.86	0.76	0.71	0.62	0.60
0.25	2.35	2.05	1.95	1.88	1.82	1.72	1.61	1.46	1.34	1.20	0.97	0.82	0.71	0.65	0.56	0.75
0.30	2.72	2.32	2.19	2.10	2.02	1.89	1.75	1.56	1.40	1.23	0.96	0.78	0.66	0.60	0.50	0.90
0.35	3.12	2.61	2.46	2.33	2.24	2.07	1.90	1.66	1.47	1.26	0.94	0.74	0.61	0.55	0.46	1.05
0.40	3.56	2.92	2.73	2.58	2.46	2.26	2.05	1.76	1.54	1.29	0.92	0.70	0.57	0.50	0.42	1.20
0.42	3.75	3.06	2.85	2.69	2.56	2.34	2.11	1.81	1.56	1.31	0.91	0.69	0.55	0.49	0.41	1.26
0.44	3.94	3.19	2.97	2.80	2.65	2.42	2.17	1.85	1.59	1.32	0.91	0.67	0.54	0.47	0.40	1.32

续表

C_v \ P/%	0.01	0.1	0.2	0.33	0.5	1	2	5	10	20	50	75	90	95	99	P/% \ C_s
0.45	4.04	3.26	3.03	2.85	2.70	2.46	2.21	1.87	1.60	1.32	0.90	0.67	0.53	0.47	0.39	1.35
0.46	4.14	3.33	3.09	2.90	2.75	2.50	2.24	1.89	1.61	1.33	0.90	0.66	0.52	0.46	0.39	1.38
0.48	4.34	3.47	3.21	3.01	2.85	2.58	2.31	1.93	1.65	1.34	0.89	0.65	0.51	0.45	0.38	1.44
0.50	4.55	3.62	3.34	3.12	2.96	2.67	2.37	1.98	1.67	1.35	0.88	0.64	0.49	0.44	0.37	1.50
0.52	4.76	3.76	3.46	3.24	3.06	2.75	2.44	2.02	1.69	1.36	0.87	0.62	0.48	0.42	0.36	1.56
0.54	4.98	3.91	3.60	3.36	3.16	2.84	2.51	2.06	1.72	1.36	0.86	0.61	0.47	0.41	0.36	1.62
0.55	5.09	3.99	3.66	3.42	3.21	2.88	2.54	2.08	1.73	1.36	0.86	0.60	0.46	0.41	0.36	1.65
0.56	5.20	4.07	3.73	3.48	3.27	2.93	2.57	2.10	1.74	1.37	0.85	0.59	0.46	0.40	0.35	1.68
0.58	5.43	4.23	3.86	3.59	3.38	3.01	2.64	2.14	1.77	1.38	0.84	0.58	0.45	0.40	0.35	1.74
0.60	5.66	4.38	4.01	3.71	3.49	3.10	2.71	2.19	1.79	1.38	0.83	0.57	0.44	0.39	0.35	1.80
0.65	6.26	4.81	4.36	4.03	3.77	3.33	2.88	2.29	1.85	1.40	0.80	0.53	0.41	0.37	0.34	1.95
0.70	6.90	5.23	4.73	4.35	4.06	3.56	3.05	2.40	1.90	1.41	0.78	0.50	0.39	0.36	0.34	2.10
0.75	7.57	5.68	5.12	4.69	4.36	3.80	3.24	2.50	1.96	1.42	0.76	0.48	0.38	0.35	0.34	2.25
0.80	8.26	6.14	5.50	5.04	4.66	4.05	3.42	2.61	2.01	1.43	0.72	0.46	0.36	0.34	0.34	2.40

(4) $C_s=3.5C_v$

C_v \ P/%	0.01	0.1	0.2	0.33	0.5	1	2	5	10	20	50	75	90	95	99	P/% \ C_s
0.20	2.06	1.82	1.74	1.69	1.64	1.56	1.48	1.36	1.27	1.16	0.98	0.86	0.76	0.72	0.64	0.70
0.25	2.42	2.09	1.99	1.91	1.85	1.74	1.62	1.46	1.34	1.19	0.96	0.82	0.71	0.66	0.58	0.88
0.30	2.82	2.38	2.24	2.14	2.06	1.92	1.77	1.57	1.40	1.22	0.95	0.78	0.67	0.61	0.53	1.05
0.35	3.26	2.70	2.52	2.39	2.29	2.11	1.92	1.67	1.47	1.26	0.93	0.74	0.62	0.57	0.50	1.22
0.40	3.75	3.04	2.82	2.66	2.53	2.31	2.08	1.78	1.53	1.28	0.91	0.71	0.58	0.53	0.47	1.40
0.42	3.95	3.18	2.95	2.77	2.63	2.39	2.15	1.82	1.56	1.29	0.90	0.69	0.57	0.52	0.46	1.47
0.44	4.16	3.33	3.08	2.88	2.73	2.48	2.21	1.86	1.59	1.30	0.89	0.68	0.56	0.51	0.46	1.54
0.45	4.27	3.40	3.14	2.94	2.79	2.52	2.25	1.88	1.60	1.31	0.89	0.67	0.55	0.50	0.45	1.58
0.46	4.37	3.48	3.21	3.00	2.84	2.56	2.28	1.90	1.61	1.31	0.88	0.66	0.54	0.50	0.45	1.61
0.48	4.60	3.63	3.35	3.12	2.94	2.65	2.35	1.95	1.64	1.32	0.87	0.65	0.53	0.49	0.45	1.68
0.50	4.82	3.78	3.48	3.24	3.06	2.74	2.42	1.99	1.66	1.32	0.86	0.64	0.52	0.48	0.44	1.75
0.52	5.06	3.95	3.62	3.36	3.16	2.83	2.48	2.03	1.69	1.33	0.85	0.63	0.51	0.47	0.44	1.82
0.54	5.30	4.11	3.76	3.48	3.28	2.91	2.55	2.07	1.71	1.34	0.84	0.61	0.50	0.47	0.44	1.89
0.55	5.41	4.20	3.83	3.55	3.34	2.96	2.58	2.10	1.72	1.34	0.84	0.60	0.50	0.46	0.44	1.92

续表

C_v \ P/%	0.01	0.1	0.2	0.33	0.5	1	2	5	10	20	50	75	90	95	99	P/% \ C_s
0.56	5.55	4.28	3.91	3.61	3.39	3.01	2.62	2.12	1.73	1.35	0.83	0.60	0.49	0.46	0.43	1.96
0.58	5.80	4.45	4.05	3.74	3.51	3.10	2.69	2.16	1.75	1.35	0.82	0.58	0.48	0.46	0.43	2.03
0.60	6.06	4.62	4.20	3.87	3.62	3.20	2.76	2.20	1.77	1.35	0.81	0.57	0.48	0.45	0.43	2.10
0.65	6.73	5.08	4.58	4.22	3.92	3.44	2.94	2.30	1.83	1.36	0.78	0.55	0.46	0.44	0.43	2.28
0.70	7.43	5.54	4.98	4.56	4.23	3.68	3.12	2.41	1.88	1.37	0.75	0.53	0.45	0.44	0.43	2.45
0.75	8.16	6.02	5.38	4.92	4.55	3.92	3.30	2.51	1.92	1.37	0.72	0.50	0.44	0.43	0.43	2.62
0.80	8.94	6.53	5.81	5.29	4.87	4.18	3.49	2.61	1.97	1.37	0.70	0.49	0.44	0.43	0.43	2.80

(5) $C_s=4C_v$

C_v \ P/%	0.01	0.1	0.2	0.33	0.5	1	2	5	10	20	50	75	90	95	99	P/% \ C_s
0.20	2.10	1.85	1.77	1.71	1.66	0.58	1.49	1.37	1.27	1.16	0.97	0.85	0.77	0.72	0.65	0.80
0.25	2.49	2.13	2.02	1.94	1.87	1.76	1.64	1.47	1.34	1.19	0.96	0.82	0.72	0.67	0.60	1.00
0.30	2.92	2.44	2.30	2.18	2.10	1.94	1.79	1.57	1.40	1.22	0.94	0.78	0.68	0.63	0.56	1.20
0.35	3.40	2.78	2.60	2.45	2.34	2.14	1.95	1.68	1.47	1.25	0.92	0.74	0.64	0.59	0.54	1.40
0.40	3.92	3.15	2.92	2.74	2.60	2.36	2.11	1.78	1.53	1.27	0.90	0.71	0.60	0.56	0.52	1.60
0.42	4.15	3.30	3.05	2.86	2.70	2.44	2.18	1.83	1.56	1.28	0.89	0.70	0.59	0.55	0.52	1.68
0.44	4.38	3.46	3.19	2.98	2.81	2.53	2.25	1.87	1.58	1.29	0.88	0.68	0.58	0.55	0.51	1.76
0.45	4.49	3.54	3.25	3.03	2.87	2.58	2.28	1.89	1.59	1.29	0.87	0.68	0.58	0.54	0.51	1.80
0.46	4.62	3.62	3.32	3.10	3.92	2.62	2.32	1.91	1.61	1.29	0.87	0.67	0.57	0.54	0.51	1.84
0.48	4.86	3.79	3.47	3.22	3.04	2.71	2.39	1.96	1.63	1.30	0.86	0.66	0.56	0.53	0.51	1.92
0.50	5.10	3.96	3.61	3.35	3.15	2.80	2.45	2.00	1.65	1.31	0.84	0.64	0.55	0.53	0.50	2.00
0.52	5.36	4.12	3.76	3.48	3.27	2.90	2.52	2.04	1.67	1.31	0.83	0.63	0.55	0.52	0.50	2.08
0.54	5.62	4.30	3.91	3.61	3.38	2.99	2.59	2.08	1.69	1.31	0.82	0.62	0.54	0.52	0.50	2.16
0.55	5.76	4.39	3.99	3.68	3.44	3.03	2.63	2.10	1.70	1.31	0.82	0.62	0.54	0.52	0.50	2.20
0.56	5.90	4.48	4.06	3.75	3.50	3.09	2.66	2.12	1.71	1.31	0.81	0.61	0.53	0.51	0.50	2.24
0.58	6.18	4.67	4.22	3.89	3.62	3.19	2.74	2.16	1.74	1.32	0.80	0.60	0.53	0.51	0.50	2.32
0.60	6.45	4.85	4.38	4.03	3.75	3.29	2.81	2.21	1.76	1.32	0.79	0.59	0.52	0.51	0.50	2.40
0.65	7.18	5.34	4.78	4.38	4.07	3.53	2.99	2.31	1.80	1.32	0.76	0.57	0.51	0.50	0.50	2.60
0.70	7.95	5.84	5.21	4.75	4.39	3.78	3.18	2.41	1.85	1.32	0.73	0.55	0.51	0.50	0.50	2.80
0.75	8.76	6.36	5.65	5.13	4.72	4.03	3.36	2.50	1.88	1.32	0.71	0.54	0.51	0.50	0.50	3.00
0.80	9.62	6.90	6.11	5.53	5.06	4.30	3.55	2.60	1.91	1.30	0.68	0.53	0.50	0.50	0.50	3.20